"十二五"普通高等教育本科国家级规划教材
高等学校规划教材

实用软件工程

（第4版）

赵池龙　程努华　编著

電子工業出版社
Publishing House of Electronics Industry
北京·BEIJING

内容简介

本书是一本具有自主创新版权的大学教材，是作者多年在IT企业软件工程管理与在高校软件工程教学经验的积累、反思与升华，是国内软件工程教材中的经典著作。

本书面向工程实践，按照IT企业工作流程安排章节顺序，共11章，内容包括软件工程的内容与方法、软件生命周期与开发模型、软件立项与合同、软件需求分析、软件策划、软件建模、软件设计、软件实现、软件测试、软件实施与维护、软件管理。书中系统地提出“软件工程方法论”与“软件工程实践论”，详述功能模型、业务模型和数据模型的“三个模型”建模思想，数据模型设计中的“四个原子化”理论，以及面向过程、面向对象和面向元数据的需求分析、概要设计和详细设计方法。

本书适合于各类理工科大学计算机相关专业的软件工程课程，也适合供IT企业的软件工程师自学之用。作为大学教材，教学内容应涵盖全部章节（非重点院校可省略标注星号“*”的章节），教学计划是4学分72学时。

图书在版编目（CIP）数据

实用软件工程 / 赵池龙，程努华编著. —4 版. —北京：电子工业出版社，2015.7

ISBN 978-7-121-26037-7

I. ①实… II. ①赵… ②程… III. ①软件工程 IV. ①TP311.5

中国版本图书馆 CIP 数据核字（2015）第 097802 号

策划编辑：袁　玺
责任编辑：郝黎明　　特约编辑：张燕虹
印　　刷：三河市华成印务有限公司
装　　订：三河市华成印务有限公司
出版发行：电子工业出版社
　　　　　北京市海淀区万寿路 173 信箱　　邮编：100036
开　　本：787×1092　1/16　　印张：14.75　字数：377 千字
版　　次：2003 年 3 月第 1 版
　　　　　2015 年 7 月第 4 版
印　　次：2018 年 12 月第 6 次印刷
定　　价：33.00 元

凡所购买电子工业出版社图书有缺损问题，请向购买书店调换。若书店售缺，请与本社发行部联系，联系及邮购电话：（010）88254888。

质量投诉请发邮件至 zlts@phei.com.cn，盗版侵权举报请发邮件至 dbqq@phei.com.cn。

服务热线：（010）88258888。

前　言

软件工程是研究软件开发和软件管理的一门工程科学，是计算机应用及软件工程相关专业的主干课，也是软件分析设计人员、程序开发人员、软件测试人员、软件管理人员、软件售前和售后工程师、软件高层决策者必不可少的专门知识领域。**本书是一本具有自主创新版权的大学教材，是作者多年在IT企业软件工程管理与在高校软件工程教学经验的积累、反思与升华，它按照IT企业软件研发思路的工作流程，面向工程实践安排了书中的章节次序，采用大量工程应用案例和图表**，用IT企业生产软件和管理软件的模式，构架了软件工程和软件项目管理的新体系。本书第1版、第2版和第3版，分别出版于2003年、2006年和2011年，由于其独特、新颖、实用的内容和实践体系而受到众多高校师生的欢迎，并入**选“十二五”普通高等教育本科国家级规划教材**。

在进入“十三五”规划之际，教育部已开始实施“卓越工程师”计划，为高等工程教育带来了新的活力。一方面，目前的高校教育改革更加注重学生素质和能力的培养，更加注重工程应用和创新，更加注重实践课程和课程设计，专业课程学时也有不同程度的压缩。另一方面，目前我国高校理工科大学有研究型、工程型、应用型三种类型，其比例分别为5%、15%和80%，对高校人才进行分类培养是大势所趋。为此，本次第4版教材的修订，明确定位**面向工程型和应用型高校**，对内容进行了精心提炼和修改，去掉了不少陈旧内容，增加了许多新思想、新方法、新技术和新工具的内容。与第3版相比，第4版除了增加了“软件实现”一章之外，还对其他各章进行了更新，使其更具科学性、先进性、工程性、实用性，更贴近高校师生的实际需求，更能体现软件企业目前的真实应用。

本书内容及特色

全书共11章，适合于课堂教学。

第1章是软件工程的内容与方法，用简练的笔触介绍了软件、软件工程、软件工程学科体系、软件工程方法论、软件工程实践论和软件开发标准、企业文化等内容。

第2章是软件生命周期与开发模型，用形象的语言阐述了瀑布模型、增量模型、原型模型、迭代模型、螺旋模型、喷泉模型、XP模型的本意、特点、选择条件，并且论述了各种模型之间的联系与区别。

第3章是软件立项与合同，说明软件项目或软件产品的源头是立项或签订合同，介绍立项和签订合同的方法，以及项目招标、投标概念，并且给出实用的《投标书》编写参考指南。

第4章是软件需求分析，结合“图书馆信息系统”应用案例分析，论述了面向流程的需求分析任务和需求分析技巧，以及“面向过程、面向元数据、面向对象”三种需求分析方法，还阐述了这三种方法的三种不同描述工具。

第5章是软件策划，论述软件策划方法，重点介绍软件项目工作量和开发费用的各种估计方法。

第6章是软件建模，提出“功能模型、业务模型、数据模型”三个模型的建模思想，以及这“三个模型”的描述方式与 UML“用例图、时序图和类图”等图之间的关系，并且分析了“混凝土公司信息系统”典型应用案例。另外，还提出了数据模型设计中的“四个原子化”理论，以及“第三者插足”模式与“列变行”模式的具体实现方法。最后还给出了“某省级新华书店信息管理系统”综合应用建模案例分析。

第 7 章是软件设计，通过图、表、实例介绍了软件设计原理，讨论了“功能模型、业务模型、数据模型”的建模思想，与“浏览层、业务逻辑层、数据层”B/S 三层结构设计思想之间的对应关系，详细论述“面向过程、面向元数据、面向对象”三种设计方法，特别是提出了面向对象设计的具体实施步骤。

第 8 章是软件实现，包括软件实现方法、软件编码技术和软件实现管理三部分内容。本章还提出了面向中央处理器 CPU 和面向图形处理器 GPU 两种编程方式。

第 9 章是软件测试，介绍软件测试 V 模型，详述软件测试中常用的黑盒测试、白盒测试和灰盒测试技术，以及单元测试、集成测试、压力测试、回归测试、Alpha 测试、Beta 测试，特别是详述了测试用例的设计方法。

第 10 章是软件实施与维护，阐述了软件实施的主要工作是实现软件产品的客户化，以及软件维护的最新方法。

第 11 章是软件管理，论述软件管理是面向过程的，管理的主要模型是 CMMI，管理的中心议题是软件配置管理、软件质量保证和软件项目管理。软件配置管理是基础，软件质量保证是核心，软件项目管理是关键。

本书内容上耳目一新，理论上深入浅出，实践上通俗易懂，它巧妙地将面向过程、面向对象和面向元数据三种方法的需求分析、概要设计和详细设计融为一体，堪称软件工程教材的经典范例。

教学安排建议及教学服务

建议先修课程：数据结构、面向对象程序设计和数据库原理与应用等。

本书适合于各类理工科大学计算机相关专业各类学生的软件工程课程，也适合供 IT 企业的软件工程师自学之用。作为大学教材，教学内容应涵盖全部章节（非重点院校可省略标注星号“*”的章节），建议教学计划是 4 学分 72 学时。

其他教学服务：本书**电子课件、习题参考答案、软件文档模板、实践课程三个项目程序源代码**等可登录华信教育资源网 http://www.hxedu.com.cn **免费注册下载**。

在本书第 2～4 版的成书过程中，有众多同行参加了编写，他们分别是杨林、孙玮、张松、姜义平、王希、蔡勇，在此一并对他们表示衷心的感谢！

从实用软件工程的角度看，本书已包含应介绍的所有内容。但是，由于软件工程作为工程学科正处在发展与变化之中，加之作者的技术和写作水平有限，书中难免存在这样或那样的不足、不妥或错误之处，真诚希望得到有关专家和读者的指正与帮助，反馈意见请发至作者的电子邮箱：zhaochilong@sina.com / 393940291@qq.com。

赵池龙　程努华

目　录

第1章
软件工程的内容与方法

本章导读

本章首先对软件、软件工程、软件工程学科体系、软件工程课程进行了定义与解释，然后提出“面向过程方法、面向对象方法、面向元数据方法、形式化方法”的软件工程方法论，以及“面向流程分析、面向元数据设计、面向对象实现、面向功能测试、面向过程管理”的“五个面向”软件工程实践论，该方法论与实践论不但适用于信息系统的开发，也适用于其他软件系统的开发。本章最后简要介绍了软件支持过程、软件过程改进、软件企业文化、信息系统的定义与案例分析。因此，本章是软件工程课程的绪论。表1-1列出了读者在本章学习中要了解、理解和关注的主要内容。

表1-1　本章对读者的要求

要　求	具体内容
了　解	（1）软件与软件危机 （2）软件工程的定义与作用 （3）软件工程研究的内容
理　解	（1）软件工程方法论 （2）软件工程实践论 （3）CMMI、ISO 9001、微软企业文化、敏捷文化现象
关　注	（1）软件工程的最新发展 （2）CASE工具与软件工程环境 （3）软件业务基础平台 （4）面向方面方法和面向代理方法

1.1 软件的定义

1. 计算机硬件与软件

计算机（Computer）由硬件（Hardware）和软件（Software）组成，硬件是看得见、摸得着的电子机械设备，如机箱、主板、硬盘、光盘、U 盘、电源、显示器、键盘、鼠标、打印机、电缆等。硬件是软件的载体，软件是依附在硬件上面的程序、数据和文档的集合，是指挥控制计算机系统（包括硬件系统和软件系统）工作的神经中枢。如果将硬件比作人的身体，那么软件就相当于人的神经中枢和知识才能。软件的分类比较复杂。分类方法不同，内容也不同。表1-2从5个不同角度对软件进行了分类。

表1-2 软件的分类

序号	分类方法	软件内容
1	按功能分类	（1）系统软件（如操作系统） （2）支撑软件（如数据库管理系统、CASE 工具系统） （3）应用软件（如信息系统）
2	按规模分类	（1）小型软件 （2）中型软件 （3）大型软件
3	按工作方式分类	（1）实时软件 （2）分时软件 （3）交互式软件 （4）批处理软件
4	按服务对象分类	（1）项目软件（为用户定制） （2）产品软件（面向特定的客户群开发）
5	按销售方式分类	（1）订单软件（已签订合同） （2）非订单软件（未签订合同）

计算机工程（Computer Engineering）由硬件工程（Hardware Engineering）和软件工程（Software Engineering）组成。硬件工程是研究硬件生产和硬件管理的工程学科，其内容包括计算机及网络硬件的分析、设计、生产、采购、验收、安装、培训、维护。软件工程是研究软件生产和软件管理的工程学科，其内容包括市场调研、正式立项、需求分析、项目策划、概要设计、详细设计、编程、测试、试运行、产品发布、用户培训、产品复制、实施、系统维护、版本升级。由于软件的生产和管理比硬件复杂，积累的经验不如硬件那么丰富，所以软件工程的研究成为一个长期的热点。

【例 1-1】 请读者根据自身环境，规划、设计、安装一个校园网。这是一个硬件工程，其中要完成的工作内容包括：制订设计方案，网络设备的选型、配置、采购、验货、布线、安装、调试、运行和交付。在安装和调试中，要安装和调试许多软件，如网络操作系统、数据库管理系统、教学软件系统、办公自动化系统、防火墙及杀毒软件等。

由于有这么多的软件需要选型、配置、采购、安装、调试，所以在今天，除了生产硬件的厂商之外，纯粹的“硬件工程”几乎不存在，大多数硬件工程都与软件有关，于是就出现了一个新名词“网络工程”。它是介于硬件工程和软件工程之间的系统工程，人们有时也称它为“系统集成工程”。

2. 软件定义

为了弄清软件工程的概念，首先要了解程序和软件的概念。一般认为，程序是计算机为完成特定任务而执行的指令的有序集合。站在应用的角度可以更通俗地理解为：

面向过程的程序 = 算法 + 数据结构

面向对象的程序 = 对象 + 消息

面向构件的程序 = 构件 + 构架

通常，软件有以下定义：

软件 = 程序 + 数据 + 文档

这里的“程序”，是对计算机任务的处理对象和处理规则的描述；这里的“文档”，是为了理解程序所需的详细描述性资料；这里的“数据”，主要是软件系统赖以运行的初始化数据。

上述定义看起来很简单，实际上却来之不易。表 1-3 列出了美国人对软件定义的认识过程。直到今天，仍然有少数人认为：“软件就等于程序”。这些人在软件开发过程中，上来就写程序，而不是写文档。软件工程大师 Roger S. Pressman 对这些人提出了尖锐的批评：“越早开始写代码的人，就是越迟完成代码的人。”

表 1-3　美国人对软件定义的认识过程

年　代	对软件定义的认识
20 世纪 50 年代	软件就等于程序，软件系统就是程序系统
20 世纪 60 年代	软件等于程序加文档。这里的文档，是指软件开发过程中的分析、设计、实现、测试、维护文档，还不包括管理文档
20 世纪 70 年代	软件等于程序加文档再加数据，这里的数据不仅包括初始化数据、测试数据，而且包括研发数据、运行数据、维护数据，也包括软件企业积累的项目工程数据和项目管理数据中的大量决策原始记录数据

至于对管理文档的全面认识，那就更晚了。直到 1974 年，美国人才开始认识到软件需要管理。1984 年，美国人开始认识到软件管理是一个过程管理，或是一个管理过程。1991 年，出现了软件过程能力成熟度模型 CMM（Capability Maturity Model for Software）1.0 版，人们研究了软件过程管理的具体内容与方法，并将软件开发和管理中产生的各种文档称为“软件工作产品”，而将最后交付给用户使用的软件工作产品称为“软件产品”。1996 年，出现了统一建模语言 UML 0.9 版，称软件管理文档为“管理制品”，称软件开发文档为“技术制品”，两者合称为“制品（Artefact）”。

3. 文档的重要性

文档在软件工程中特别重要，文档是否规范与齐全，是衡量软件企业是否成熟的重要标志之一。软件文档分为开发文档和管理文档两大类。开发文档主要由项目组书写，用于指导软件开发与维护；管理文档主要由软件工程管理部门书写，用于指导软件管理和决策。两类文档的标准、规范和编制模板，在全公司范围内要统一，这一工作由软件工程管理部门完成。开发文档是指导软件开发与维护的文档，开发与维护中所有的程序都是按照开发文档的要求编写与实现的。软件工程规定：文档必须指挥程序，而决不允许程序指挥文档；文档与程序必须保持高度一致，而决不允许程序脱离开文档。

开发文档本身具有严格的层次关系和依赖关系，这种关系反映在以下覆盖关系中：

（1）《目标程序》覆盖《源程序》。

（2）《源程序》覆盖《详细设计说明书》。

（3）《详细设计说明书》覆盖《概要设计说明书》。

（4）《概要设计说明书》覆盖《需求分析规格说明书》。

（5）《需求分析规格说明书》覆盖《用户需求报告》。

（6）《用户需求报告》覆盖《软件合同》/《软件任务书》。

管理文档本身具有严格的时序关系，这种时序关系反映在以下软件过程中，而过程由一系列的时间序列所组成：

（1）需求分析过程管理文档。

（2）软件策划过程管理文档。

（3）软件设计过程管理文档。

（4）软件实现过程管理文档。

（5）软件测试过程管理文档。

（6）软件维护过程管理文档。

（7）软件过程改进管理文档。

成熟的软件企业，都有一套自己的开发文档和管理文档编写标准或编写模板，在企业内部严格执行。

4．软件的最新定义

软件的最新定义如下：

软件 ＝ 知识+程序+数据+文档

定义中增加了“知识”。这里的“知识”，主要指各种各样的相关行业领域的专业知识。实际上，知识只是网络的外在表现，程序、数据、文档才是网络的内在实质。也就是说，知识是通过程序、数据、文档来实现的。

对这一定义的另外一种解释是：软件到底是什么呢？软件就是网络，网络就是知识，知识就是信息。站在网民的角度看，软件就是知识加信息；站在程序员角度看，软件就是程序加数据；站在软件管理者角度看，软件就是数据加文档。

网络是知识的载体，知识是网络的灵魂。

1.2 软件工程的定义

1．软件危机

软件工程来源于软件危机，即先有软件危机，后有软件工程。

20世纪60年代中期，在美国出现了软件危机（Software Crisis），它表现在研发大型软件时，软件开发的成本增大、进度延期、维护困难和质量得不到保障。最突出的例子是美国IBM公司于1963—1966年开发的IBM360系列机操作系统。该软件系统花了大约5000人年的工作量，最多时有1000人投入开发工作，源程序代码近100万行。尽管投入了这么多的人力和物力，得到的结果却极其糟糕。据统计，该操作系统每次发行的新版本，都是从前一个旧版本中找出1000个程序错误而修正的结果。可想而知，这样的软件质量糟糕到什么地步。

由此可见，所谓软件危机，就是在软件开发和维护过程中所遇到一系列难以控制的问题。“软件危机”这个专业术语是于 1968 年由 NATO（North Atlantic Treaty Organization，北约）的计算机科学家在德国召开的国际学术会议上首次提出的。

为了克服软件危机，同样是在 1968 年，北约科技委员会召集了近 50 名一流的编程人员、计算机科学家和工业界巨头，讨论和制定摆脱“软件危机”的对策。在这次会议上，第一次提出了软件工程（Software Engineering）这个专业术语。当时，人们的想法是：若借用建筑工程或机器制造工程的思想、标准、规范、规程去开发软件与维护软件，也许能克服软件危机。以后的实践证明：用工程的方法开发软件与维护软件是个好主意，但是要完全克服软件危机，还有许多其他工作要做。

2. 软件工程定义

1993 年，权威杂志 IEEE 对软件工程的定义是：软件工程是将系统化的、严格约束的、可量化的方法，应用于软件开发、运行和维护中。

2001 年，软件工程大师 Roger S. Pressman 对软件工程的定义是：软件工程是一个过程、一组方法和一系列工具。

由于软件技术飞速发展，所以软件工程的定义也要与时俱进。下面根据当前软件技术的进展状况，给出现代软件工程的最新定义。

软件工程是研究软件开发和软件管理的一门工程学科。

这里，一是强调开发。开发是软件工程的主体，开发是在规定的时间、按照规定的成本、开发出符合规定质量要求的软件。二是强调管理或过程管理。当然，开发中有管理，管理是为了更好地开发。所以开发和管理是一个问题的相辅相成的两个方面。许多软件项目的失败，不是在开发技术上出了问题，而是在管理过程上出了问题。所以在某种程度上说，对于一个软件企业，过程管理比开发技术更重要。三是强调工程。要将软件的开发（包括维护）当成一项工程，既要按照工程的办法去开发，又要按照工程的办法去管理。四是强调学科。时至今日，软件工程不只是一门课程，而是一个学科体系，即软件工程知识体系。

3. 软件工程学科体系

软件工程作为一个学科体系，到 21 世纪初才初步形成。2001 年 4 月 18 日，美国发布了软件工程知识体系指南 SWEBOK（guide to the Software Engineering Body of Knowledge）0.95 版。2004 年，软件工程学科体系的内容才基本确立，就在这一年，美国 ACM 和 IEEE-CS 联合制订了 SWEBOK 2004 版，它将软件工程学科体系的知识划分为如下 10 个知识域。

（1）软件需求（Software Requirements）。软件需求是真实世界中的问题而必须展示的特性。软件需求知识域有 7 个子域：需求基础、需求过程、需求获取、需求分析、需求规格说明、需求确认、实践考虑。

（2）软件设计（Software Design）。软件设计既是定义一个系统的体系结构、组件、接口和其他特征的过程，又是这个过程的结果。软件设计知识域有 6 个子域：软件设计基础、软件设计关键问题、软件结构与体系结构、软件设计质量的分析与评价、软件设计符号、软件设计的策略与方法。

（3）软件构造（Software Construction）。它指通过编码、验证、单元测试、集成测试和排错的组合，具体创建一个可以工作的、有意义的软件。其知识域有3个子域：软件构造基础、管理构造、实际考虑。

（4）软件测试（Software Testing）。它由在有限测试用例集合上，根据期望的行为对程序的行为进行的动态验证组成，测试用例是从实际上无限的执行域中适当选择出来的。软件测试知识域有5个子域：软件测试基础和测试级别、测试技术、需求分析、与测试相关的度量、测试过程。

（5）软件维护（Software Maintenance）。软件一旦投入运行，就可能出现异常，运行环境可能发生改变，用户会提出新的需求。生命周期中的软件维护，从软件交付时开始。软件维护的知识域有4个子域：软件维护基础、软件维护的关键问题、维护过程、维护技术。

（6）软件配置管理（Software Configuration Management）。软件配置是为了系统地控制配置的变更，维护软件在整个系统生命周期中的完整性及可追踪性，而标志软件在不同时间点上的配置的学科。软件配置管理知识域有6个子域：软件配置管理过程管理、软件配置标志、软件配置控制、软件配置状态统计、软件配置审核、软件发行管理和交付。

（7）软件工程管理（Software Engineering Management）。进行软件工程的管理与度量，虽然度量是所有知识域的一个重要方面，但是这里所说的是度量程序的主题。软件工程管理知识域有 6 个子域：启动和范围定义、软件项目计划、软件项目实施、评审与评价、关闭、软件工程度量。前5个覆盖软件过程工程管理，第6个描述软件度量的程序。

（8）软件工程过程（Software Engineering Process）。涉及软件工程过程本身的定义、实现、评定、度量、管理、变更和改进。软件工程过程知识域有 4 个子域：过程实施与改变、过程定义、过程评定、过程和产品度量。

（9）软件工程工具和方法（Software Engineering Tool and Method）。它有软件工程工具、软件工程方法两个子域。

（10）软件质量（Software Quality）。处理跨越整个软件生命周期过程的软件质量的考虑，由于软件质量问题在软件工程中无处不在，其他知识域也涉及质量问题。软件质量知识域有3个子域：软件质量基础、软件质量过程、实践考虑。

在上述软件工程学科体系中，前5个知识域是讲软件开发，后5个知识域是讲软件管理。由此可见，软件工程知识体系包括软件开发和软件管理两大部分，所以软件工程的定义也应该包括软件开发和软件管理两项内容。

4．软件工程课程研究的内容

软件工程课程与软件工程学科体系是有区别的：前者是一门或一组课程，后者是一个知识体系；前者是一个局部问题，后者是一个整体问题。

作为一门软件工程课程，它研究的内容至今没有统一的说法。可以这么认为，软件工程课程研究的内容应该涵盖“软件生命周期模型、软件开发方法、软件支持过程、软件管理过程、软件工程标准与规范”这5个方面，如表1-4所示。

尽管软件生命周期模型和软件支持过程非常重要，但是现代软件工程研究的重点，仍然是软件开发方法和软件管理过程。在软件管理过程的内容中，除了ISO 9001和CMMI之外，还将软件企业文化也列入其中，如微软企业文化、敏捷文化现象和IBM企业文化。

软件工程标准是对软件产品的约束，例如软件产品的界面标准、包装标准、文档标准、测试标准、评审标准、鉴定标准等。软件工程规范是对软件开发人员行为的约束，例如命名规范、需求规范、设计规范、编码规范、维护规范等。在软件企业内部，企业管理人员特别重视软件工程的标准与规范。为此，每个大型的软件企业，根据自身的特点，都制定并发布了自己的软件工程标准与规范，在自己企业内部严格执行。

表 1-4　软件工程课程研究的内容

序号	研究方面	具体内容
1	软件生命周期模型	如：瀑布模型、增量模型、原型模型、迭代模型、XP 模型
2	软件开发方法	如：面向过程的方法、面向元数据的方法、面向对象的方法
3	软件支持过程	如：CASE 工具 Rose、北大青鸟系统、Power Designer、ERWin
4	软件管理过程	如：CMMI、软件企业文化、敏捷（XP）文化现象
5	软件工程标准与规范	如：命名标准与规范、设计标准与规范、编程标准与规范

【例 1-2】 请读者开发一个“图书馆信息系统”，即图书馆 MIS。这是一项小型软件工程，为了完成这项任务，读者首先要选择软件生命周期模型，确定开发方法，准备开发工具，设计开发环境和运行环境；然后进行需求分析、概要设计、详细设计、编程、测试、试运行、正式运行、验收和交付；最后是系统维护或系统升级换代。这样，读者就按照所选择的开发模型，走完了软件的一个生命周期。这一系列的软件开发过程和管理过程，就是软件工程。

5．软件工程基本原理

习惯上，人们常常把软件工程的方法（开发方法）、工具（支持方法的工具）、过程（管理过程）称为软件工程三要素，而把美国著名的软件工程专家 B.W. Boehm 于 1983 年提出的 7 条原理作为软件工程的基本原理。

（1）用分阶段的生命周期计划严格管理软件开发。阶段划分为计划、分析、设计、编程、测试和运行维护。

（2）坚持进行阶段评审。若上一阶段评审不通过，则不能进入下一阶段开发。

（3）实行严格的产品版本控制。

（4）采用现代程序设计技术。

（5）结果应能清楚地审查。因此，对文档要有严格要求。

（6）开发小组的成员要少而精。

（7）要不断地改进软件工程实践的经验和技术，要与时俱进。

上述 7 条原理，虽然是在面向过程的程序设计时代（结构化时代）提出来的，但是，直到今天，在面向元数据和面向对象的程序设计新时代，它仍然有效。根据“与时俱进”的原则，还有一条基本原理在软件的开发和管理中特别重要，需要补充进去，作为软件工程的第 8 条基本原理。

（8）二八定律。

在软件工程中，所谓二八定律，就是一般人常常将 20%的东西误以为是 80%的东西，而将 80%的东西误以为是 20%的东西。

例如，对软件项目进度和工作量的估计：一般人主观上认为已经完成了 80%，但实际上只完成了 20%；对程序中存在问题的估计：一般人不知道 80%的问题存在于 20%的程序之中；对模块功能的估计：一般人不知道 20%的模块，实现了 80%的功能；对人力资源的估计：一般人不知道20%的人，解决了软件中80%的问题；对投入资金的估计：一般人不知道信息系统中80%的问题，可以用20%的资金来解决。

在软件开发和管理的历史上，有无数的案例都验证了二八定律。所以，软件工程发展到今天，作者认为，它的基本原理共有8条。

在软件工程中，有些定理或定律是不需要从理论上严格证明的，只需要在实践中检验。因为实践是检验真理的唯一标准，从来没有人去证明过二八定律，但它却是放之四海而皆准的真理。

研究二八定律的现实意义是，指导软件开发计划的制订与执行。如果事先掌握了二八定律，就能自觉地用二八定律去制订、跟踪与执行软件开发计划。也就是说，计划中要用开始的20%时间，去完成80%的开发进度；剩下20%的进度，要留下80%的时间去完成。只有这样，项目的开发计划与项目的开发进度才能吻合。这是为什么呢？就是因为软件中的许多问题，只有到软件开发后期才会真正暴露出来！这就是软件的特点，这就是软件开发工作的规律！

6．软件工程在中国

软件工程是何时来到中国大陆的？国内实时操作系统的奠基人孟庆余教授在《银河精神》的回忆录中记述（2003年9月28日）如下：

1982年，软件工程的创始人、美籍华人叶祖尧博士，带着自己开创的“软件工程学”理论来到中国，成为当时中国政府计算机领导小组的顾问。他制定了一项“中国软件发展计划”，提交给当时的国务院主要领导。从此，软件工程在中国开始启动，并且一发而不可收。

1984年，国家科委在北京召开“软件工程”大会。会议期间，国防科技大学陈火旺院士与孟庆余教授，宴请了美国软件工程专家叶祖尧博士。席间，时任美国马里兰大学计算机系主任的叶祖尧博士说：“软件工程，只有你们长沙（国防科技大学）并行机的研究搞得最好！”

20世纪80年代银河系列巨型机的发展历史已经证明，21世纪天河系列巨型机的发展历史再次证明：叶祖尧博士的话是对的。

另外，根据《软件工程技术概论》（北京：科学出版社，2002）一书的记载，中国软件工程的第一本书籍，是由朱三元等人编著的《软件工程指南》，出版时间为1985年。

1.3　软件工程在软件行业中的作用

软件工程是软件行业的一门工程管理科学，更是系统分析员和项目经理以上人员必备的知识体系，为了将我国的软件产业搞上去，使软件产业成为国民经济的支柱产业，使中国早日成为一个软件大国与软件强国，在软件界怎么强调软件工程也不过分。

【例1-3】　20世纪90年代初，有两个软件团队，一个较大（10多人），另一个较小（6人），都在开发财务系统。

较大的那个团队，工作不规范，没有文档，没有评审，也没有团队协作精神，结果开发出来的产品可维护性差，没有打开市场，没有产生经济效益和社会效益，致使产品与团队最后同归于尽。

较小的那个团队，同舟共济，工作规范，有正规文档，有阶段评审，分工明确：一人负责原始凭证和输出报表的收集、归类和整理，这实际上是做需求分析；一人负责科目和数据字典（代码表），这实际上是做信息的标准化与规范化；一人负责记账凭证的录入和修改，这实际上是做数据库的设计和加载工作；一人负责日记账、明细账和总账之间的平衡与对账，这实际上是做数据处理；一人负责统计、报表和查询，这实际上是做数据输出工作；一人负责总体设计和项目管理，这就是项目经理的工作。他们的工作进度虽然不快，但最后形成了产品，打开了市场，产生了经济效益和社会效益，并且发展成为一个大型IT企业，这6个人后来都成了业界精英。

造成这两个团队不同结果的原因是什么呢？一个根本原因，就是较大的团队没有软件工程知识和团队协作精神，较小的团队有一些软件工程知识和很强的团队协作精神。由此可见，软件工程知识背景和团队精神是多么重要。实际上，团队精神是一种软件企业文化，软件企业文化属于软件过程管理的范畴，软件过程管理是软件工程研究的四大内容之一。

因为软件工程来自于软件行业，又服务于软件行业，所以下面主要讨论它在软件行业中的作用。

从历史上讲，软件工程的作用，是为了克服20世纪60年代出现的软件危机。

从当前来讲，软件工程的作用，就是告诉人们怎样去开发软件和管理软件。具体地讲，它表现在与软件开发和管理有关的人员和过程上。为了说明这个问题，首先，分析软件行业的人才结构，看看这些人员的工作与软件工程有什么关系。

一般来说，软件行业的专业人才由下列几个层次组成。

（1）高层管理人员。他们应具备的基本条件是：软件专业宏观知识、软件工程管理知识，加上商业与资本运作知识。他们要用软件工程的理论和方法，来管理整个公司的软件业务。

（2）中层项目经理和软件工程师。他们应具备的基本条件是：系统分析知识、系统设计知识，加上项目管理知识。他们要用软件工程的理论和方法，来管理项目组的软件开发。他们的个人奋斗目标是软件管理专家、分析设计专家、开发技术专家，他们是软件工程的实践者。

（3）软件蓝领工人。他们应具备的基本条件是：掌握阅读文档的技能、程序设计的技巧，加上软件测试的知识。他们要用软件工程的理论和方法，来实现软件项目的软件功能、性能、接口、界面。

（4）软件营销人员。他们应具备的基本条件是：营销知识、售前知识，加上软件工程基本知识。他们要用软件工程的基本思路，来与客户进行沟通，以赢得客户的信任。

（5）软件实施和维护人员。他们应具备的基本条件是：软件客户化及安装、运行、维修技术。他们要用软件工程的基本方法，来实现软件功能、性能与接口的实施和维护。

（6）软件售前人员。他们是软件公司的产品形象代表，其奋斗目标是：既要成为某个行业领域的产品专家，又要成为该产品的实现顾问。只有这样，他们才能看懂招标书、写好投标书、讲好投标书。在制作和宣讲投标书的过程中，有许多与软件工程相关的知识和内容，如项目开发方法、开发工具、开发环境、运行环境、管理方法、质量和进度控制方法，只有把这些方法写清讲透，用户才能相信认可，投标才有成功把握。这些知识和内容，离不开软件工程知识的学习。

在以上6种人员中，软件工程这门课是前三种人员的必修课。对后三种人员，若想在工作中寻求更大的发展空间，则应提升自己的知识结构和工作层次，且十分需要掌握软件工程的基本知识。当然，对于不同岗位，知识结构要求有所不同，侧重点也不同。但是，只要在软件行业工作，就会自觉或不自觉地参与软件岗位竞争，就必须重视软件工程，学好软件工程，用好软件工程，不断地将自己的实践经验上升到软件工程的理论与方法，又不断地用软件工程的理论与方法指导自己的实践活动，使自己不断地得到升华和发展，这就是软件工程的作用。

从软件项目团队来讲，软件工程的作用是：在规定的时间内，按照规定的成本，完成预期质量目标（软件的功能、性能和接口达到需求报告标准）的软件。

从软件企业本身来讲，软件工程的作用是：持续地规范软件开发过程和软件管理过程，不断地优化软件组织的个人素质和集体素质，从而逐渐增强软件企业的市场竞争实力。

从软件大国与强国来讲，软件工程的作用是：它在一个国家的计算机界及软件界的普及与推广，可以使这个国家变为一个软件大国，进而变为一个软件强国。

由于软件工程的作用越来越大，它的地位也越来越高。以前，软件工程在高校只是一门课程。现在，它作为一个学科体系，设立了软件工程专业和软件工程学士、硕士、博士学位。

1.4　软件工程方法论

1.4.1　软件工程方法论的提出

长期以来，人们将软件开发方法与软件生命周期模型，甚至将软件开发方法与软件过程改进模型混为一谈，因而误认为软件生命周期模型或软件过程改进模型就是软件开发方法。例如，将迭代模型 RUP（Rational Unified Process）和过程改善模型 CMMI（Capability Maturity Model Integration）误认为软件开发方法或软件工程方法论。事实上，软件开发方法与软件生命周期模型是不同的，软件开发方法与软件过程改进模型就更不相同了。软件开发方法学源于程序设计语言方法学，而软件生命周期模型或软件过程改进模型与程序设计语言方法学无关。

软件生命周期模型是指在整个软件生命周期中，软件开发过程应遵循的开发路线图。或者说，软件生命周期模型是软件开发全部过程、活动和任务的结构框架。

例如，瀑布模型、增量模型、螺旋模型、喷泉模型、XP 模型、原型模型和 RUP 迭代模型，它们都有各自清晰的开发路线图，规定了各自的开发过程、活动和任务的结构框架。关于这些软件生命周期模型，将在后续的有关章节中详细论述。

软件开发方法是指在软件开发路线图中，开发人员对软件需求、设计、实现、维护所采用的开发思想、开发技术、描述方法、支持工具等。

在软件工程方法学方面，大体可分为程序设计方法学和软件开发方法学，前者是关于小规模程序的设计方法学，后者是关于大规模软件的开发方法学。

例如，在程序设计方法学中，最基本的方法有面向过程程序设计方法、面向对象程序设计方法、面向元数据（Meta-data）程序设计方法。在软件开发方法学中，最基本的方法有面向过程方法、面向对象方法、面向元数据方法、形式化方法。它们都是软件开发方法，都有各自的开发思想、开发技术、描述方法、支持工具等。

软件工程中软件开发方法的集合，称为**软件工程方法论**。

现在的问题是：到目前为止，在软件工程方法论中，到底包括哪几种最基本的软件开发方法？这几种开发方法到底存在什么关系？下面将回答这些问题。

1.4.2　面向过程方法

面向过程的方法（Procedure-Oriented Method），来自于面向过程的程序设计语言，如汇编语言、C 语言。面向过程方法包括面向过程的需求分析、设计、编程、测试、维护、管理等。

面向过程方法，习惯上称为传统软件工程开发方法或结构化方法。它包括结构化分析、结构化设计、结构化编程、结构化测试、结构化维护。面向过程方法，有时又称面向功能的方法，即面向功能分析、设计、编程、测试、维护。由此可见，面向过程方法、面向功能方法、结构化方法，三者是同一个意思。

在软件工程发展史上，曾经出现过的面向过程方法有：

（1）面向结构化数据系统的开发方法 DSSD（Data Structured Systems Development）。

（2）面向可维护性和可靠性设计的 Parnas 方法。

（3）面向数据结构设计的 Jackson 方法。

（4）面向问题设计的 PAM 方法。

（5）面向数据流方法。

上述 5 种方法的详细内容，利用百度或 Google 搜索引擎，都可以在网上查到。但是，不管方法名是什么，这 5 种方法在宏观上都属于面向过程方法，支持这些方法的是面向过程的结构化编程语言。

面向过程方法设计中强调模块化思想，采用“自顶向下，逐步求精”的技术对系统进行划分，分解和抽象是它的两个基本手段。面向过程方法编程时采用单入口单出口的控制结构，并且只包含顺序、选择和循环三种结构，目标之一是使程序的控制流程线性化，即程序的动态执行顺序符合静态书写结构。

在面向过程的 5 种具体方法中，面向数据流方法最具有代表性。

面向数据流的设计方法，把数据流图映射成为软件结构图，数据流图的类型决定了映射方法，数据流图 DFD（Data Flow Diagram）可以分为变换型数据流图和事务型数据流图。

（1）具有明显的输入、变换（加工）和输出界面的数据流图称为变换型数据流图。

（2）数据沿输入通路到达一个处理模块，这个处理模块根据输入数据的类型在若干动作序列中选出一个来执行，这类数据流图称为事务型数据流图，并且称这个模块为事务中心。它完成如下任务：接收输入数据；分析数据并确定数据类型；根据数据类型选取一条活动通路。

关于面向数据流的方法，在本书的后续章节中还会有进一步的介绍。

软件的基础是程序，没有程序就没有软件，也就没有软件工程方法。对于软件行业来说，某一种软件工程方法往往来自于某一类程序设计语言。面向过程的方法，来自于 20 世纪 60～70 年代流行的面向过程的程序设计语言，如 ALGOL、PASCAL、BASIC、FORTRAN、COBOL、C 语言等，这些语言的特点是：用“顺序、选择（if-then-else）、循环（do-while 或 do-until）”三种基本结构来组织程序编制，实现设计目标。面向过程方法开始于 20 世纪 60 年代，成熟于 70 年代，盛行于 80 年代。该方法在国内曾经十分流行，大量应用，非常普及。

面向过程方法的优点是：以处理流程为基础，简单实用。其缺点是：只注重过程化信息，忽略了信息的层面关系及相互联系。它企图使用简单的时序过程方法（顺序、分支、循环三种结构），来描述关系复杂（随机）的信息世界，因而对于关系复杂的信息系统来说，其描述能力不强，最后可能导致软件设计、开发和维护陷入困难。

自从面向对象方法出现之后，在许多领域，面向过程方法逐渐被表述能力更强的面向对象方法所取代。当前，面向过程方法主要用在过程式的程序设计中，如对象方法（函数）、科学计算、实时跟踪和实时控制的实现。

【例 1-4】　面向过程方法在军事领域的实时跟踪监控系统中有很好的应用。如我方侦察卫星发射后其飞行轨迹的捕获、测量、跟踪和预报，导弹防御系统中敌方导弹发射后飞行轨迹的捕获、测量、跟踪和预报，其软件系统都是采用面向过程方法设计和实现的。使用面向过程方法，系统的执行路径可由系统自动控制，也就是程序自动控制，这是一切自动控制与跟踪系统所必需的。

1.4.3　面向对象方法

面向对象方法（Object-Oriented Method），在不少教材中称为现代软件工程开发方法。该方法包括面向对象的需求分析、设计、编程、测试、维护、管理等。面向对象方法是一种运用对象、类、消息传递、继承、封装、聚合、多态性等概念来构造软件系统的软件开发方法。

面向对象方法的特点是，将现实世界的事物（问题域）直接映射到对象。分析设计时由对象抽象出类（Class），程序运行时由类还原到对象（Object）。

面向对象方法，源于20世纪80代年开始流行的面向对象的程序设计语言，如Java、C++、Delphi、Visual Basic语言等。面向对象方法的基本特点是，将对象的属性和方法（即数据和操作）封装起来，形成信息系统的基本执行单位，再利用对象的继承特征，由基本执行单位派生出其他执行单位，从而产生许多新的对象。众多的离散对象通过事件或消息连接起来，就形成了软件系统。20世纪80年代末，微软视窗操作系统的出现，使它产生了爆炸性的效果，大大加速了它的发展进程。90年代中期，UML（Unified Modeling Language）和Rose（Rational object-oriented system engineering）的产生，标志着它逐步走向了成熟，并且开始普及。21世纪初，面向对象的两类开发平台是.Net平台和J2EE平台。

面向对象方法，实质上是面向功能方法在新形势下（由功能重用发展到代码重用）的回归与再现，是在一种高层次（代码级）上新的面向功能的方法论，它设计的“基本功能对象（类或构件）”，不仅包括属性（数据），而且包括与属性有关的功能（或方法，如增加、修改、移动、放大、缩小、删除、选择、计算、查找、排序、打开、关闭、存盘、显示和打印等）。它不但将属性与功能融为一体，而且对象之间可以继承、派生以及通信。因此，面向对象设计，是一种新的、复杂的、动态的、高层次的面向功能设计。它的基本单元是对象，对象封装了与其有关的数据结构及相应层的处理方法，从而实现了由问题空间到解析空间的映射。一句话，面向对象方法也是从功能入手，将功能与方法作为分析、设计、实现的出发点和最终归宿。

面向对象方法的优点是：能描述无穷的信息世界，同时易于维护。其缺点是：对于习惯于面向过程方法的人，较难掌握。

面向对象方法是当前软件界关注的重点，是软件工程方法论的主流。面向对象的概念和应用已超越了程序设计和软件开发，扩展到更宽的范围，如交互式界面、应用结构、应用平台、分布式系统、网络管理结构、CAD技术、人工智能等领域。

业界流传的面向方面方法、面向主体方法和面向架构方法，都是面向对象方法的具体应用实例。

【例 1-5】 互联网上各种网站的设计、实现和维护，都是面向对象方法的案例。游戏软件的设计、实现和维护，更是面向对象方法的杰作。

【例 1-6】 面向对象方法在电子商务中的应用有：网站前台界面的制作，信息的发布和处理，用户在网上浏览和录入信息等应用软件都是利用面向对象的方法设计与实现的。个人网页的制作也是面向对象方法的应用例子。窗口操作系统与互联网的出现，为面向对象方法开辟了无限的前景。

1.4.4 面向元数据方法

这里讲的面向元数据方法（Meta-data Oriented Method），既不是传统软件工程中的“面向数据流”方法，也不是传统意义上的面向数据结构的 Jackson 方法，它们都是面向过程方法，而且这两种方法都出现在关系数据库管理系统 RDBMS（Relational Database Management System）成熟之前。所以这里讲的面向元数据方法，就是面向元数据方法，它与面向过程方法截然不同。

面向元数据方法来源于面向元数据的程序设计思想，即关系数据库语言的程序设计思想。当关系数据库管理系统和数据库服务器出现之后，面向元数据方法才被人们所发现与重视。当数据库设计的 CASE 工具 Power Designer、Oracle Designer 和 ERWin 出现之后，面向元数据设计方法才开始流行。因为计算机就是网络，网络就是服务器，多数服务器都是数据库服务器，数据库服务器上的软件开发就采用面向元数据方法，由此可见面向元数据方法的重要性。

元数据（Meta-Data）是关于数据的数据、组织数据的数据、管理数据的数据。

这里的元数据，泛指一切组织数据的数据，如类的名称、属性和方法，实体的名称、属性和关联，数据库中的表名、字段名、主键、外键、索引、视图，数据结构中存储数据的框架等。但是，我们研究的重点，是指数据库中的元数据。

面向元数据方法，就是在软件需求分析、设计、实现、测试、维护过程中，均以元数据为中心的软件工程方法。

例如，数据库概念设计中的实体名和属性名，数据库物理设计中的表名和字段名，它们就是元数据。而具体的某一个特定的实例，它们不是元数据，而是对象或记录，是被元数据组织的数据。关系数据库管理系统自带的程序设计语言，提供了强大的面向关系表中数据的编程能力，典型的例子就是编写存储过程（Stored Procedure）和触发器（Trigger）。Oracle 数据库管理系统自带的编程工具 Developer 2000，是一个面向元数据的编程工具。Oracle Designer 加上 Developer 2000，构成了一个完整的面向元数据的信息系统开发环境。

面向元数据方法包括面向元数据的需求分析、设计、编程、测试、维护。

（1）面向元数据的需求分析，是在需求分析时，找出信息系统所有的元数据，使其完全满足信息系统对数据存储、处理、查询、传输、输出的要求。也就是说，有了这些元数据，信息系统中的一切原始数据不但都被组织起来，而且能完全派生出系统中的一切输出数据。

（2）面向元数据设计，是利用需求分析获得的元数据，采用面向元数据的 CASE 工具，设计出信息系统的概念数据模型 CDM（Conceptual Data Model）和物理数据模型 PDM（Physics Data Model），以及从原始数据到输出数据的所有算法与视图。

（3）面向元数据编程，是在物理数据模型 PDM 的基础上，根据信息系统的功能、性能、接口和业务规则，建立数据库表和视图，再利用数据库编程语言，编写出存储过程和触发器。

（4）面向元数据测试，是对数据库表初始化并加载之后，运行相关的存储过程和触发器，测试信息系统的各种功能需求与性能指标。

（5）面向元数据维护，是对数据库表中的记录进行统计、分析、审计、复制、备份、恢复，甚至对表结构及视图结构进行必要的调整。

事实上，20多年来，面向元数据方法已经是建设信息系统、数据库、数据仓库和业务基础平台的基本方法。概括起来，面向元数据方法的要点是：

（1）数据（Data）位于企业信息系统的中心。信息系统就是对数据的输入、处理、传输、查询和输出。

（2）只要企业的业务方向和内容不变，企业的元数据就是稳定的，由元数据构成的数据模型（Data Model）也是稳定的。

（3）对元数据的处理方法是可变的。用不变的元数据支持可变的处理方法，即以不变应万变，这是企业信息系统工程的基本原理。

（4）信息系统的核心是数据模型。数据模型包括概念数据模型CDM和物理数据模型PDM。数据模型的表示形式是E-R图，它用CASE工具设计。例如，Power Designer，Oracle Designer或ERWin，它们不但具有正向设计功能，而且具有逆向分析功能，这样才能实现快速原型法。

（5）信息系统的编程方法主要是面向对象（除数据库服务器层面上），其次才是面向元数据（在数据库服务器层面上）和面向过程（在实现存储过程和对象方法中）。

（6）用户自始至终参与信息系统的分析、设计、实现与维护。

面向元数据方法的优点是：通俗易懂，特别适合信息系统中数据层（数据库服务器）上的设计与实现。其缺点是：只能实现二维表格，不能实现窗口界面。

面向元数据方法，是作者在IT企业多年软件工程管理经验与在高校多年软件工程教学经验的积累、反思与升华。该方法与关系数据库管理系统紧密地捆绑在一起，只要面向对象数据库不能完全替代关系数据库，这种方法就不会终结。目前，数据库管理系统的发展趋势是：在关系型数据库的基础上，将面向对象的某些特性（如继承）添加上去，称为“对象-关系型数据库”，但本质上仍然是一个关系型数据库。

【例1-7】 面向元数据方法在电子商务中也有应用。网站后台数据库服务器上的数据处理和数据传输，其软件都是利用面向元数据方法设计与实现的。实际上，不管网络应用系统是C/S结构还是B/S结构，在数据库服务器（S）上对数据的分析、设计和实现，都自觉或不自觉地使用了面向元数据方法。

*1.4.5 形式化方法

1. 什么是形式化方法？

软件工程的形式化方法（Formalized Method），是建立在严格的数学基础上、以逻辑推理为出发点、具有精确数学语义的开发方法。

软件工程中的形式化方法是软件工程的研究领域之一，其内容包括：有限状态机、State charts、Petri网、通信顺序进程、通信系统演算、一阶逻辑、程序正确性证明、净室软件工程、时态逻辑、模型检验、Z形式规约语言、B语言和方法、VDM系统、Larch等。

作为一种以数学逻辑为基础的方法，形式化方法以其严密性越来越受到众多领域的重视，尤其是在安全性和可靠性作为关键问题的系统，如核电站、航空航天、铁路运输系统中得到了较为广泛的应用。但是，对于形式化方法在工业领域的实际应用问题，在软件工程界，尤其是在系统开发人员中，还存在着相当多的疑问。

1990 年，J.A. Hall 回答了有关形式化方法的以下 7 个疑问。

（1）该方法可否保证软件系统的完美无缺？答：形式化方法不能保证系统的完美无缺，也并不能减少系统所需的测试。用户不能认为它是万能的。

（2）它处理的只是程序正确性的证明？答：形式化方法不仅仅局限于对程序正确性的证明。

（3）它只适用于“安全第一”的系统？答：形式化方法不仅仅局限于“安全第一”的系统。

（4）它需要专业的数学知识？答：许多复杂问题的简单形式化描述，以及若干项目的成功运作反驳了有关形式化方法需要专业的数学知识。

（5）它增加系统开发的成本？答：是的，增加了研发成本。

（6）用户无法接受它？答：最终用户以及非专业人员，在系统开发中的广泛参与，说明了用户对该方法的认可。

（7）无法应用于大型的实际系统？答：它在几个大型实际系统中成功应用，已经引起了广泛的关注，也否定了形式化方法无法应用于大型实际系统的说法。

1995 年，Jonathan P. Bowen 进一步回答了随着计算科学的发展，有关形式化方法的以下其他 7 个新疑问。

（8）该方法延迟开发进程？答：尽管一些应用形式化方法的项目由于各种原因被延迟，但是多数都因该方法的成功应用显著地缩短了开发时间。

（9）它缺乏支持工具？答：随着形式化方法领域的不断壮大，对其支持的工具会越来越丰富。类似于 CASE 的集成工具也已经出现。

（10）它将代替传统的工程设计方法？答：它与结构化软件工程方法并不是相互对立，相反，二者的结合将会是有益的相互补充。

（11）只适用于软件设计？答：该方法不仅适用于软件开发，同样适用于硬件设计，而且它使软、硬件联合设计成为可能。

（12）实际上并不需要它？答：尽管关于该方法的必要性有很多争论，但不可否认的是，在一些领域中，它是必需的，而且这些领域将越来越广泛。

（13）它缺乏支持？答：它正在为越来越多的人所接受与支持。在一些国家，该方法正逐渐步入大学的课堂。

（14）该方法的热衷人员只使用形式化方法？答：必须承认，该方法并不是万能的。在一些特定领域，它并不适宜，用户界面设计就是一例。

当然，上述回答是站在正方的立场上的。若站在反方的立场上，至少存在这样一个事实：在当今社会上，很难找到几个 IT 企业，他们在软件需求、设计、实现、验证中，系统地采用了形式化方法。

2. 形式化方法的优势

随着软件系统的功能越来越多，规模越来越大，其开发的复杂度也越来越高。这样，软件中出现错误的概率也随之增加，由于这些错误可能会带来时间、财产甚至是人的生命的损失，因此软件工程的一个主要目标就是希望软件的可靠性不会随着系统的复杂性增大而降低。与其他传统的软件开发方法相比，以数学为基础的形式化方法有着无法比拟的严密性，它能够帮助发现其他方法不容易发现的系统描述的不一致性、二义性或不完整性，有助于增加软件开发人员对系统的理解。

形式化方法在软件开发中能够起到的作用是多方面的。首先是对软件需求和设计的描述。系统分析人员将软件需求和设计用形式化语言，而不是自然语言描述出来，这样做主要有两方面的好处：一是对于开发人员而言，由于自然语言本身的局限，传统的需求与设计描述是不规范的，可能存在歧义，容易被错误理解，一旦在这个环节出错，那么编写的代码也就不可避免地会出现错误；二是对于系统分析人员而言，在用形式化语言描述需求设计规范之后，可以利用模型检查、定理证明等方法，来判断软件的设计是否一致、是否完整，并且预测系统是否会表现出预期的特点、做出正确的行为。这可以在早期发现软件开发过程中的错误，并获得及时改正。对于软件开发来说，错误发现得越晚，修改成本就越高，越是大型复杂的系统，越是如此。形式化方法虽然在开发早期可能成本较高，但是却可以大大降低后期的维护和验证的费用。对于编程而言，还可以考虑自动代码生成。对于一些简单的系统，形式化的描述有可能直接转换成可执行程序，这就简化了软件开发过程，节约了资源，减少了出错的可能性。形式化方法还可以用于程序验证，以保证程序的正确性。另外，对于测试来讲，形式化方法可用于测试用例的自动生成，这既节省时间，又在一定程度上保证测试用例的覆盖率。

下面通过一个简单例子来看如何使用形式化的规格说明来对系统建模，并加以分析和验证。

现考虑以下需求：一个装冷却水的水箱在低水位传感器发出警告时需要向其中加水。每次加水都向水箱加 9 个单位的水。注意：

- 水箱最多能装 10 个单位的水。
- 每次读取水位的时间间隔会用掉 1 个单位的水。
- 低水位传感器会在水箱剩下 1 个单位或不到 1 个单位的水时发出警报。

以上描述涉及两个关键概念：水箱中的水位和水的使用量。我们可以将其形式化地描述如下：

（1）水位用整数表示，并且取值范围为[0,10]。

（2）水的使用量用整型常数 1 表示。

水位描述的是在任一时间水箱内的水量，而水的使用量是每次间隔使用的水量。

基本的需求是，如果水位为 1 个单位或者更少则向水箱加水，可以描述为：

（3）函数 fill 的输入/输出均为水位。如果输入为 L 个单位的水，fill 将在 L 等于或小于 1 时返回 $L+9$，其余情况返回 L。（这里定义了 fill(L)函数，用于说明水箱中的加水动作。）

根据常识，在这个系统中，一个时间间隔后新的水位应该是当前水位加上加入的水量减去这个时间间隔用掉的水量。设当前水位为 L，则：

（4）$\text{level} = L + \text{fill}(L) - \text{usage}$

我们检查这个规格描述是否与水位 level 的定义一致，也就是说，是否保证水位是 0～10 的一个整数。为了检查在第（3）条说明中定义的 fill 是否满足一致性，需要检查以下两条：

（5）对于所有的水位 L，

$(L <= 1)$ 则 $(0 <= L + 9)$ 并且 $(L + 9 <= 10)$

（6）对于所有的水位 L，

$(0 <= L + \text{fill}(L) - \text{usage})$ 并且 $(L + \text{fill}(L) - \text{usage} <= 10)$

这两个条件可以用形式化方法工具自动推理生成。其中第（5）条可以如下证明：

（5.1）因为 $L >= 0$，所以 $L+9 >= 0$。

（5.2）因为 $L <= 1$，所以 $L+9 <= 10$。

但是第（6）个条件不能保证成立，当 $L = 9$ 时，

$L + \text{fill}(L) = L + L - 1 = 9 + 9 - 1 = 17$（不满足$<= 10$）

因此，以上的某一步出现了错误。仔细检查可以发现，第（4）条中关于一个时间间隔后的水位描述有问题：（4）level = L + fill(L) – usage（错误）。

这个描述与 fill 的定义不一致，因为 fill 返回的是水箱的新水位而不仅仅是加入的水量，因此我们将第（4）条改为

（4'）level = fill(L) – usage　（正确）

那么第（6）条判断就改为

（6'）对于所有的水位 L，

(0 <= fill(L) – usage) 并且 (fill(L) – usage <= 10)

这条判断留给读者自行验证。为了读者阅读方便，例中用自然语言而不是形式化语言来描述，读者可以通过相关参考书进一步研究如何用形式化语言来描述这个系统。

通过这个例子，读者可以看到，如何给出形式化的规格说明，如何检查一致性，如何定义系统行为，如何进行证明。

形式化方法本身是一个很灵活的方法，决策者不需要决定是否在系统中完全采用或者完全不采用这类方法，而可以根据自己的实际情况选择在开发的某些阶段，或者软件的某些模块某些功能点采用这一方法，也可以考虑将形式化方法与其他非形式化方法，如面向对象方法结合起来使用。

3．形式化方法的局限性

首先，形式化方法可以应用于软件开发的一些领域和阶段，但是它也有自己的适用范围。它基于离散数学，最适合对离散系统建模，尤其适用于包括很多逻辑交互的系统。如果一个系统包括很多不同的状态，状态之间的转移根据布尔条件来确定，这样的系统采用形式化方法收效明显；而如果系统结构比较松散，没有太多内在的逻辑关系，就算是形式化了，也得不到太大的好处。同时，形式化方法很难应用到采用数值化算法、需要大量计算的问题中，尤其是需要浮点运算的系统。

其次，目前，形式化方法只能解决中小规模的问题，如果系统规模较大，形式化方法的工作量会很大，并且有一定的难度。逻辑推理在形式化方法中占有很重要的位置，也是一个难点。逻辑推理主要包括模型检测和定理证明。模型检测是将系统建成一个有穷模型，然后检测该模型是否具备希望的性质。简单来说，就是在模型的状态空间中进行穷举搜索，主要的困难是，当系统非常庞大时采用何种数据结构和算法才能有效地进行搜索。

再次，形式化方法虽然比其他方法更加严密准确，能够通过数学推理对系统的特性做出证明，但是必须清醒地看到，即使一个系统完全采用了形式化方法，也不能说它就是百分之百正确的。因为在将非形式化的信息翻译成形式化表示的过程中，以及将形式化的分析结果解读成人们容易理解的信息的过程中都有可能出错，同时在逻辑推理过程中，逻辑推理软件本身也有可能出现错误。更何况由于形式化方法本身的能力以及软件开发过程中提供的信息可能不全面，要在一个系统中完全采用形式化方法几乎是不可能的事情。

4．形式化方法的发展现状

形式化方法的发展之路并非一帆风顺，在它刚被提出的时期，由于符号系统过于艰深，工具也难以上手并且不够完善，人们只在小型实验中采用它。随着形式化方法的不断发展，出现了一些新的方法，如 Z 方法、VDM 方法，既可以严格定义，学习起来也不太困难，并且与之相对应的软件也开发得比较全面，形式化方法才渐渐被真正的软件开发人员所接受。虽然形式化方法目前主要集中在安全性较高的一些领域，但是从实际效果来看，形式化方法确实可以改进软件质量，提高开发效率。正所谓“磨刀不误砍柴工”。虽然采用形

式化方法在开发初期需要更多的时间，但是与在后期所节省的验证维护的人力和时间相比，还是值得的，并且它也确实可以降低软件的错误率，由此受到对安全性能要求高的用户的推崇。

目前已知的采用过形式化方法的软件开发领域包括数据库、医疗、核放射监控、保安系统、通信、交通控制等，均取得了不错的效果。

5. 形式化方法小结

形式化方法包含了一组活动和一组模型，它们导致了计算机软件的数学规约。数学规约就是应用一个严格的、数学符号体系来规范、开发和验证软件系统。

形式化方法提供了一种机制，能够克服其他软件工程方法难以克服的二义性、不完整性和不一致性。

形式化方法主要关注软件的功能和数据，而对软件的时序、控制、界面和行为难于表示。

形式化方法不是通过专门的评审与审计来验证软件的正确性，而是通过对软件的数学分析来验证。因此，它能发现和纠正其他方法发现不了的错误。

形式化方法的理论基础是离散数学中的集合运算和逻辑运算，支持形式化方法的基本概念是：

（1）数据不变式。一个在包含一组数据的系统执行过程中总保持为真的条件。

（2）状态。系统访问和修改的存储数据。

（3）操作。系统中发生的动作以及对状态数据的读/写，且一个操作是和两个条件相关联的：前置条件和后置条件。

从国外一些采用形式化方法开发的成功实例可以发现，形式化方法在严密的数学理论的支持下，确实能够解决软件工程中常见的一些问题。随着形式化方法越来越成熟，相关可视化工具也越来越多，将形式化方法引入软件开发的门槛会越来越低。虽然前进的道路很曲折，但是有着独特魅力的形式化方法终会在软件开发中得到越来越广泛的应用。

*1.4.6　面向业务基础平台的方法

业务基础平台（Business Framework）是近几年开始使用的新名词，是 IT 企业开发应用软件的开发环境。近年来，许多软件企业都有自己的业务基础平台。

屏蔽操作系统平台、数据库平台的诸多技术细节，采用面向业务建模来实现软件系统的方法，称为**面向业务基础平台的方法**。

该方法的特点是面向业务领域的与技术无关的开发模式。

面向业务基础平台的开发方法在本质上仍然是面向元数据方法与面向对象方法的综合运用实例，从软件工程方法论的角度来讲，人们并没有将它作为一种单独的基本方法。

该方法的优点：它有效弥合了开发人员和业务人员之间的沟通鸿沟，使开发人员更多地关注业务部分，开发者与用户双方集中精力弄清原始单证与输出报表之间的关系，建立好系统业务模型，而不是关注实现的技术细节，从而提升了业务基础平台中构件的复用性，避免了开发人员开发相同构件的重复劳动，最终达到提高软件开发速度与改进软件产品质量的目的。

该方法的缺点：业务基础平台是面向业务行业领域的，不同行业领域之间的通用业务平台标准尚未建立，也较难建立。因此，不同行业领域的软件开发商，可能有各自不同的业务基础平台。

【例 1-8】 *北京某公司在业务基础平台的开发方面，处于国内领先水平。名称为 X3 的业务基础平台，在许多大型企业与软件公司得到了应用，取得了良好业绩。*

X3 业务基础平台是从信息化的整体、全局数据库和发展的角度出发，为保障信息化成功而提供的战略支撑工具。该业务平台为信息系统的规划、设计、构建、集成、部署、运行、维护和管理等提供高可用性、高合理性的体系架构，真正实现“用户主控，随需而变，全局规划，整体集成”的信息化战略，用户可以在很短的时间内构建起大型复杂的业务系统。

（1）X3 业务基础平台构建的信息系统具有如下能力和优势：

- 灵活调整和自由扩展。
- 组织机构和权限管理。
- 业务工作流。
- 表单和报表。
- 业务集成和业务门户。
- 查询、统计和决策分析。
- 快速实施和部署。
- 业务支撑架构。
- 快速构建和业务建模。

（2）X3 业务基础平台基本思想，体现在图 1-1 中。

X3 业务基础平台是业务导向和驱动的软件构架体系，现有的信息系统可直接在技术平台上构建。而基于业务基础平台的信息系统，是在更高级的、基于业务层面的基础平台上构建管理系统，这与现有的信息系统相比有着本质的区别。

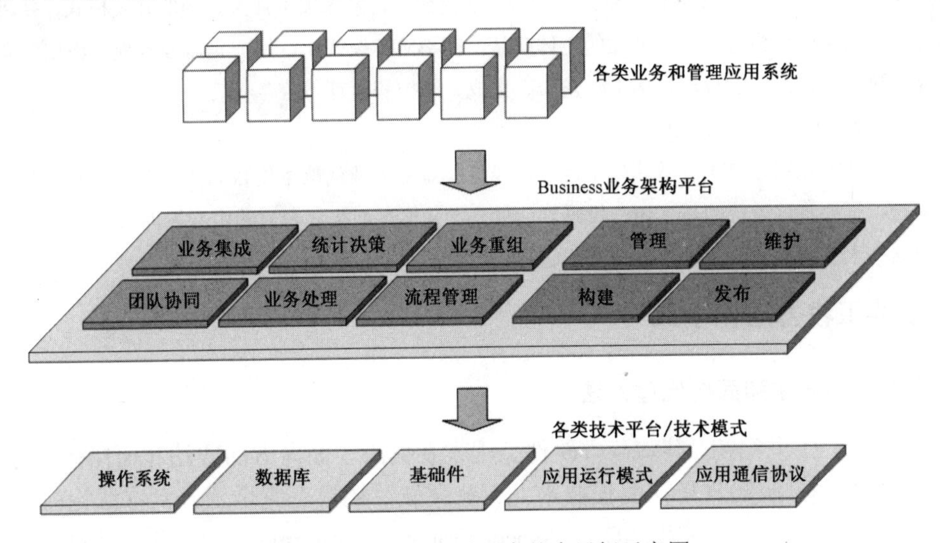

图 1-1　X3 业务基础平台基本思想示意图

（3）X3 业务基础平台实现原理与方法。

① 实现原理——应用与实现技术分离，如图 1-2 所示。

它通过将业务模型资源与系统实现技术相分离，从根本上提升管理系统的技术无关性。

业务模型资源是随用户需求而变动的最频繁的部分，通过分离业务与实现部分，可以做到业务模型资源变动时，不影响底层的实现技术，无须重新配置或升级运行环境。而运行环境的独立，则可以保证应用能够跨越实现技术，运行在不同的系统之上，随时零成本迁移到新的实现技术。

② 实现方法——业务模型驱动（BMD），如图 1-3 所示。

在实现方法上，X3 业务基础平台采用“业务模型驱动”（BMD，Business Model Driven）的方法体系和工具集。业务模型驱动是一种全新的管理软件架构和运行模式，它的基本思想是：用业务建模工具来开发管理软件，用业务基础平台来运行管理软件。

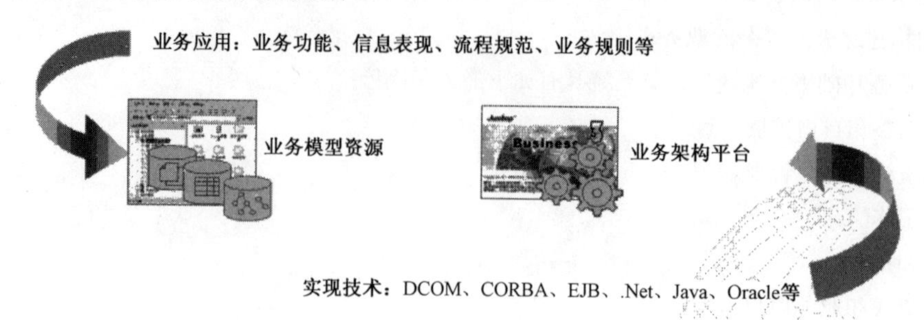

图 1-2　X3 业务基础平台实现原理示意图

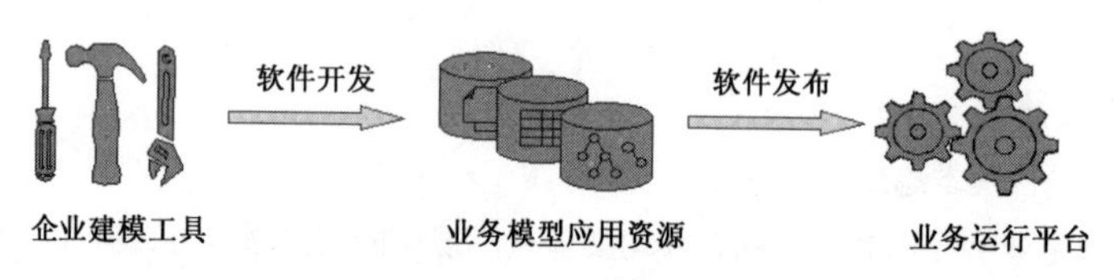

图 1-3　X3 业务基础平台实现方法示意图

业务模型驱动体现了“以业务模型资源为中心”的思想，它要求采用业务建模的开发模式，并将建模的结果业务模型应用资源作为管理软件开发的主体产品。在 BMD 模式下，用户是以业务模型应用资源为主要的目标对象，进行信息系统的设计、构造、发布、集成、维护和管理。

（4）X3 业务基础平台的应用体会。

某公司在 2006 年引进 X3 业务基础平台后，经过简短的培训就能运用自如了。例如，要开发一个固定资产管理系统，只要将该系统的基本表、代码表、报表（又称查询统计表）的定义告诉 X3，并用 X3 定义的业务模型将这些表安插到流程中去，固定资产管理系统就初步开发成功了。

1.4.7　软件工程方法论小结

1．面向方面方法和面向代理方法

20 世纪末到 21 世纪初，某些西方软件工程学者提出了面向方面方法和面向代理方法。到目前为止，这两种方法还只是在编程技术上有些突破，还没有完全上升到方法论的高度。面向方面方法重点是面向方面编程 AOP（Aspect Oriented Programming），它只是对面向对象的编程技术进行了有力补充。面向代理（Agent）方法有时又翻译成面向智能体方法，它只是面向对象方法的一个特殊应用，在智能系统的编程技术上发挥了积极的作用。总之，这两种方法各适用于不同的面向对象编程领域，已经并且正在解决许多不同类型的面向对象编程技术问题。由于这两种方法所牵涉的专门知识较多，所以在此不做详细介绍。

2．四种基本的软件开发方法

我们的结论是：到目前为止，软件工程方法论包含面向过程方法、面向对象方法、面向元数据方法和形式化方法这四种基本的软件开发方法。至于面向业务基础平台的方法，它只是面向元数据方法与面向对象方法的具体应用实例，不能单独作为一种基本方法。

在大型多层结构的信息系统建设中，这四种方法的关系是：面向元数据方法用在数据库服务器层面的系统设计与实现上，面向对象方法用在除数据库服务器层面之外的其他层面的系统设计与实现上，面向过程方法用在其他两种方法本身内部函数的设计与实现上，形式化方法用在某些核心程序的正确性证明上。由此出发，我们得出如下的认识。

（1）所谓“面向过程方法是传统软件工程方法，面向对象方法是现代软件工程方法”的观点是肤浅的。

（2）只要将“元数据”的概念稍加扩充，即元数据是所有软件系统中组织数据的数据，那么，对于信息系统之外的其他领域，面向元数据方法也是适应的。

四种开发方法的比较如表 1-5 所示。

由此可见，四种开发方法各有生存时间和空间，不是互相孤立、毫无联系、彼此对立的，而是互相补充、彼此相关的，所以它们在软件开发领域中能和平共处，互相促进，共同构成了一个多极化的、丰富多彩的和谐的软件工程方法论世界。

表 1-5　四种开发方法的比较

方法名称	优　点	缺　点	适合的场合
面向过程方法	简单好学	不适应窗口界面，维护困难	大型工程计算，实时数据跟踪处理，各种自动化控制系统，以及系统软件实现等领域
面向对象方法	功能强大，易于维护	不易掌握	互联网络时代，完全由用户交互控制程序执行过程的应用软件和系统软件的开发
面向元数据方法	通俗易懂	不适应窗口界面	以关系数据库管理系统为支撑环境的信息系统建设
形式化方法	准确、严谨	难以上手和应用	对安全性要求极高，不容许出错的软件系统，如军事、医药、交通等领域

3. 两种软件开发平台

到 21 世纪初，面向对象方法的开发平台分为两大类：以 SUN 和 IBM 公司为主的 J2EE 平台和以微软公司为主的.NET 平台。这两种平台，都是为了实现多层结构中的表示层与中间层上的开发。数据层上的开发，仍旧是用面向元数据方法。中间层与数据层之间的连接，采取数据库连接中间件 ODBC 或 JDBC 的方式实现。

1.5　软件工程实践论

1.5.1　软件工程实践论的提出

在软件工程方法论中的 4 种软件开发方法中，究竟哪一种方法最好呢？在开发一个大型软件系统时，到底怎样选取合适的软件开发方法呢？这就是软件工程实践论中需要详细讨论的问题。

本章的重点之二，就是详细讨论“五个面向”的软件工程实践论。它源于大型信息系统的开发实践，所以首先给出信息系统的定义。

利用计算机网络技术、数字通信技术与数据库技术实现信息采集和处理的系统，称为**信息系统**。

“五个面向”实践论是指“面向流程分析、面向元数据设计、面向对象实现、面向功能测试、面向过程管理”。

“五个面向”实践论，综合了软件工程方法论中各种开发方法的优点，是人们在软件开发实践中经验的结晶，是软件工程方法论在软件工程实践中的具体运用。

在论述“五个面向”实践论时，我们首先从信息系统出发，然后再推广到非信息系统。

1.5.2 面向流程分析

面向流程分析（Flow-Oriented Analysis），就是面向流程进行需求分析。

任何软件系统，都要满足用户的需求，这往往表现在用户的工作流程上，系统的功能、性能、接口、界面，通过系统流程这条主线，都会全部暴露出来。因此，在信息系统需求分析时，系统分析员要面向业务流程、资金流程、信息流程进行分析。只有将这“三个流程”分析透了，才能建立有效的系统业务模型和功能模型（包括性能模型和接口模型）。因为计算机网络在本质上只识别数据及数据流（严格地讲，它只识别二进制数据和二进制数据流），而且这“三个流程”，可以用“数据流”这一个流程来代替，或者说“三个流程”是“数据流”在三个不同方向的投影。

由此可见，在需求分析时，抓住了软件系统的流程，就掌握了需求分析的钥匙，就能取得需求分析的成功。

1.5.3 面向元数据设计

面向元数据设计（Meta-data Oriented Design），就是面向元数据进行概要设计。

例如，在信息系统设计时，设计师要采用面向元数据的方法进行概要设计。其主要任务是建立系统的数据模型，包括概念数据模型 CDM 和物理数据模型 PDM，以及体现业务规则的存储过程和触发器，然后以数据模型为支撑，去实现信息系统的业务模型和功能模型。为此，要对元数据进行分析、识别、提取，只有将元数据分析透了，才能建立由元数据所构成的数据模型。该数据模型的核心，是全局实体关系图，即全局 E-R 图。可以这么说：E-R 图是个纲，纲举目张。

信息系统设计的重中之重，是数据库服务器上数据层的设计，而数据层的设计是面向元数据的，不是面向过程或对象的。当然，其他层上的设计是面向对象的。

1.5.4 面向对象实现

面向对象实现（Object-Oriented Implementation），就是面向对象进行详细设计和编程实现。

在表示层和中间层上进行详细设计和编程实现时，要采用面向对象方法。目前流行的编程语言大多数是面向对象语言。成熟的软件企业已经利用面向对象语言建设了本企业的商业类库，积累了大量的商业软构件，甚至建造好了自己的业务基础平台，为面向对象详细设计和编程实现创造了良好的开发环境。当然，在数据层上的详细设计和编程实现，仍然要采用面向元数据方法，因为主要是设计和编写存储过程与触发器，它们是面向元数据的，不是面向对象的。必须指出：详细设计与编程实现的绝大部分工作量，是在表示层与中间层上进行的，是面向对象的，所以称为面向对象实现。

详细设计和编程实现，实质上是用构件加上程序来实现系统的业务模型和功能模型（包括性能模型和接口模型）。只有对系统的三个模型思想（业务模型、功能模型、数据模型）吃透了，才能设计和编写出规范的程序。

因为类的实例化就是对象，所以面向对象实现，实质上是面向类实现。面向对象方法的软件分析师与程序员要时刻牢记：分析设计时由对象抽象出类，程序运行时由类还原到对象。

1.5.5　面向功能测试

面向功能测试（Functional-Oriented Test），就是面向功能进行模块测试、集成测试、Alpha 测试和 Beta 测试。

面向功能测试的方法就是黑盒测试方法，随着第 4 代程序设计语言和构件技术的发展，该测试方法的应用将越来越广泛。今后采用白盒测试方法（面向程序执行路径测试）的人，只是从事软件构件生产的底层人员。因此，测试部门的专职测试人员，主要是掌握面向功能的黑盒测试方法。

黑盒测试方法的测试思路是：针对需求分析时建立的系统功能模型，将每一个需求功能点分解为多个测试功能点；再将每一个测试功能点分解并设计为多个测试用例；对每一个测试用例都执行测试过程，产生测试记录数据；最后，汇总并分类整理所有的测试记录数据，形成测试报告。

一般而言，面向功能的黑盒测试报告就是软件系统的内部验收测试报告，即 Alpha 测试报告。而 Beta 测试报告是用户验收测试报告。

1.5.6　面向过程管理

面向过程管理（Procedure-Oriented Management），就是面向软件生命周期过程，对软件生命周期各个阶段进行过程管理与过程改进。

因为软件产品质量及软件服务质量的提高与改进，完全取决于软件企业软件过程的改善。无论是 CMMI，还是 ISO 9001，都是站在软件生命周期的层面上，去提高软件企业的过程管理素质。

软件组织的软件过程管理与改进，是面向过程的，它既面向开发过程，又面向管理过程。可视、可控、优化的白箱操作过程，能保证软件工作产品的高质量。

质量源于过程，过程需要改进，改进需要模型，改进永无止境，这就是 CMMI 精神和软件工程实践论中的面向过程管理。

1.5.7　软件工程实践论小结

“五个面向”实践论，是作者在 IT 企业多年软件工程管理经验与在高校多年软件工程教学经验的积累、反思与升华，它源于软件企业对软件工程方法论的长期实践，指导软件企业对信息系统的开发建设，它是软件工程方法论在软件实践活动中的活学活用。

现在的问题是，“五个面向”实践论是否具有片面性，是否只适合于信息系统建设，不太适合于其他软件系统建设？为了回答这个问题，我们需要仔细分析“五个面向”的具体内涵：面向流程分析、面向对象实现、面向功能测试、面向过程管理，这 4 个面向应该是没有问题的，对任何软件系统都是适用的。剩下的只是“面向元数据设计”了，难道它只适合于信息系统、不适合其他系统？其实不然。

如前所述，只要将“元数据”的概念稍加扩充，即元数据是所有软件系统中组织数据的数据，那么，对于信息系统之外的其他领域，面向元数据方法也是适用的。同理，对于信息系统之外的其他软件系统，“五个面向”实践论也是完全适用的。

若将一切组织数据的数据都定义为元数据，那么“五个面向”实践论就在软件工程中具有普遍意义。事实上，由于网络上的软件等于程序、数据和文档的集合，而数据包括两部分内容：组织数据的数据（元数据）和被组织的数据。从这一观点看，任何软件设计都应该是面向元数据设计的，而不是面向被元数据所组织的数据设计。例如，在面向对象方法中，面向对象设计本质上是面向类（Class）的设计，而不是面向对象（Object）的设计，因为类由元数据组成（类名、属性名、方法名都是元数据），所以类是组织数据的数据，而对象是被元数据（类）组织的具体数据。这既是事实，也是常识。

在“五个面向”的实践中，都要制定并遵守相应的规程、标准和规范，因为软件工程的质量源于这“五个面向”实践的质量。实践是检验真理的唯一标准，“五个面向”实践论还将在软件工程的长期实践中接受检验。

1.6　软件支持过程

1．软件过程

软件过程，指软件生命周期（Life Cycle）中的时间序列。

软件过程作为一个时间序列，自然有起始点和终止点。例如，可将一个软件的生命周期划分为市场调研、立项、需求分析、策划、概要设计、详细设计、编程、单体测试、集成测试、运行、维护、退役这些过程，前一过程的终止点就是后一过程的起始点。过程与阶段（Phase）有关，阶段与里程碑（Milestone）有关。某些重要里程碑上的文档（通过评审和审计之后）又称为基线（Baseline）。例如，《软件需求分析规格书》、《软件设计说明书》都是基线。

软件工程的支持过程，由支持软件生命周期各个阶段的生产工具组成。

这些生产工具有需求分析工具、概要设计工具、详细设计工具、编程工具、测试工具、维护工具、CASE 工具、软件开发环境 SDE、软件工程环境 SEE 等。

2．CASE 工具

CASE（Computer Aided Software Engineering）是一组工具和方法的集合，一般提供给个人使用，可以辅助软件开发生命周期各阶段进行软件开发。它在软件开发/维护过程中提供计算机辅助支持和工程化方法。CASE 技术分为两类：一类是支持软件开发过程本身的技术，另一类是支持软件开发过程管理的技术。

3．软件开发环境 SDE

软件开发环境 SDE（Software Development Environment）指在基本硬件和宿主软件的基础上，为支持系统软件和应用软件的工程化开发和维护而使用的一组软件。它由软件工具和环境集成机制构成，前者用以支持软件开发的相关过程、活动和任务，后者为工具集成和软件的开发、维护及管理提供统一的支持。

软件配置管理工具、面向行业领域开发的业务基础平台，都是软件开发环境的例子。

4．软件工程环境 SEE

软件工程环境 SEE（Software Engineering Environment）一般提供给团队使用，它是以软件工程为依据，支持典型软件生产的系统。SEE 具有以下特点：

（1）强调支持软件生产的全过程。

（2）强调大型软件的工业化生产。

（3）以集成和剪裁作为主要技术路径，实现软件工业化生产的目标。

（4）标准化。软件生产走向工业化需要建立相应的工业标准。

软件工程环境的例子有北大青鸟系统、Rational Rose 等。

与程序设计语言不同，软件工程环境目前正处在发展之中，还不十分成熟，因此不容易普及，而且对使用者的素质要求很高，所以初学者要谨慎使用。当然，有经验的软件专家可以大胆使用。目前，软件工程环境的典型代表是支持面向对象的 Rational Rose，它以统一建模语言 UML 为标准，支持从需求分析到产品发布和维护的整个软件生命周期。

5. CASE、SDE、SEE 三者的异同

三者的相同点是：都是软件过程的支持工具，其目的都是为了加快软件开发效率，提高软件开发质量。

三者的不同点是：它们的功能强弱、使用范围、使用背景不尽相同。

如果不去追究 CASE、SDE、SEE 三者的严格定义与相互区别，人们在工作中有时将这三者混为一谈，不加区分。支持过程是通过支持工具实现的。支持工具的研发，是当前软件界的热点之一，但它不是软件工程的重点内容，在此不做专门的讨论，只涉及支持工具的使用知识。

1.7 软件管理过程

管理过程和支持过程又称为“软件过程工程（Software Process Engineering）”。它是软件工程的一部分。习惯上，人们有时称软件管理过程为软件过程管理。

软件开发（或生产）要不要管理？怎样管理？人们经过很长时间才认识到其重要性。软件开发开始于 20 世纪 40 年代末的美国，但是，直到 1974 年，美国人才开始认识到“软件需要管理”。以后又经过 10 年，到了 1984 年，美国人才开始认识到“软件管理是过程管理”。如今，软件工程中主要存在三类过程管理，如表 1-6 所示。

表 1-6 软件工程中的三类过程管理

序号	名　称	来　源	特　点
1	ISO 9001 质量管理和质量保证体系	国际标准化组织 ISO	按 20 个过程域（或质量要素）管理
2	CMMI 能力成熟度模型集成	美国卡内基-梅隆大学软件工程研究所（CMU/SEI）	按 22 个过程域 PA，分阶段模型和连续模型两种方式管理，属于重载过程管理
3	软件企业文化	Microsoft 文化、IBM 文化、敏捷文化	属于轻载过程管理

ISO 9001 质量管理和质量保证体系，其应用范围覆盖了第二和第三产业中的所有企业。特别是，为了覆盖软件企业，它专门增加了一部分内容，使软件企业能按照它规定的 20 个过程域（以前称为“质量要素”）进行软件过程改进与软件质量保证。

在中国，软件企业内部的软件组织，都是按照 CMMI 阶段模型的 22 个过程域来进行软件过程改进的。实施 CMMI 投入成本高，工作量大，属于重载过程管理。

以微软公司为代表的自成体系的一套过程管理文化，称为“微软企业文化”，它既不采用CMMI体系，也不采用ISO 9001体系，当然它也不否定CMMI和ISO 9001体系。它独创了自己的管理模式，来替代CMMI和ISO 9001体系。该管理模式的特色是激励创新，培养开发人员标新立异的思维方式，以及既有个人的自由自在又有团队密切协同的企业精神。正因为有了这样的微软企业文化，才诞生出以微软操作系统Windows为代表的优秀软件产品。

敏捷文化的主要内容是：敏捷软件过程AP（Agile Process）、敏捷方法AM（Agile Methodology）、敏捷建模AM（Agile Modeling）和极限编程XP（eXtreme Programming）。实施敏捷文化投入成本低，工作量小，属于轻载过程管理。

当前，在过程管理与过程改进的三种模型中，起主导作用的还是能力成熟度模型CMMI。应当注意，任何标准体系或过程改善模型的实施成功，都不能保证企业产品质量100%地合格，而只能保证改进企业管理过程，最终促进产品质量的提高。

1.8 实例分析——某港口信息系统建设案例

由前述可知：利用计算机网络技术、数字通信技术与数据库技术实现信息采集和处理的系统，称为信息系统。

由此不难发现：凡是与数据库技术有关的应用系统，都可以看成信息系统。因为数据库是组织与存储信息的最好方式，除此之外，目前还没有找到其他更好的方式。

信息系统由社会环境、网络环境、数据环境和程序环境四部分组成。**社会环境**指企事业单位的管理规程、工作规范、信息标准、业务流程、业务规则和人员素质。**网络环境**指互联网Internet、企业网Intranet或局域网的软/硬件设施。**数据环境**指信息系统的数据模型及数据库服务器上的数据操作。**程序环境**指客户端用户界面操作与应用服务器上的业务功能操作。不管是网络环境、数据环境还是程序环境，都要进行系统集成。这里特别强调社会环境，人们常说，信息系统建设不仅是一项计算机工程，而且是一项社会工程，就是这个道理。

下面介绍某港口信息系统建设案例，它是软件工程“五个面向”实践论的实验基地与成功范例。作者在1990—1997年参与了该系统的建设，并且亲自设计与实现了“货物运输子系统”，分析与规划了“设备管理子系统”和“人事劳资子系统”。该案例促进了某公司的发展与壮大，使它成长为国内最著名的港口ERP开发商与集成商。

某港口信息系统建设案例

在对外开放并加速国内港口信息系统建设规模和发展步伐的背景下，某公司成功开发了港口信息系统。该系统是一个复杂系统，其复杂性表现在如下3个方面。

（1）港口地域辽阔，人、机、船、车、物繁多，物流、资金流、信息流复杂。

（2）港口业务复杂，集多种生产、海陆空立体运输、国内外各种通信沟通于一体。

（3）港口网络复杂，它是由多个局域网组成的企业网，信息系统结构包括客户机/服务器的两层结构，以及浏览器/应用服务器/数据库服务器的三层结构。

在我国东部某港口，20世纪90年代初，有一个不起眼的计算机站（后来发展为一个公司），有十几个软件开发人员，他们运用面向元数据的方法，以关系数据库Oracle5和Forms（Oracle自带的面向元数据的开发工具）为平台，成功开发了我国第一代港口综合MIS系统。该系统包括如下子系统。

（1）货物运输子系统。

（2）船舶调度子系统。

（3）设备管理子系统。

（4）物资管理子系统。

（5）客运管理子系统。

（6）外轮代理子系统。

（7）集装箱子系统。

（8）人事劳资子系统。

到 21 世纪初，用 Oracle 8 和 CASE 工具 Power Designer，该公司实现了我国港口 ERP 的产品化和集成化，产品涵盖了港口生产（船舶调度与散杂货装卸）、集装箱、船代/货代三个主要领域。在短短 10 年中，该公司不但使港口信息系统建设走在全国的前列，而且还发展成为一家专做港口 ERP 的 IT 企业，占领了相当大的国内港口 ERP 市场，并且准备向国际港口 ERP 市场进军。那么，他们成功的秘诀是什么？归纳起来有如下 4 点。

（1）自始至终坚持软件工程“五个面向”的实践论。

（2）自始至终坚持采用 Oracle 关系数据库管理系统不动摇。客观地说，建设大型信息系统，Oracle 数据库具有稳定可靠的强大功能和优秀性能。

（3）自始至终坚持与时俱进。从 2006 年起，他们由 C/S 二层结构向 B/A/S 三层结构过渡，从开发平台向 J2EE 平台与.Net 平台过渡，以实现 B/A/S 三层结构中的表示层 B 和中间层 A 的面向对象功能。

（4）自始至终坚持港口信息系统建设不动摇。要做行业 ERP，只有长期坚持某一行业的方向不动摇，才能做该行业的业务领域专家，才能始终把握该行业的客户需求。因为不懂业务的软件人员成不了大器。

该公司技术架构示意图，如图 1-4 所示。

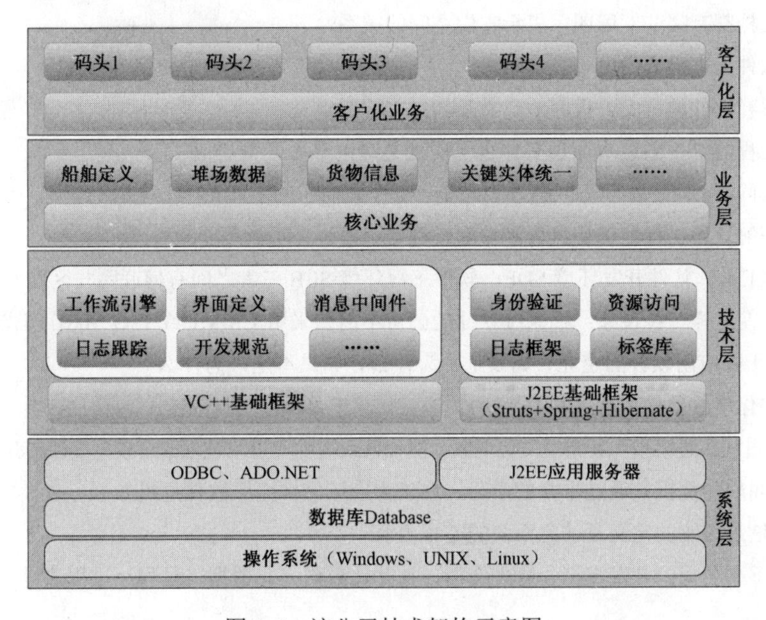

图 1-4　该公司技术架构示意图

经验表明：越坚持越熟练，越熟练越坚持。这一成功案例，证明了软件工程“五个面向”实践论不但简单易行，而且行之有效，这也是该 IT 企业成功的技术秘诀之一。

1.9 本章小结

本章全面论述了 IT 企业软件工程的内容与方法，给出了程序、软件、软件工程的定义，明确了软件工程研究的 5 项内容：软件生命周期模型、软件开发方法、软件支持过程、软件管理过程、软件工程标准与规范；介绍了软件工程的 8 条原理（7+1 条）；从历史和现实的角度说明了软件工程在 IT 企业中的作用；从宏观上阐述了软件工程方法论：面向过程方法、面向对象方法、面向元数据方法和形式化方法；明确地提出了“面向流程分析、面向元数据设计、面向对象实现、面向功能测试、面向过程管理”的软件工程“五个面向”实践论。

软件支持过程是通过支持工具来实现的，较好的支持工具有 Rose、Power Designer、ERWin，以及软件配置管理电子工具等。软件过程管理又称为软件过程改进，当前存在三类过程管理模式：“ISO 9001，CMMI，软件企业文化”。后续章节还会进一步介绍 CMMI。

上述这些丰富的内容，既是研究 IT 企业软件工程的出发点，又是研究 IT 企业软件工程的最终归宿。因此，本章导读中要求“理解”和“关注”的有关内容，可能一时难以达到目标，需要读者陆续学完其他章节之后，才能逐步实现。由于软件工程是一门实践性很强的学科，所以要真正弄懂它，吃透它，一定要理论联系实际，学以致用。通过在 IT 企业的实践中应用软件工程的理论与方法，进而发展软件工程的理论与方法。

习题 1

1.1　开发文档都有哪些？用图示表示它们之间的关系。

1.2　简述软件工程研究的内容。

1.3　详细解释软件的定义、程序的定义及软件工程的定义。

1.4　软件工程的 7+1 条基本原理有什么现实意义？

1.5　读者认同“4 种开发方法”的方法论和“五个面向”的实践论吗？为什么？

1.6　怎样理解软件工程的支持过程和管理过程？

1.7　CASE 工具、软件开发环境 SDE、软件工程环境 SEE 三者之间有何联系与区别？

1.8　是否存在这样一种现象：搞系统软件的公司不需要采用 CMMI 或 ISO 9001 模式？CMMI 或 ISO 9001 模式只适用于搞应用软件的企业？如果是，为什么？如果不是，为什么？

1.9　敏捷文化现象是什么意思？

1.10　“轻载过程改进模型”（敏捷文化现象）能代替或战胜“重载过程改进模型”CMMI 吗？

1.11　什么叫软件危机？通过本章的学习，你认为应该怎样克服软件危机？

1.12　试述信息系统的定义及信息系统的基本内容。

1.13　解释下列名词：开发文档、管理文档、初始化数据、元数据、过程、过程改进。

第2章

软件生命周期与开发模型

本章导读

开发一个软件项目，首先要选择并确定一个适合于该项目的软件生命周期模型，然后按照该软件生命周期模型的开发路线图，进行有条不紊的开发，以到达成功的彼岸。

软件生命周期模型是软件工程课程研究的 5 项内容之一，它虽然不是软件工程课程研究的重点，但是在宏观上特别重要。因为软件的生命周期与选择的开发模型有关，不同的开发模型对应不同的生命周期。本章将讨论软件生命周期模型，首先介绍 IT 企业常用的 4 种模型：瀑布模型、增量模型、迭代模型和原型模型，然后再介绍其他几种模型，最后进一步论述各个模型之间的关系。表 2-1 列出了读者在本章学习中要了解、理解和掌握的主要内容。

表 2-1　本章对读者的要求

要　求	具体内容
了　解	（1）生命周期概念 （2）生命周期模型概念 （3）生命周期模型裁剪指南 （4）生命周期各种模型之间的关系
理　解	（1）迭代模型的具体迭代过程 （2）迭代模型与瀑布模型的关系
掌　握	（1）瀑布模型的本意、特点、选用条件 （2）增量模型的本意、特点、选用条件 （3）原型模型的本意、特点、选用条件 （4）迭代模型的本意、特点、选用条件 （5）其他模型的本意、特点、选用条件

2.1 软件生命周期模型概论

任何有生命的动物、植物和人，都有一个生命周期（Life Cycle）。例如，人的生命周期如表2-2所示。

表2-2 人的生命周期

周期序号	周期划分	周期名称	周期的主要活动
1	胚胎至分娩	胎儿	定期到妇幼保健院或妇产科医院检查
2	0～3岁	婴儿	请保姆看护，上婴儿室或托儿所
3	3～6岁	幼儿	上幼儿园
4	6～12岁	儿童	上小学，好好学习，天天向上
5	12～18岁	少年	上中学，参加中考、高考，自古英雄出少年
6	18～30岁	青年	上大学，攻读硕士、博士学位，应聘就业
7	30～60岁	中年	上班，追求事业上的成就、成功、贡献
8	60岁以上	老年	退休，老有所乐，写回忆录，立遗嘱
9	因病去世	死亡	丧事从简，长眠于地下

即使是没有生命的事物或实体，如PC、路由器、家具、房子、汽车，它们也有一个生命周期，这个生命周期就是使用寿命，即使用周期。

在计算机技术发展的初期，人们把软件开发简单地理解为编写程序，很少考虑需求分析和系统设计等。随着软件复杂性的增加，开发人员不知不觉地陷入“边做边改”的困境。这样的开发模式必然导致质量低下、进度延误、成本高昂等问题。后来，人们逐渐认识到，若要把软件开发工作做好，必须将其划分为分析、设计、编码、测试、维护等若干活动，并将这些活动以适当的方式分配到不同的阶段中去完成，于是产生了“软件生命周期模型”。

从字面上理解，“软件生命周期”应该涵盖软件产品、项目或软件系统从产生、投入使用到被淘汰的全部过程。由于早期人们关注的是技术开发活动，还没有考虑到管理活动，因此“软件生命周期模型”主要描述的还是软件开发的过程及其活动和任务。目前，比较常见的软件生命周期模型有：瀑布模型、原型模型、迭代模型、增量模型。

与人不同的是，软件的生命周期与软件生命周期模型有关：不同的软件生命周期模型，可能对应着不同的生命周期。生命周期不同，该软件的开发阶段划分、评审次数、基线标准都有所不同。软件公司的项目组在开发一个大项目或产品时，首先在技术上必须选择一个软件生命周期模型，使该模型非常适合这个项目或产品的生命周期；随后通过对软件生命周期模型的裁剪，给出适用于本项目或产品的软件生命周期定义；以生命周期定义为标准，在需求定义之后，编制详细的软件开发计划；然后，项目组按计划进行软件开发，软件工程管理部门按计划进行软件过程跟踪与管理。

软件生命周期模型能清晰、直观地表达软件开发全过程，明确规定了要完成的主要活动和任务，用来作为软件项目工作的基础。一般来说，若以时间为序，软件的生命周期可详细地划分为9个阶段，如表2-3所示。

表 2-3　软件生命周期的 9 个阶段

周期序号	周期名称	周期序号	周期名称
1	立项（或签合同）、下达任务书	6	软件测试
2	需求分析	7	软件发布与实施
3	概要设计	8	软件维护
4	详细设计	9	版本更新或退役
5	编码实现		

现在，让我们回顾一下第 1 章中对软件生命周期模型的定义。定义指出：软件生命周期模型是指在整个软件生命周期中，软件开发过程应遵循的开发路线图。或者说，软件生命周期模型是软件开发全部过程、活动和任务的结构框架。显而易见，这个定义不但非常全面，而且十分准确，它符合所有软件生命周期模型对生命周期的定义与解释。

2.2 瀑布模型

1970 年，温斯顿·罗伊斯（Winston Royce）提出了著名的“瀑布模型”，直到 20 世纪 80 年代早期，它一直是唯一被广泛采用的软件开发模型。直至今日，该模型仍然具有强大的生命力。

瀑布模型（Waterfall Model）又称流水式过程模型，它形象地用阶梯瀑布描述，水由上向下一个阶梯一个阶梯地倾泻下来，最后进入一个风平浪静的大湖，这个大湖就是软件企业的产品库，如图 2-1 所示。

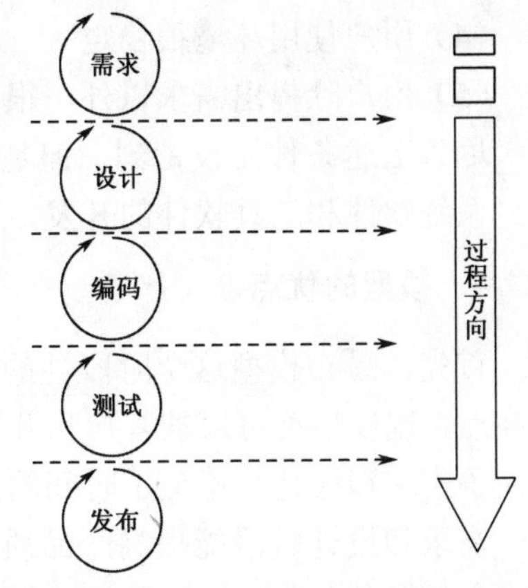

图 2-1　瀑布模型示意图

1. 模型的本意

在瀑布模型中，软件开发的各项活动严格按照线性方式进行，当前阶段的活动接受上一阶段活动的工作结果，实施完成所需的工作内容。需要对当前阶段活动的工作结果进行验证，如果验证通过，则该结果作为下一阶段活动的输入，继续进行下一阶段的活动，否则返回上一阶段修改。

在瀑布模型中，软件生命周期的过程是由需求、设计、编码、测试、发布等阶段组成的，把每个阶段作为瀑布中的一个台阶，把软件生存过程比喻成瀑布中的流水，软件生存过程在这些台阶中由上向下地奔流。瀑布模型规定了各项关键软件工程活动，自上而下、相互衔接、逐级下落，如同瀑布的固定次序。当发现某一阶段的上游存在缺陷时，可以通过追溯，予以消除或改进，但要付出很大代价，因为水要在瀑布台阶上倒过来向上流动，需要消耗很多能源或动力。

由瀑布模型可知，项目经理或软件管理人员，只要控制好每级台阶的高度和宽度，在每级台阶处设立里程碑或基线，并组织好对基线的评审与审计，就可以控制好项目的开发成本、进度和质量。

早期的面向过程的结构化分析、设计、编码、测试、维护方法，很适合瀑布模型。或者说，瀑布模型适合于结构方法，即面向过程的软件开发方法。

2. 模型的特点

瀑布模型将软件开发过程规划为“需求—设计—编码—测试—发布”的线性过程，其最大特点就是简单直观。也就是说，必须首先把软件要干的每一件工作都分析得彻彻底底，再对每一个模块、每一个接口，事无巨细地都设计得非常完美，才开始编码工作，并且编码时就像在对着图纸砌模型，根本不用再回头做任何修改。当然，需要把所有代码都写完以后才开始测试。它完全忽视了软件开发过程的动态变化。瀑布模型的特点是：

（1）里程碑或基线驱动，或者说文档驱动。

（2）过程逆转性很差或者说不可逆转，根据上游的错误会在下游发散性传播的原理，逆转将会延误工期，增加成本，造成重大损失。

3. 选择模型的条件

不是任何软件都适合采用瀑布模型，软件项目或产品选择瀑布模型，必须满足下列条件：

（1）在开发时间内需求没有或很少变化。

（2）分析设计人员对应用领域很熟悉。

（3）低风险项目（对目标、环境很熟悉）。

（4）用户使用环境很稳定。

（5）用户除提出需求以外，很少参与开发工作。

尽管上述条件比较苛刻，但是软件企业在开发新产品或新项目时，往往还是采用瀑布模型。系统软件和工具软件的开发，也常常采用瀑布模型。

4. 模型的优点

首先，瀑布模型这个阶段性的软件开发模型制定了以下规则：每个阶段都有指定的起点和终点，过程最终可以被客户和开发者识别（通过使用里程碑），在编写第一行代码之前充分强调了需求和设计，避免了时间的浪费，同时可以尽可能保证实现客户的预期需求。

需求和设计阶段能提高产品质量，因为在设计阶段捕获并修正可能存在的漏洞要比测试阶段容易得多，在组件集成之后来追踪特定的错误要复杂很多。最后，因为前两个阶段生成了规范的说明书，当团队成员分散在不同地点的时候，瀑布模型可以帮助实现有效的知识传递。

瀑布模型的优点是：开发阶段界定清晰，便于评审、审计、跟踪、管理和控制。它一直是软件工程界的主流开发模型。

5. 模型的缺点

瀑布模型的缺点是：传统的组织方法是按顺序完成每个工作流程，即瀑布式生命周期。瀑布只能一个个台阶地往下流，不可能倒着往上流，这就是它致命的缺点。瀑布式生命周期通常会导致项目后期，如实施阶段（当第一次构建产品并开始测试时）出现“问题堆积”，在整个分析、设计和实现阶段隐藏下来的问题，会在这时逐步暴露出来。更可怕的是，错误的传递会发散扩大，比如，在需求阶段中的一个错误或遗漏，在编码阶段可能引发几十个错误或遗漏。因为项目有较长的开发周期，其进度会被严重拖延，最终导致成本和质量的失控。

世界软件巨人微软公司和 IBM 公司，有时也不可避免地会犯这种错误。尽管如此，直到今天，该模型仍然是应用最广泛的模型之一。

为了克服该模型的缺陷，微软公司采取严格的里程碑管理制度。CMM/CMMI 则采取阶段评审和不符合项（Noncompliance Items）动态跟踪制度，只有前一阶段的不符合项全部改正后，才允许开发人员进入后一阶段的工作。所谓不符合项，是在评审中发现的问题项，它与 Bug 既有联系，又有区别。对于这些不符合项，软件管理部门要列出表格，记录在案，确定责任人，限定改正时间，动态跟踪到底。

2.3　增 量 模 型

增量模型（Incremental Model）是遵循递增方式来进行软件开发的。软件产品被作为一组增量构件（模块），每次需求分析、设计、实现、集成、测试和交付一块构件，直到所有构件全部实现为止。这一过程就像小孩子搭积木盖房子一样，如图 2-2 所示。

第 1 次集成	第 1 块积木					
第 2 次集成	第 1 块积木	第 2 块积木				
第 3 次集成	第 1 块积木	第 2 块积木	第 3 块积木			
…	…	…	…	…		
第 N 次集成	第 1 块积木	第 2 块积木	第 3 块积木	第 4 块积木	…	第 N 块积木

图 2-2　增量模型示意图

1．模型的本意

增量模型的本意是：要开发一个大的软件系统，先开发其中的一个核心模块（或子系统），然后再开发其他模块（或子系统），这样一个个模块（或子系统）地增加上去，就像搭积木一样，直至整个系统开发完毕。当然，在每增加一个模块前，先要对该模块进行模块测试，通过后再将此模块加入到系统中。然后还要进行系统集成测试（联调），系统集成测试成功后，再增加新的模块。这样多次循环，直到系统搭建完毕。由此可见，这样的软件系统本身应该是模块化的，每个模块应该是高内聚（模块内部的数据与信息关系紧密）、低耦合（模块之间的数据与信息联系松散）、信息隐蔽（模块包装后信息很少外露）的，这样的模块当然是可组装、可拆卸的。

2．模型的特点

增量模型的特点是：

（1）任务或功能模块驱动，可以分阶段提交产品。

（2）有多个任务单，这些任务单的集合构成项目的一个总《任务书》或总《用户需求报告》/《需求规格说明书》。

3．选择模型的条件

不是任何软件都适合采用增量模型，软件项目或产品选择增量模型必须满足下列条件：

（1）在整个项目开发过程中，需求都可能发生变化，客户接受分阶段交付。

（2）分析设计人员对应用领域不熟悉，难以一步到位。

（3）中等或高风险项目（工期过紧且可分阶段提交的系统或目标、环境不熟悉）。

（4）用户可参与到整个软件开发过程中。

（5）使用面向对象语言或第四代语言。

（6）软件公司自己有较好的类库、构件库。

尽管上述条件比较苛刻，但是，软件企业在开发大型项目（如大型 MIS）时，一般采用增量模型。因为大型项目一般由多个子系统构成，开发者可以根据轻重缓急，先进行全局需求分析和概要设计，把握好全局数据库的集成设计，然后再一个接一个地实现各个子系统。

4. 模型的优点

增量模型的优点是：

（1）由于将一个大系统分解为多个小系统，就等于将一个大风险分解为多个小风险，从而降低了开发难度。

（2）人员分配灵活，刚开始不用投入大量人力资源。如果核心模块产品很受欢迎，则可增加人力实现下一个增量。当配备的人员不能在设定的期限内完成产品时，它提供了一种先推出核心产品的途径，即可先发布部分模块给客户，对客户起到镇静剂的作用。

5. 模型的缺点

增量模型的缺点是：如果软件系统的组装和拆卸性不强，或开发人员全局把握水平不高（没有数据库设计专家进行系统集成），或者客户不同意分阶段提交产品，或者开发人员过剩，都不宜采用这种模型。

2.4 原型模型

许多软件公司在生产软件产品与实施软件项目时，经常采用一种“原型法”，它来源于原型模型。

1. 模型的本意

原型模型（Prototype Model）的本意是：在初步需求分析之后，马上向客户展示一个软件产品原型（样品），对客户进行培训，让客户试用，在试用中收集客户意见，根据客户意见立刻修改原型，之后再让客户试用，反复循环几次，直到客户确认为止。

原型模型适合于企业资源规划 ERP（Enterprise Resource Planning）系统，尽管市场上推出了许多公司的分行业 ERP“产品”，但是这些“产品”的产品化程度相当低，都必须在实施中做大量的客户化工作。有些公司的分行业 ERP“产品”称为“分行业解决方案”，这个“分行业解决方案”就是分行业的原型，即快速原型法中的原型。

2. 模型的特点

原型模型的特点是：原型驱动。开发者必须先有一个原型（样品），至少有一个原型的核心。

原型模型与迭代模型的相同点是：反复循环几次，直到客户确认为止。不同点是：原型模型事先有一个展示性的产品原型（样品），而迭代模型可能没有。

3．选择模型的条件

选择原型模型的条件是：

（1）已有产品或产品的原型（样品），只需客户化的工程项目。

（2）简单而熟悉的行业或领域。

（3）有快速原型开发工具。

（4）进行产品移植或升级。

由于上述条件不太苛刻，所以凡是有软件产品的 IT 企业，在他们熟悉的业务领域内，当客户招标时，他们都会以原型模型作为软件开发模型，去制作和讲解投标书。一旦中标，就用原型模型作为实施项目的基础，对软件产品进行客户化工作，或对软件产品进行二次开发。

4．模型的优点

原型模型的优点是：开发速度快，用户意见实时反馈，有利于开发商在短时间内推广并服务于多个客户。

因此，它一直是软件企业界的主流开发模型之一。凡是有软件产品积累的软件公司，他们在投标、开发、实施项目的过程中，都非常喜欢采用原型模型。

5．模型的缺点

原型模型的缺点是：因为事先有一个展示性的产品原型，所以在一定程度上，不利于开发人员的创新。

6．快速原型法

由于原型模型的开发速度较快，有时也将它称为快速原型法（Rapid Prototyping）。在开发工具和开发环境迅速发展的今天，在信息系统开发中，原型法和快速原型法又被赋予新的内容：事先没有原型产品，也可以采取这种办法。基本思路是：采用以面向元数据为主的方法，在需求分析的基础上，利用 ERWin 或 Power Designer 等数据库分析和设计工具，快速建立信息系统的概念数据模型 CDM 和物理数据模型 PDM；然后利用面向对象编程工具，在软件企业强大的类库、构件库的支撑下，快速实现需求分析中确认的流程、功能、性能和接口；之后交付给用户试用，反复循环几次，直到客户确认满意为止。

【例 2-1】　1996 年 8 月，某高级工程师带领一个熟练的程序员来到某港务局通信中心，开发该中心的电话业务信息管理系统。当时，虽然两个开发人员手中并无“原型”，但是他们一个是数据库设计高手，另一个是编程高手，所以俩人分工负责，一人设计数据库，另一人编写程序，双方配合默契，只用一个多月时间，就圆满地完成了开发任务，收回了全部开发费用，获得了客户的好评。这是一个典型的“快速原型法”例子。

快速原型法选择的条件之一是：项目组中有数据库分析和设计专家，有面向对象编程专家，文档制作有成熟的模板，而且系统或项目又不是非常大。

快速原型法选择的条件之二是：项目组的开发环境为分行业的业务基础平台（比如 Justep X3 业务基础平台），该业务基础平台又完全适合所需开发的系统或项目，且系统或项目又不是非常大。

以上两个条件，只要符合一个，就可以采用快速原型法。

2.5 迭代模型

针对瀑布模型的缺陷，人们提出了迭代模型（Iterative Model）。在多种迭代模型中，美国的 I. Jacobson、G. Booch 和 J. Rumbaugh 三位软件专家提出的 RUP（Rational Unified Process）模型最成功。他们在 1995 年提出了统一建模语言 UML（Unified Modeling Language）的雏形，随后使该语言在 Rational Rose 开发环境中得到了初步实现，而且在迭代模型的启发下，于 1997 年又提出了“统一软件开发过程”，即 USDP（the United Software Development Process），以后又称为 RUP，它是最有名的迭代模型。RUP 试图集中所有的生命周期开发模型的优点，用统一的建模语言 UML 加以实现。统一软件开发过程 RUP 模型的原型，如图 2-3 所示。

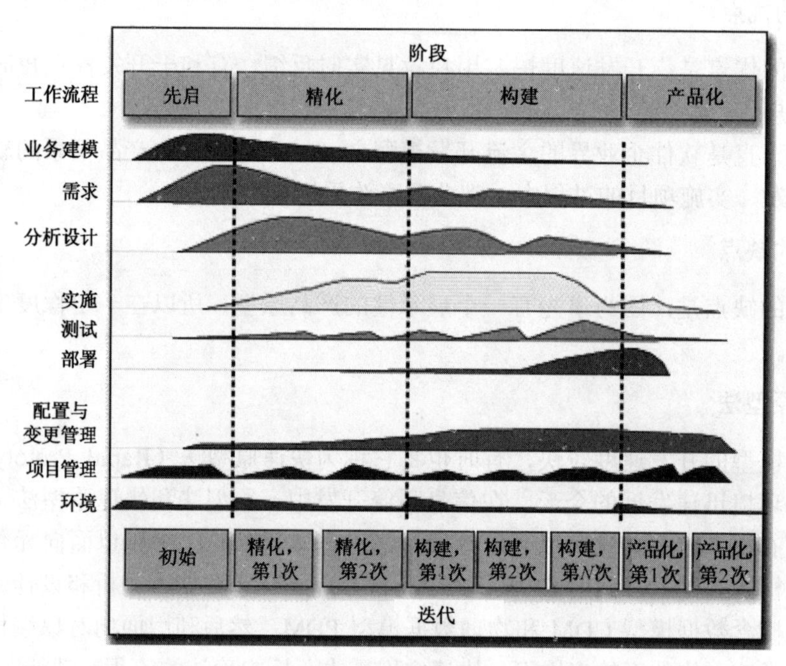

图 2-3 统一软件开发过程 RUP 模型的原型

所谓迭代，是指活动的多次重复。从这个意义上讲，原型不断完善，增量不断产生，都是迭代的过程。因此，快速原型法和增量模型都可以看成局部迭代模型。但这里所讲的迭代模型是由 RUP 推出的一种“逐步求精”的面向对象的软件开发过程模型，被认为是软件界迄今为止最完善、可实现商品化的开发过程模型。

图 2-3 看起来非常简单，其内涵却非常丰富。它表面上是一个二维图，实质上用一张二维图表示了一个多维空间模型。从宏观上看，它是一个大的迭代过程：横坐标表示软件产品所处的 4 个阶段状态：先启、精化、构建、产品化（移交），纵坐标表示软件产品在每个阶段的工作流程。从微观上看，任何一个阶段本身，其内部工作流程也是一个小的迭代过程。

1. 模型的本意

在计算方法（或数值分析）课程中，迭代是一种逼近真值的算法。例如，要寻求某个问题的真值，可以设计一种迭代算法，第 1 次给定一个初值，这个初值离真值可能很远，误差很大，进行第 1 次计算，得到第 2 个值。第 2 个值，离真值会近一些，但误差还是不小，没关系，再把这个值当新的初值，再计算一次，又产生第 3 个值。第 3 个值，离真值更近了，误差更小了……这样循环迭代计算 *N* 次下去，直到第 *N* 个值与第 *N*+1 个值之间的误差足够小，完全满足预先设定的误差范围为止，就用第 *N*+1 个值作为真值的近似值。在许多问题中，没有误差的真值可能是求不出来的。这就是迭代模型思想的来源。

为使项目能够顺利地进行，一种较灵活（并且风险更小）的方法是：多次执行各个开发工作流程，从而更好地理解需求，设计出更为强壮的软件构架，逐步提高开发组织能力，最终交付一系列逐步完善的实施成果，这就是迭代生命周期模型。每次按顺序完成一系列工作流程就称为一次迭代，每次迭代，均以次要里程碑（Minor Milestone）结束，按照特定的迭代成功标准，对迭代的结果进行评估。每个阶段都可以进一步细分为迭代。迭代是产生可执行的产品发布（内部的或外部的）的完整开发循环，所发布的产品是开发过程最终产品的子集，它将通过一次又一次的迭代，实现递增成长，最后形成最终的软件系统或产品。

2. 模型的特点

迭代模型的特点是：迭代或迭代循环驱动，每一次迭代或迭代循环，均要走完初始（先启）、精化、构建、产品化（移交）这 4 个阶段。RUP 的主要特征如下：

（1）采用迭代的、增量式的开发过程。

（2）采用 UML 语言描述软件开发过程。

（3）有功能强大的软件工具 Rational Rose 支撑。

面向对象的方法，尤其是面向对象的 CASE 工具 Rational Rose，适用于迭代模型。或者说，迭代模型适用面向对象的 Rational Rose 工具。

3. 模型的选取条件

根据软件开发的实际情况，建议以下类型的项目，可以考虑使用迭代生命周期模型。

（1）生命周期模型是以迭代为主要特征的。项目组的管理人员和核心成员，应对迭代的开发方式比较熟悉，并具有丰富的软件工程知识和实施经验。

（2）项目组的管理人员和核心成员应对软件工程的核心过程：系统建模、需求分析、系统设计、系统实现、项目管理、配置管理、测试等比较熟悉。

（3）面向对象技术比较适合采用迭代方式进行，采用面向对象技术（如 OOA、OOD 等）的项目组，建议使用迭代生命周期模型。

（4）该生命周期模型是以软件构架为中心的开发方式，项目组的核心设计人员应具备一定程度的软件架构知识，并熟练掌握软件架构设计技能。

（5）项目组全体成员应熟悉 UML，并能利用建模工具（如 Rational Rose 等）进行分析、策划、设计、测试等。

（6）该生命周期模型是以风险管理为驱动的开发方式，项目组的管理人员应具备风险管理的知识和技能。

（7）拥有实施软件产品开发、组装的软件组织。

迭代模型要求的条件是最苛刻的，初学者不宜随便使用。该模型一般用在中小型应用软件的开发上，系统软件的开发很少采用迭代模型。

4. 模型的4个阶段

迭代生命周期模型分为以下4个阶段：

（1）初始阶段。本阶段的主要工作是确定系统的业务用例（Use Case，许多书上翻译为用况）和定义项目的范围。为此，需要标识系统要交互的外部实体，定义高层次的交互规律，定义所有的用例并对个别重要的用例进行描述和实现。业务用例包括成功的评估、风险确认、资源需求和以阶段里程碑表示的阶段计划。

（2）精化阶段。本阶段的主要工作是分析问题域，细化产品定义，定义系统的构架并建立基线，为构建阶段的设计和实施提供一个稳定的基础。为验证构架，可能要实现系统的原型，执行重要的用况。

（3）构建阶段。本阶段的主要工作是反复地开发，以完善产品，达到用户的要求。这包括用例的描述、完成设计、完成实现和对软件进行测试等工作。

（4）产品化（移交）阶段。本阶段的主要工作是将产品交付给用户，包括安装、培训、交付、维护等工作。

5. 模型的9个核心流程

迭代生命周期模型包含9个核心流程（需要指出，采用迭代模型，事先要有一个初始业务模型，以便进行迭代。这就是为什么将“业务建模”作为9个核心流程之首的道理）。

（1）业务建模。目的是，了解目标组织（将要在其中部署系统的组织）的结构及机制；了解目标组织中当前存在的问题，并确定改进的可能性；确保客户、最终用户和开发人员就目标组织达成共识；导出支持目标组织所需的系统需求。通俗地讲，业务建模就是用户业务流程的重新规划与合理改进，即业务流程的优化，目的是使开发出来的系统能反映最优化的业务流程。

（2）需求获取。目的是，与客户在系统的工作内容方面达成并保持一致；使系统开发人员能够更清楚地了解系统需求；定义系统边界；为计划迭代的内容提供基础；为估算开发系统所需成本和时间提供基础；定义系统的用户界面，重点是用户的需要和目标。

（3）分析设计。目的是，将需求转换为未来系统的设计；逐步开发强壮的系统构架；使设计适合实施环境，为提高性能而进行设计。

（4）实施。目的是，对照实施子系统的分层结构定义代码结构；以构件（源文件、二进制文件、可执行文件以及其他文件等）方式实施类和对象；对已开发的构件按单元进行测试；将各实施成员（或团队）完成的结果集成到可执行系统中。

（5）测试。目的是，核实对象之间的交互；核实软件的所有构件是否正确集成；核实所有需求是否已经正确实施；确定缺陷并确保在部署软件之前将缺陷解决。

（6）部署。目的是，将构件部署到网络的各个节点上，使最终用户可以使用该软件产品。

（7）配置与变更管理，目的是，始终保持工作产品的完整性和一致性。

（8）项目管理。目的是，为软件密集型项目的管理提供框架；为项目计划、人员配备、执行和监测提供实用准则；为风险管理提供框架。

（9）环境。目的是，为软件开发组织提供软件开发环境（流程和工具），该环境将支持开发团队。

6. 模型的优点

迭代模型的优点是：在开发的早期或中期，用户需求可以变化；在迭代之初，不要求有一个相近的产品原型；模型的适用范围很广，几乎适用于所有项目的开发。

7. 模型的缺点

迭代模型的缺点是：传统的组织方法是按顺序（一次且仅一次）完成每个工作流程，即瀑布式生命周期。迭代模型采取循环工作方式，每次循环均使工作产品更靠近目标产品，这要求项目组成员具有很高的水平并掌握先进的开发工具。反之，存在较大的技术和技能风险。

对于统一软件开发过程 RUP 的提出，也存在不同的声音。理由是：方法与模型越通用，实用性可能越差。因此，反对者甚至提出：开发模型的最佳选择，是为用户定制开发过程。这就是矛盾的普遍性与特殊性的关系，即共性与个性的关系。不管怎样，UML 和 RUP 的提出，确实是软件工程发展史上一个新的里程碑。

2.6 螺 旋 模 型

1988 年，Barry Boehm 提出了螺旋模型（Spiral Model）。

1. 模型的本意

螺旋模型将瀑布模型和快速原型模型结合起来，强调了其他模型所忽视的风险分析，特别适用于大型复杂系统。螺旋模型的基本做法是：在瀑布模型的每一个开发阶段前，引入一个非常严格的风险识别、风险分析和风险控制机制，它把软件项目分解成一个个小项目。每个小项目都标识一个或多个主要风险，直到所有的主要风险因素都被确定，如图 2-4 所示。螺旋模型沿着螺旋线顺时针方向进行若干次迭代，图中的 4 个象限代表了以下迭代活动。

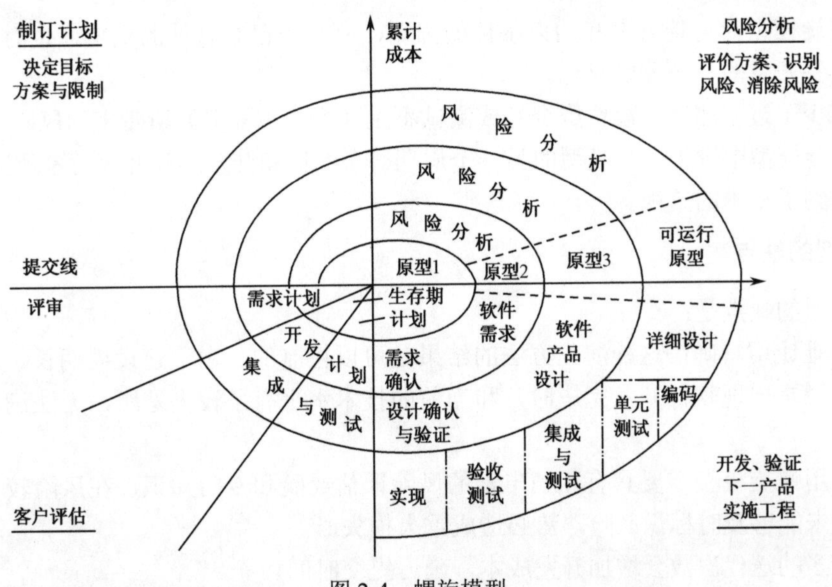

图 2-4　螺旋模型

（1）制订计划：确定软件目标，选定实施方案，弄清项目开发的限制条件。

（2）风险分析：分析评估所选方案，考虑如何识别和消除风险。

（3）实施工程：实施软件开发和验证。

（4）客户评估：评价开发工作，提出修正建议，制订下一步计划。

2. 模型的特点

螺旋模型的特点是：

（1）由软件开发过程组成一个逐步细化的螺旋周期，每经历一个周期，系统就得到进一步的细化和完善。

（2）整个模型紧密围绕开发中的风险分析，推动软件设计向深层扩展和求精。

（3）强调持续的判断、确定和修改用户的任务目标，并按成本、效益来分析候选软件产品对任务目标的贡献。

3. 选择模型的条件

螺旋模型强调风险分析，使开发人员和用户对每个演化层出现的风险有所了解，继而做出应有的反应，它特别适用于庞大、复杂并具有高风险的系统。对于这些系统，风险是软件开发不可忽视且潜在的不利因素，它可能在不同程度上损害软件开发过程，影响软件产品的质量。减小风险的目标是在造成危害之前，及时对风险进行识别及分析，决定采取何种对策，消除或减少风险的损害。

4. 模型的优点

螺旋模型的优点是：

（1）与瀑布模型相比，螺旋模型支持用户需求的动态变化，为用户参与软件开发的所有关键决策提供方便，有助于提高目标软件的适应能力。它为项目管理人员及时调整管理决策提供了便利，从而降低了软件开发风险。

（2）螺旋模型对可选方案和约束条件的强调，有利于已有软件的重用，也有助于把软件质量作为软件开发的一个重要目标。

（3）减少了过多测试（浪费资金）或测试不足（产品故障多）所带来的风险。

（4）螺旋模型中维护只是模型的另一个周期，在维护和开发之间并没有本质区别。因此，软件维护得到了根本的重视。

5. 模型的缺点

螺旋模型的缺点是：

（1）很难让用户确信这种演化方法的结果是可以控制的。由于建设周期长，软件技术发展快，所以经常出现软件开发完毕时，和当前的技术水平有了较大差距，无法满足当前用户需求。

（2）采用螺旋模型需要具有相当丰富的风险评估经验和专门知识，在风险较大的项目开发中，如果未能够及时标识风险，势必造成重大损失。

（3）过多的迭代次数会增加开发成本，延迟提交时间。

2.7 喷泉模型

1．模型的本意

喷泉模型（Fountain Model）认为，软件开发过程自下而上的各阶段是相互重叠和多次反复进行的，就像喷泉中的水喷上去，又落下来，所以称为喷泉模型。其各个开发阶段没有特定的次序要求，可以交互进行；还可以随时补充其他任何开发阶段中的遗漏。采用喷泉模型的软件过程，如图 2-5 所示。

2．模型的特点

喷泉模型是一种以用户需求驱动的模型，主要用于描述面向对象的软件开发过程。由于各阶段的活动之间无明显界线，所以喷泉模型也称为“喷泉无间隙性模型”。

3．选择模型的条件

喷泉模型主要用于面向对象的软件项目，软件的某个部分通常被重复多次，相关对象在每次迭代中随之加入渐进的软件成分。

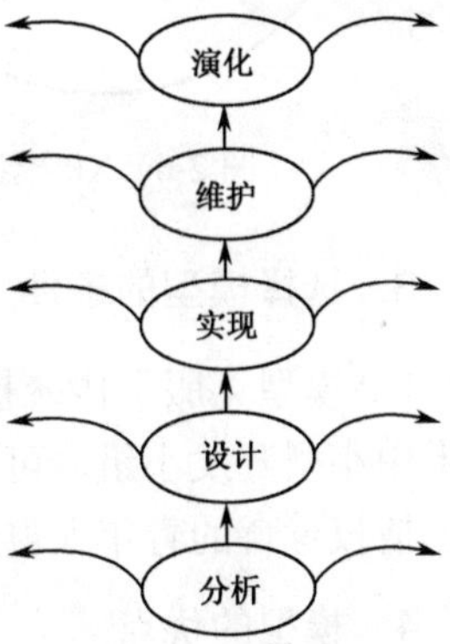

图 2-5　喷泉模型

4．模型的优点

喷泉模型不像瀑布模型那样，需求分析活动结束后才开始设计活动，设计活动结束后才开始编码活动。该模型各个阶段没有明显的界限，开发人员可以同步进行开发。其优点是可以提高软件项目开发效率，节省开发时间，适用于面向对象的软件开发过程。

5．模型的缺点

由于其各个开发阶段是重叠的，因此开发过程中需要大量的开发人员，不利于项目的管理。此外，这种模型要求严格管理文档，这使审核的难度加大，尤其是面对可能随时加入各种信息、需求与资料的情况。

2.8 XP 模型

1．模型的本意

XP 模型（eXtreme Programming Model），即极限编程模型，它本来是敏捷企业文化现象，但是不少人将它当成一种软件开发模型。

对传统软件开发模型进行重新审视发现，它们太正规、太呆板、太浪费资源，从而提出了省时省力的 XP 模型。它属于轻量级开发模型，由一组简单规则（需求、实现、重构、测试、发布）组成，它既保持开发人员的自由创造性，又保持对需求变动的适应性，即使在开发的后期，也不怕用户需求的变更。XP 模型的迭代开发过程，如图 2-6 所示。

2．模型的特点

在需求、实现、重构、测试、发布的迭代过程中，XP 模型有 4 条核心原则：交流

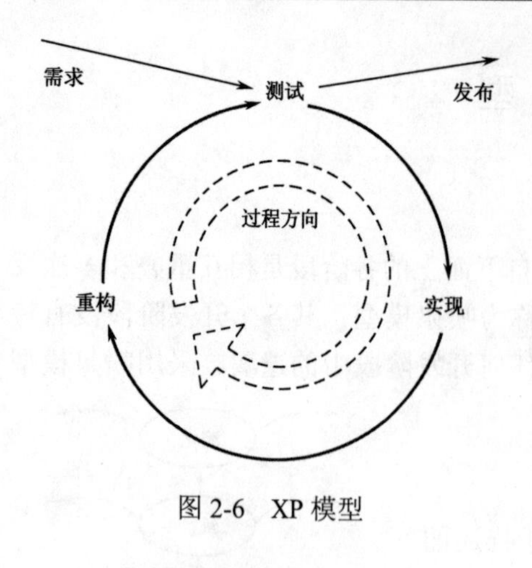

图 2-6 XP 模型

（Communication）、简单（Simplicity）、反馈（Feedback）和进取（Aggressiveness）。XP 开发小组包括开发人员、管理人员和客户。XP 模型强调小组内成员之间要经常进行“交流”，结对编程，在尽量保证质量的前提下力求过程和代码的“简单”化。来自客户、开发人员和最终用户的具体“反馈”意见，可以提供更多的机会用于调整设计，保证把握正确的开发方向。“进取”则包含在上述三个原则中。在 XP 模型中，采取讲“用户场景故事”的方法，来代替传统模型中的需求分析，“用户场景故事”由用户自己讲，用户并不考虑技术实现细节，只详尽描绘用户场景。

3. 选择模型的条件

XP 模型克服了传统模型不灵活机动的缺陷，是一种面向客户场景的轻量级模型。它只适用于中小型开发小组，可分解并降低风险，使软件开发简易可行。实践表明，XP 模型特别适合于情投意合的青年人群的小项目。

4. 模型的优点

XP 模型的优点如下：

（1）采用简单策略，不需要长期计划和复杂管理，开发周期短。

（2）采用迭代增量开发、反馈修正和反复测试的方法，因而软件质量有保证。

（3）适应用户需求的变化，因而与用户关系和谐。

5. 模型的缺点

XP 模型作为一种新的模型，在实际应用中还存在一些问题，引起了一些争议。它一般适用于小型项目，同时，它与 ISO 9001、CMMI 的精神也存在冲突。

2.9 各种模型之间的关系

1. 瀑布模型与迭代模型之间的关系

瀑布模型与迭代模型，是两种最基本的开发模型。现在要问：它们两者之间是否有关联？回答是：有！而且关联十分紧密。

在宏观上，迭代模型是动态模型，瀑布模型是静态模型。一方面，迭代模型需要经过多次反复迭代，才能形成最终产品。另一方面，迭代模型的每一次迭代，实质上都是执行一次瀑布模型，都要经历初始、精化、构造、移交 4 个阶段，走完瀑布模型的全过程。

在微观上，迭代模型与瀑布模型都是动态模型。迭代模型与瀑布模型在每一个开发阶段（初始、精化、构造、移交）的内部，都有一个小小的迭代过程，只有经历这一迭代过程，该阶段的开发工作才能做细做好。

瀑布模型与迭代模型之间的这种微妙关系，如图 2-7 所示。

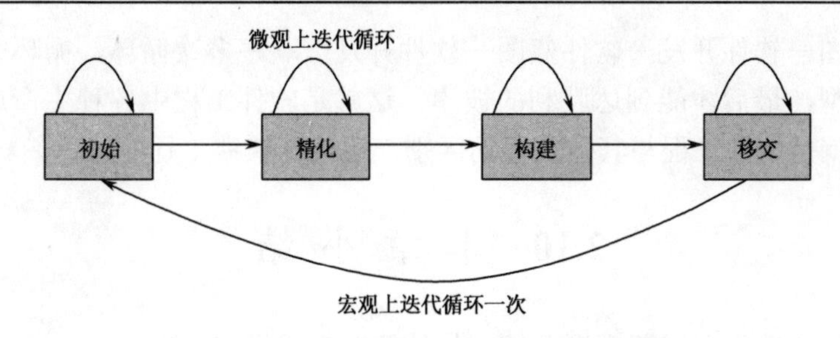

图 2-7　瀑布模型与迭代模型之间的关系

由图 2-7 可见，在迭代和瀑布模型中，你中有我、我中有你。

瀑布模型与迭代模型之间的关系，反映了人们对客观事物的认识论：要认识与掌握某一客观事物，必须经历由宏观到微观的多次反复的过程。只有从宏观上反复迭代几次，才能看清全貌，掌握事物的宏观发展规律。只有从微观上反复迭代几次，才能吃透每个细节，掌握事物的微观发展规律。

2．瀑布模型与增量模型之间的关系

同理，瀑布模型与增量模型之间也存在一定的关系。增量模型首先开发核心模块，之后再开发其他模块，这样一个一个地开发下去，直至所有模块开发完毕。然而，在开发每一个模块时，开发者一般都采用瀑布模型，从需求、设计、编码、测试一个阶段接着一个阶段地实现。所以增量模型中有瀑布模型思想，即宏观上是增量模型，微观上是瀑布模型。另外，增量模型也体现了迭代思想，每增加一个模块，就进行一次迭代，执行一次瀑布模型，所以，增量模型本质上也是迭代的。

3．瀑布模型与原型模型之间的关系

瀑布模型与原型模型之间也存在一定的关系。原型模型开始有一个原型，在此基础上以后的每一次迭代，都可能是一次瀑布模型的开发方式。所以原型模型中不但包含了迭代模型的思想，而且包含了瀑布模型的思想。

4．瀑布模型与螺旋模型之间的关系

螺旋模型是瀑布模型和快速原型模型的结合，快速原型模型是原型模型的简化，原型模型又是迭代模型和瀑布模型的组合，这些模型之间是相互依存的、彼此相关的。螺旋模型每一次顺时针方向旋转，相当于顺时针方向迭代一次，都是走完一次瀑布模型，这就是它们之间的关系。事实上，喷泉模型与瀑布模型也有关系。

5．XP 模型与迭代模型之间的关系

XP 模型是一个自由式迭代模型，它比传统的迭代模型简单、自由，甚至毫无约束。船小好调头，这就是 XP 模型。

6．生命周期模型之间的关系总结

由此可见，软件工程虽然来源于机器制造工程、建筑工程、计算机硬件工程，但是又与这些工程不完全相同。因为在软件开发过程中，不可能 100%地按照事先设计好的软件蓝图（即软件文档）进行，而是一边施工、一边修改软件蓝图、一边再按照修改的软件蓝图继续开发，

即按照“软件蓝图—软件开发—软件蓝图—软件开发”顺序多次循环，循环中又包含各种生命周期及开发模型，最后才能到达胜利的彼岸。这就是软件工程中各种生命周期及开发模型之间的关系，这就是软件工程与其他工程的区别，这也是软件工程的特色。

2.10 本章小结

除了上述 7 种软件生命周期模型之外，另外还有演化模型（Evolutionary Model）和渐增模型（Incremental Model）。软件生命周期模型虽然多种多样，但是在本质上可以归纳为两大类型，即瀑布类型和迭代类型。属于前一类型的有瀑布模型、增量模型和喷泉模型等。属于后一类型的有迭代模型、原型模型、螺旋模型、渐增模型、演化模型和 XP 模型等。现在的问题是：研究软件生命周期模型对软件企业有什么作用呢？回答是：

第一，作为软件管理人员、项目经理、软件工程师和软件蓝领，对软件开发模型和软件生命周期，要有一个完整、清晰的概念，在进入 IT 企业参与软件开发或软件管理时，首先要明确当前的项目或产品开发到底采用什么软件生命周期模型，由此确定当前的软件开发状态，合理安排项目组成员的工作。只有这样，才能迅速适应 IT 企业文化，并很快进入软件开发或软件管理的角色。

第二，作为软件过程改进人员（CMMI 工作人员），要明确过程改进就是优化软件开发过程，为此必须按照软件开发的常用模型，细化到模型中的各个阶段，把具体的改进措施落实到每一个阶段中。同时，结合 CMMI 软件过程模型，把能力成熟度等级的概念应用于软件开发的每一个阶段，从而进一步加强软件的过程管理。这就是说，要将软件生命周期模型的研究与过程改进模型 CMMI 的研究紧密结合起来，将 CMMI 的精神实质落实到软件生命周期模型中去。

本章介绍了 7 个软件生命周期模型：瀑布模型、增量模型、迭代模型、原型模型、螺旋模型、喷泉模型和 XP 模型。其中最常用的是瀑布模型和原型模型，其次是增量模型，最难掌握的是迭代模型。因为这 7 个模型各有所长，所以它们有各自的生存空间。因为它们各有所短，所以才会产生相互竞争。只有通过竞争，才能推动软件生命周期模型研究的发展。7 个模型的比较如表 2-4 所示。

表 2-4　软件开发模型比较表

序号	模型名称	优　点	缺　点	适用范围
1	瀑布模型	简单好学	逆转性差	面向过程开发
2	增量模型	可以分阶段提交	有时，用户不同意	系统可拆卸和组装
3	迭代模型	需求可变	风险大	有高素质软件团队
4	原型模型	开发速度快	不利于创新	已有产品的原型
5	螺旋模型	需求可变	建设周期长	庞大、复杂、高风险项目
6	喷泉模型	提高开发效率	不利于项目的管理	面向对象开发
7	XP 模型	提高开发效率	不适合大团队、大项目	小团队、小项目

一般而言，软件企业选取软件生命周期模型的方法是：软件企业在创业时期，由于没有项目或产品的积累，所以常常会选取瀑布模型和增量模型。一旦越过创业时期，由于积累了

一些项目或产品，就会选取原型模型。至于迭代模型，只有当他们掌握了 UML 及其工具 Rational Rose 之后，才会加以考虑。

作为本章的结尾，现在介绍软件组织定制“软件生命周期模型裁剪指南”的重要概念。在一个成熟的 IT 企业或软件组织内部，根据上述通用模型的普遍性原则，结合本单位的开发经验和行业特点的具体实际，还需要定制适合本单位的“软件生命周期模型裁剪指南”，有针对性地对选定模型中定义的生命周期进行恰当的裁剪，使它完全适合于本单位的需求。所谓裁剪，就是对原模型中定义的内容进行增加、修改、删除，去掉对本单位不适用的部分，增加对本单位适用的内容，同时进一步细化，从而构成完全适合本单位的“软件生命周期模型裁剪指南”。该“指南”在软件组织内部，专供高层经理和项目经理在软件策划中选取模型时使用。由此可见，实事求是地为软件项目定制软件生命周期模型，是最有效的模型选取方法。

习　题　2

2.1　软件生命周期的含义是什么？它与软件生命周期模型有何关系？

2.2　为什么说“软件生命周期模型是指在整个软件生命周期中，软件开发过程应遵循的开发路线图；或者说，软件生命周期模型是软件开发全部过程、活动和任务的结构框架”？

2.3　为什么要选择软件开发模型？软件开发模型与软件生命周期有什么关系？

2.4　简述瀑布模型、增量模型、迭代模型、原型模型、XP 等模型的优缺点。

2.5　软件公司的 CMMI 过程改进模型与软件开发模型有关吗？为什么？

2.6　请调查你周围的软件公司采用哪几种软件开发模型进行软件开发。

2.7　软件开发模型对你今后的工作，到底具有什么指导意义？

2.8　你对“生命周期模型裁剪指南”有什么看法？

2.9 “图书馆信息系统”的开发应选用哪种开发模型？

2.10　请详细说明瀑布模型与迭代模型之间的关系。

第3章 软件立项与合同

本章导读

软件项目（或产品）的来源一般有两个渠道。

一个渠道是市场调研之后，认为某产品将会有巨大的市场空间，而软件公司在人力资源、设备资源、抵抗风险、资金和时间上都具备开发该产品的能力，于是决定立项，这类软件产品被称为“非订单软件”，典型例子有网上游戏软件。

另一个渠道是与固定的用户签订软件开发合同，由软件公司启动该项目的开发，这类软件被称为“订单软件”，典型例子有企业资源规划系统 ERP 和电子商务大型网站。

对于一些大型项目，在签订合同之前，一般有一个招标与投标的过程，只有中标之后才能签订合同。开发“非订单软件”需要“立项”，开发“订单软件”需要签订“合同”。所以“立项”与“合同”是 IT 企业软件项目（或产品）的两个源头。一旦立项或签订合同，企业领导或软件管理部门就要下达《任务书》，开发部门接到《任务书》后就要组建开发团队，成立项目组。本章讨论软件立项和签订软件合同的方法，并给出一份《软件任务书》的案例。表 3-1 列出了读者在本章学习中要了解、理解和关注的主要内容。

表 3-1　本章对读者的要求

要　求	具 体 内 容
了　解	（1）“订单软件”、“非订单软件”的概念 （2）招标、投标、讲标、中标的概念 （3）《任务书》的概念及编写方法
理　解	（1）立项、签订合同的方法 （2）软件系统功能、性能、接口和界面的概念
关　注	（1）《立项建议书》的编写方法 （2）《软件项目投标书》的编写方法

3.1 软件立项方法与文档

如果没有软件合同，又要开发软件项目或产品，就必须先立项，然后才能开发或施工。立项就是在市场调研的基础上，分析立项的必要性（是否有市场前景）和可能性（是否有能力实现），并具体列出系统的功能、性能、接口和运行环境等方面的需求，当前客户群和潜在客户群的情况，以及投入产出分析。然后再按照编写参考指南书写《立项建议书》，并对它进行评审，评审通过后才算正式立项。

在软件企业，一般用软件"立项"和"结项"来表示软件项目的开始与终结。在非软件企业，尤其是在高校或机关事业单位，一般用软件"可行性分析"和"结题"来表示软件项目的开始与终结。由此可见，"立项"与"可行性分析"相仿，"结项"与"结题"相同。

【例3-1】 2003年初冬，山东某软件公司的老总在西安出差，发现西安市的大中型餐厅基本上都有电子点菜系统，客人一点菜，信息马上出现在厨房大师傅眼前，大师傅马上炒菜，服务员很快上菜，他感到很有意思。后来一打听，这个"餐饮系统"是北京某软件公司开发的。于是这位老总又飞到北京，拜访了"餐饮系统"的开发公司，了解到该公司经济效益不错，而且还到几家餐饮店去就餐，亲身体验"餐饮系统"的使用情况，收集用户意见。返回山东后，老总拍着脑袋决定马上立项，快速开发本公司的"餐饮系统"。不到三个月，"餐饮系统"开发完毕，但是在后来的两年中，该系统在山东某市总共只卖出两套，投入与产出比是5∶1。这是为什么？就是因为该城市是中等城市，不像北京、西安是大城市，"餐饮系统"的客户群实在是少得可怜。

立项就是决策，IT企业的决策必须按照决策程序进行，没有决策程序就要先制定决策程序，不能一个人拍脑袋定决策。IT企业的高层人员，一般都要亲自参加《立项建议书》的评审工作，并发表意见。若立项失误，则是企业决策的重大偏差，势必给企业造成各种资源的重大浪费。反之，将对企业的发展起到促进作用。IT企业的高层决策人员，对立项万万不可粗心大意。

立项文档就是《立项建议书》，它本身不是软件策划的内容，但是很重要，也很特殊。《立项建议书》的目的，就是在某种程度上代替开发合同或用户需求报告，作为软件策划的基础。《立项建议书》的编制者一般不是软件开发人员，而是软件公司的市场销售人员，因为他们熟悉市场行情及客户需求。

3.2 签订合同的方法与文档

为了说明合同的重要性，让我们先看一个例子。

【例3-2】 2005年2月，A市有一家软件公司（乙方）与A市一家大型中药网站公司（甲方），签订了一个"中药网站开发合同"。该合同中的有关条款规定："软件开发费用共计9万元人民币，开发工期总共为两个月。"并且还规定："乙方若不按期交付项目，每拖延一天，甲方扣除乙方 1%的软件开发总费用。"至于交付项目的标准与规范，双方都没有做出明确要求或承诺。

请读者分析一下，该合同有什么问题？后来的事实证明，该合同至少造成如下几个问题：

（1）开发工期太短，乙方肯定不能按时交付项目。一般来说，分析、设计、实现一个大型网站，工期为半年至一年左右。

（2）开发费用太低，乙方肯定不能获利。至于“每拖延一天，甲方扣除乙方 1%的软件开发总费用”的约定，更是甲方悬在乙方头上的一把利剑。

（3）交付或验收的标准与规范不明确，双方肯定扯皮。

由此可见，正确而合理地签订软件项目开发合同，对软件企业是何等重要！

任何取得合法营业执照的软件企业，都有自己的合同文本格式。一般而言，合同文档有两份：一份是主文件，即合同正文；另一份是合同附件，即技术性文件，它的格式和内容，与《立项建议书》的主体部分基本相同。例如，附件的内容应覆盖系统的功能点列表、性能点列表、接口列表、资源需求列表、开发进度列表等。

下面给出合同正文的主要内容：

（1）合同名称。

（2）甲方单位名称。

（3）乙方单位名称。

（4）合同内容条款。

（5）甲乙双方责任。

（6）交付产品方式。

（7）交付产品日期。

（8）用户培训办法。

（9）产品维护办法。

（10）付款方式。

（11）联系人和联系方式。

（12）违约规定。

（13）合同份数。

（14）双方代表签字。

（15）签字日期。

3.3 软件招标与投标

对于一个小型软件项目的开发或产品实施，一般可由销售人员直接签订合同。对于一个大中型软件项目，在签订合同之前，一般由发标单位进行公开招标，软件企业的市场销售人员获取招标信息后，立即反馈给企业销售中心，销售中心和软件研发中心人员迅速进行可行性分析。若可行，市场销售人员抓紧开展公关活动，技术支持人员马上组织有关的售前工程师，按照投标书编写参考指南，参照招标书的内容，制定并提交投标书，参加竞标活动。表 3-2 给出了《软件项目投标书》编写参考指南。

投标书的内容，必须覆盖招标书的内容。因此，投标书的篇幅较长，少则几十页，多则几百页。讲标的内容较短，所以要突出重点，抓住关键，打动人心。

讲解投标书十分重要，又很有学问，讲标的效果直接影响中标率。由于投标单位很多，一个单位讲解投标书的时间，往往限制在 20～40 分钟，所以讲标的内容只能是投标书的精华部分，并且要用 PowerPoint 工具制作成规范的幻灯片。讲解投标书的人，不但要求靓丽英俊、服装整齐、气质高雅，而且要业务精通、口才好、反应快、表达能力强、时间与节奏掌握好，最好是本行业领域的业务专家，只有这样才会征服听众、吸引投标单位，为中标创造良好的开局。中标后，经过技术谈判和商务谈判，才能正式签订合同。合同正文和合同附件同样重要，都具有法律效应。

表 3-2 《软件项目投标书》编写参考指南

序　号	章 节 名 称	章 节 内 容
1	项目概况	按照招标书的内容，陈述项目概况
2	总体解决方案	按照招标书的要求，提出项目的总体解决方案： 网络结构总体方案 系统软件配置方案 应用软件设计方案 系统实施方案
3	项目功能、性能和接口描述	应用软件的具体功能点列表 应用软件的具体性能点列表 应用软件的具体接口列表
4	项目工期、进度和经费估算	项目工作量（单位：人月）估算 项目进度估算：需求、设计、编码、测试、验收的时间表 项目经费（单位：人民币元）估算
5	项目质量管理控制	质量标准 质量管理控制方法 项目开发和管理的组织结构及人员配备
6	附录	附录 1：本软件公司的特点与强项简介 附录 2：本软件公司的成功案例 附录 3：本软件公司的资质证明材料

《合同》与《立项建议书》一样，是该项目的第一份管理文档。在管理过程中，《合同》起到与《立项建议书》同样的作用。两者都需要由专人精心保管，以便随时查阅。

3.4　下达任务的方法与文档

首先，要明确下达任务的条件和时机。下面列出三个条件，其中任何一个条件成立，下达任务书的时机就成熟了。

（1）软件企业已签订了项目《合同》。

（2）《立项建议书》已通过了项目评审。

（3）作为特殊情况，政府部门或软件组织的上级下达了某项目的指令性软件开发计划。例如，有跨组织、跨部门的某个大项目，软件需求由它的系统总体设计组分配。

下达任务的方法是：

（1）有一份《任务书》的正文。包括任务的下达对象、内容、要求完成的日期、决定投入的资源、必要时包括任命项目经理（技术经理和产品经理）、其他保证措施、奖惩措施等。《任务书》的正文可长可短，若《合同》或《立项建议书》很详细，则正文可短；若《合同》或《立项建议书》很粗很短，则正文应该很长、很详细。

（2）有一份《任务书》的附件。一般情况下，它就是软件《合同》/《立项建议书》，如果是指令性计划，它的格式和内容，也应与《合同》/《立项建议书》基本相同，即附件的内容应覆盖系统的功能点列表、性能点列表、接口列表、资源需求列表、开发进度列表、阶段评审列表等。

《任务书》与《合同》/《立项建议书》一样重要，它是该项目的第二份管理文档。

下面是一份《任务书》的正文样本，可以作为编写《任务书》的参考指南，因为它写得既长又细，所以省略了它的附件。请读者看完后指出它的优点与缺点，反问自己从中学到了什么，并提出改进意见。

《软件产品开发任务书》正文样本

任务书名称：大型商业MIS产品开发任务书。

下达日期：2010/04/01。

发出部门：××公司研发中心。

接受部门：研发中心商业软件部。

1．目标

（1）做成商业MIS产品，其产品化程度要求很高。因此，一切信息都要规范化、标准化、代码化。保证在产品实施时，其客户化工作只需录入代码和修改代码，绝对不允许修改数据结构和表结构。

（2）配合市场销售部门、全国各地的分支机构和产品代理商，开拓市场。

2．功能模块划分及要求

大型商业MIS软件产品拟分为以下五个功能模块，要求每个功能模块具有高内聚、低耦合、信息隐蔽的性质，如表3-3所示。

表3-3　大型商业MIS产品的五个功能模块

序号	模块名称	功能要求
1	商业物流配送中心管理	商业物流采购、配送
2	大型商场（大型连锁超市）管理	商品零售
3	便利店（小型连锁超市）管理	商品零售
4	远程数据交换管理	点对点通信
5	电子商务模块	网上订货、销售

3．功能模块详述

大型商业MIS软件，从组织结构上来说包括三个层次：

（1）物流配送中心。

（2）大型商场（大型连锁超市）。

（3）便利店（小型连锁超市）。

作为一个完整的商业MIS系统，物流配送中心与大型商场（大型连锁超市）之间会发生物流、资金流、信息流的关系；大型商场（大型连锁超市）与便利店（小型连锁超市）之间也会发生物流、资金流、信息流的关系；而物流配送中心与便利店（小型连锁超市）之间没有任何关联。实际上，本大型商业MIS系统完成后，可以对功能模块进行组合或拆分，使其成为如下五个不同的小型商业MIS系统，供用户选择：

（1）物流配送中心 ＋ 大型商场（大型连锁超市）＋ 便利店（小型连锁超市）的完整的商业MIS软件。

（2）物流配送中心 ＋ 大型商场（大型连锁超市）的商业 MIS 软件。

（3）大型商场（大型连锁超市）＋ 便利店（小型连锁超市）的商业 MIS 系统。

（4）物流配送中心 MIS 系统。

（5）大型商场的商业 MIS 系统。

物流配送中心作为本软件的第一层，可以具有多个配送仓库，它根据大型商场（大型连锁超市）的需要以及各个仓库库存情况，向供应商订货，进行货物采购；并根据订货的情况进行配货，组织运输工具进行发货；期间，还伴随着向供应商付款、索取发票，以及向客户催款、开出发票等。大型商场（大型连锁超市）作为本软件的第二层，除了要进行本商场的各种业务管理外，还要向上级物流配送中心订货、付款、索取发票，向下级便利店（小型连锁超市）送货，收取钱款等。便利店（小型连锁超市）作为本软件的第三层，一要进行本商场的各种业务管理；二要根据库存情况，向大型商场（大型连锁超市）要货，并定期将销售金额上交给大型商场（大型连锁超市）。

随着计算机网络技术的飞速发展，电子商务在流通领域的应用也越来越多。本 MIS 系统也准备在电子商务方面有所扩展，条件允许，可以实现网上订货、网上销售，甚至网上货币支付。

4．功能模块任务分配

根据研发中心商业软件部目前的人员情况，本系统的项目经理由商业软件部副经理亲自担任，负责整个系统的规划、设计、协调与实施；商业软件部主任工程师担任产品经理，负责项目的整体需求、数据库设计与 Alpha 测试。整个项目分为三个任务组，各个任务组组长在项目实施阶段，承担小项目经理职责。三个任务组的人数及开发任务，如表 3-4 所示。

表 3-4　任务组的人数及开发任务

任务组	人数	具体开发任务
第 1 任务组	2	（1）POS 机模块改造 （2）利用网络通信协议进行远程数据交换 （3）电子商务模块
第 2 任务组	3	物流配送中心管理模块。本模块的主要功能包括货物的采购管理，配送中心的库存管理，货物的销售管理三大部分。 （1）货物的采购管理包括：供应商管理，采购计划管理，订货管理，货物验收管理，退货管理，应付账款管理，应收发票管理，往来账管理等 （2）库存管理包括：货位管理，入库管理，出库管理，盘库管理等 （3）销售管理包括：客户管理，销售定单管理，配货管理，运输工具管理，发货管理，退货管理，应收账款管理，应付发票管理，往来账管理等
第 3 任务组	3	（1）全局数据库设计 （2）商业管理模块（包括大型商场与便利店的管理）。本模块的主要功能包括：货物的采购管理，退货管理（退给供应商），价格管理，库存管理，销售管理，前台销售管理，退货管理（客户退货管理），应付、应收账款管理，发票管理，送货管理（给便利店送货），收款管理（便利店上交金额）等 （3）产品的加密处理

5．数据库与开发工具的选择

考虑到数据库的性能与价格比，数据库首选 SQL Server。数据库设计工具采用 Power Designer，程序开发平台为.Net 或 J2EE。文档制作工具为 Office 和 Power Designer。

6．开发进度计划

研发中心商业软件部，现有 8 人进入了本项目组。根据以往的实际工作经验，下面列出研发进度，如表 3-5 所示。

表 3-5　进度计划（2010/04/01-2010/10/15）

阶段名称	需求分析	概要设计	详细设计	编码	测试	包装	发布	
第 1 周进度	需求培训							
第 2 周进度	需求获取							
第 3 周进度	需求获取							
第 4 周进度	需求获取							
第 5 周进度	需求确认							
第 6 周进度		概要设计						
第 7 周进度		概要设计						
第 8 周进度		概要设计						
第 9 周进度			详细设计					
第 10 周进度			详细设计					
第 11 周进度			详细设计					
第 12 周进度			详细设计					
第 13 周进度				编码				
第 14 周进度				编码				
第 15 周进度				编码				
第 16 周进度				编码				
第 17 周进度				编码				
第 18 周进度				编码				
第 19 周进度				编码				
第 20 周进度					Alpha 测试			
第 21 周进度					Alpha 测试			
第 22 周进度					Alpha 测试			
第 23 周进度					Alpha 测试			
第 24 周进度					Beta 测试			
第 25 周进度					Beta 测试			
第 26 周进度						包装		
第 27 周进度							发布	
第 28 周进度								机动

7．评审计划

各里程碑的评审计划，如表 3-6 所示。

表 3-6　里程碑评审计划

阶段名称	评审日期	评审地点	主持人	参加人	应交文档
需求分析	2010/05/05	公司第一会议室	部门经理	项目组成员	《用户需求报告》/《需求规格说明书》
概要设计	2010/05/26	公司第一会议室	部门经理	项目组成员	概要设计说明书
详细设计	2010/06/25	公司第一会议室	项目经理	项目组成员	详细设计说明书
Alpha 测试	2010/09/12	公司第一会议室	项目经理	测试人员	Alpha 测试报告
Beta 测试	2010/09/26	客户单位	项目经理	客户代表	Beta 测试报告
包装	2010/09/31	公司第一会议室	部门经理	销售人员	包装光盘，用户指南，广告材料

附件：《商业 MIS 立项建议书》，此处省略。

3.5　本 章 小 结

本章讲述了软件立项、投标、合同和任务书 4 件大事，并给出了相关文档的编写参考指南，这些知识对 IT 企业的高、中、低三层人员都有帮助。高层经理要把立项作为决策，中层经理要亲自抓立项、投标、合同和任务书的具体工作，基层软件蓝领要学习、领会、吃透立项、合同、任务书中的具体内容与要求，并将这些内容与要求联系实际，落实到今后的“需求、设计、编码、测试”的行动中去。

一切软件项目或软件产品，都是为了实现用户需求中的“功能、性能、接口”三项具体目标。因此，从软件的源头（立项、合同和任务书）开始，就要抓住用户需求的“功能、性能、接口”这三项指标，自始至终地坚持下去，并在用户需求报告、需求分析规格说明书、概要设计说明书、详细设计说明书、编码实现、测试用例与测试报告、评审与审计、验收与交付中，一脉相承地贯彻执行下去，只有这样，软件开发才能成功。

最后需要指出的是，本章所讲的立项，就是其他软件工程书上所讲的“项目可行性分析”。应该说，可行性分析是立项的前提，立项是可行性分析的结果。习惯上，在企业一般称为立项，在机关学校一般称为可行性分析。

习　题　3

3.1　为什么说立项（或签订合同）是一切项目的源头，也是软件项目的源头？

3.2　立项的具体表现形式是什么？

3.3　《立项建议书》的编制者为什么主要是软件公司的市场销售人员，而不是开发人员？

3.4　为什么将项目的市场前景、功能、性能、接口、风险作为《立项建议书》的主要内容？

3.5　什么叫风险分析？技能风险与技术风险有何区别？

3.6　行业领域业务专家与产品经理有何异同？

3.7　《合同》、《任务书》、《立项建议书》三者有何异同？有何关系？

3.8　下达任务的时间和方法是什么？

3.9　请进行社会调查，收集材料，用事实说明“立项就是决策”的道理。

3.10　试述《商业 MIS 开发任务书》的优缺点及需要如何改进。

3.11　请在老师的指导下，选定一个项目，写出一份《立项建议书》。

3.12　对软件项目和产品的“功能、性能、接口”三项指标如何理解？

3.13　请用 PowerPoint 工具制作一份“图书馆信息系统”的投标书，并进行试讲。

3.14　按照老师建议的其他实践项目，2~3 人一组，完成项目的《立项任务书》和《投标书》，并进行《投标书》讨论与试讲。

第4章

软件需求分析

本章导读

软件需求分析或软件需求获取，既是软件开发中的老问题，又包含许多新思想、新方法、新技术。需求获取是否彻底与成功，直接关系到软件开发的成败。本章首先介绍需求分析中的基本概念，以及需求分析的任务、目的、方法，然后介绍需求分析的各种技巧、艺术、描述工具及需求管理过程。表4-1列出了读者在本章学习中要了解、理解和掌握的主要内容。

表4-1　本章对读者的要求

要　求	具体内容
了　解	（1）需求分析的输入与输出 （2）需求获取的难点 （3）用户、顾客、客户的概念 （4）不符合项、基线、里程碑、评审点、软件产品、软件工作产品的概念 （5）信息系统需求、网络游戏软件需求的概念 （6）《需求报告》和《需求分析规格说明书》的差异
理　解	（1）需求分析的目的 （2）需求分析的重要性 （3）面向过程、面向对象、面向元数据三种需求分析方法的描述工具 （4）需求管理方法
掌　握	（1）需求分析的任务：画出组织结构图，画出业务操作流程图，画出数据流程图，列出功能/性能接口列表，确定运行环境和界面约定，确定工期、费用、进度、风险 （2）需求分析的方法：面向流程分析，找出元数据，找出中间数据，找出元数据与中间数据的关系，学会需求分析艺术

4.1　需求分析的基本概念

需求分析的输入是软件《合同》或软件《立项建议书》，以及对用户现场的调研、分析和确认，输出是《用户需求报告》/《需求分析规格说明书》，如图 4-1 所示。根据“五个面向”理论，需求分析的方法主要是“面向流程分析”。

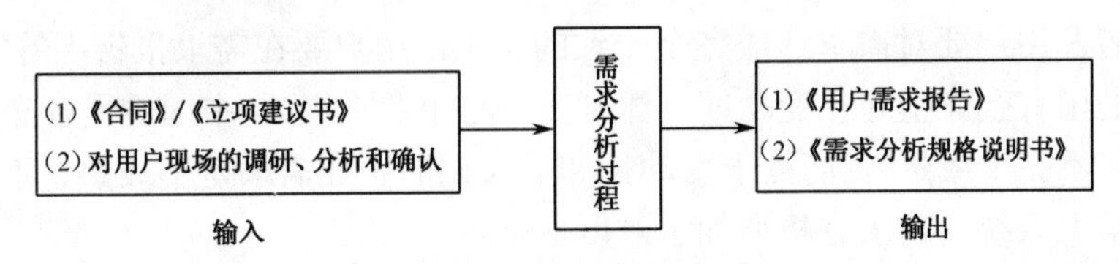

图 4-1　需求分析示意图

作为需求分析中的基本概念，本节将讨论如下问题。

1. 需求分析定义

1997 年，IEEE 软件工程标准词汇表中定义的需求为：

（1）用户解决问题或达到目标所需的条件或能力（Capability）。

（2）系统或系统部件要满足合同、标准、规范或其他正式规定文档所需具有的条件或能力。

（3）一种反映第（1）或（2）所描述的条件或能力的文档说明。

一般而言，需求分析阶段位于软件开发的前期，它的基本任务是准确地定义未来系统的目标，确定为了满足用户的需要系统必须做什么。

需求分析分为两个阶段：需求获取阶段和需求规约阶段。需求关心的是系统目标而不是系统实现。

需求可以分为两大类：功能性需求和非功能性需求。前者定义了系统做什么，后者定义了系统工作时的特性。

2. 需求分析为什么重要

需求分析特别重要，原因如下。

（1）许多大型应用系统的失败，最后均归结到需求分析没有解决好，如获取需求的方法不当，使需求分析不到位或不彻底，导致开发者反复多次地进行需求分析，致使设计、编码、测试无法顺利进行；或者客户配合不好，导致客户对需求不确认，或客户需求不断变化，同样使设计、编码、测试无法顺利进行。

（2）《用户需求报告》既是软件生命周期中的第一个里程碑，又是客户、软件开发人员、软件测试人员和项目管理人员四者共同工作的基础，是项目 Alpha 测试和 Beta 测试的准则，是供方交付产品和需方验收产品的依据。

（3）需求分析要占用整个软件开发时间或工作量的 30%左右。

（4）需求获取中的错误，属于软件开发中的早期错误，将给项目成功带来极大风险，因为这些错误会在后续的设计和实现中进行发散式的传播。

根据以上 4 项原因，IT 企业的高层经理特别重视需求分析，常常派经验最丰富的人员去做项目需求分析。

3. 需求获取为什么难

需求获取看似容易，做起来很难，主要原因如下。

（1）用户需求具有动态性，即需求的不稳定性。在整个软件生命周期内，应用软件的需求会随着时间的进展而有所变化。个别用户的需求，甚至会朝三暮四地变化。

（2）用户需求具有模糊性。由于用户的素质不是很高，业务流程不很规范，所以需求表达不清楚也不明确。

（3）开发者和用户要对需求达成完全一致的认识，用户要在需求报告上签字。

（4）中国的国有企业正处在变动期（体制改革与企业重组），中国的民营企业正处在成长期（发展壮大与不完全成熟）。而处于变动期和成长期的企业需求是不成熟、不稳定和不规范的，这无疑给信息系统的需求分析增加了难度。

4.《用户需求报告》与《需求分析规格说明书》

《用户需求报告》是站在用户的角度、使用他们可以看懂的语言编写的，内容包括系统的运行环境、业务流程、业务功能、业务性能和业务接口等。它是需求分析阶段产生的第一份重要文档，表达了全面、系统、准确且用户可确认的需求，它是用户、项目开发者、项目测试者和项目管理者四方共同工作的基础，是用户测试和验收目标的依据，是作为软件开发机构和用户之间一份事实上的技术合同书，是软件生命周期中的第一条基线。

《需求分析规格说明书》是站在开发者的角度、使用开发者的语言编写的（用户可能看不懂），目的是作为概要设计和详细设计的依据，内容是对系统的业务模型、功能模型、数据模型和接口模型的进一步定量描述。它是需求分析阶段产生的第二份重要文档，与用户需求报告不同的是，《需求分析规格说明书》不但以一种一致的、无二义的方式准确地表达了用户的需求，而且增加了一些对设计者非常有用的信息（如模型、实体、属性、方法、关系、主键、外键、算法等），它是项目开发者、项目测试者和项目管理者三方共同工作的技术基础，是项目开发者下一步进行设计和编码的依据。

《用户需求报告》是对外（用户）的，是需要用户签字确认的，是用户完全看得懂的。而《需求分析规格说明书》是对内（开发者）的，是不需要用户签字确认的，是用户不完全看得懂的。一般而言，由《用户需求报告》很快能生成《需求分析规格说明书》。对大型软件项目，建议将《用户需求报告》与《需求分析规格说明书》两份文档分开，反之，可以考虑合并。

5. 需求获取与需求规约

所谓需求获取，就是开发者与用户共同提取并共同确认需求。在需求获取过程中，人们将“划分、抽象和投影”三要素作为需求获取的三原则。

（1）划分，就是捕获问题空间的“整体/部分”关系。

（2）抽象，就是捕获问题空间的“一般/特殊”或“一般/特例”关系。

（3）投影，就是捕获问题空间的多维“视图”。

所谓需求规约，就是对获取并确认的需求进行定义与分析，并且解决需求中存在的二义性和不一致性问题，最后以一种系统化的文档形式，准确地表达用户的需求，形成《需求分析规格说明书》。

6．需求验证

需求验证是对软件《需求分析规格说明书》加以验证。它主要从以下方面进行：正确性、无二义性、完整性、可验证性、一致性、可量化性、可理解性、可修改性、唯一性、可跟踪性、设计无关性。

这里特别强调无二义性、可验证性、可量化性、唯一性。无二义性就是要去掉模棱两可的内容。可验证性就是要具有可测试性，即需求是具体的、可测试的。可量化性就是需求的功能与性能要数字化，如服务器的功能与性能指标、并发用户数目、平均响应时间。唯一性就是每项需求指定一个唯一标识，以便于需求跟踪与配置管理。

7．需求是一个迭代过程

由于人们对客观事物的认识是不断深化的，所以需求过程是一个迭代过程，每次迭代提供更高质量和更详细内容的软件需求。这种迭代会给项目带来一定的风险，上一次迭代的设计实现可能会因为需求不足而被推翻。但是，软件分析师应根据项目计划，在给定的资源条件下得到尽可能高质量的需求。

在很多情况下，对需求的理解会随着设计过程和实现过程的深入而不断深化，这也会导致在软件生命周期的后期，重新修订软件需求。原因可能来自错误的分析，客户环境和业务流程的改变，市场趋势的变化等。无论是什么原因，软件分析师应认识到需求变化的必然性，并采取相应的措施，减少需求变更对软件系统的影响。进行变更的需求，必须经过仔细的需求评审、审计、需求跟踪和比较分析后才能实施。

8．软件需求的三个层次

软件需求包括三个不同层次：高层领导的战略决策需求、中层管理的查询统计需求、基层人员的实时操作需求。这三层需求，构成了一个需求金字塔。

《需求分析规格说明书》还应包括非功能需求，它描述系统展现给用户的行为和执行的操作等，包括产品必须遵从的标准、规范和合约；外部界面的具体细节；性能要求；设计或实现的约束条件及质量属性。所谓约束，指对开发人员在软件产品设计和构造上的限制。所谓质量属性，是通过多种角度对产品的特点进行描述，从而反映出产品的功能。多种角度描述产品，对用户和开发人员都极为重要。

9．需求分析的目的、重点与难点

需求分析的重点是：弄清业务流程和数据流程，达到与客户共同确定业务模型、功能模型、性能模型、接口模型的目标。通过评审，与客户达成完全一致的理解，让客户确认，在需求报告上签字，这是需求分析的根本目的。只有实现了这个目的，才能冻结需求，实现一个重要的里程碑，形成稳定可靠的需求文档基线，为后续的设计、编码、测试、验收打下坚实的基础。特别是，如果在需求分析中隐含一个错误或一个不确定的问题，就会导致在后续开发工作中出现10个甚至100个错误或问题，这就是错误或问题传播的发散性。

“开发者与客户达成完全一致的需求”，这既是需求分析的目的，又是需求分析的难点。那么，要克服这个难点，形成稳定可靠的需求文档基线，就要靠需求分析的方法、技巧和经验了。

需求分析的难点是：在系统的功能、性能和接口方面，开发者与客户达成完全一致的需求，让客户最终签字确认，并保证在项目验收前，需求相对稳定不变。万一需求有点变化，双方必须履行“需求变更管理程序”，而变更管理程序在签订合同时已经做了规定。要知道，合同是具有法律效力的。

10．需求分析名词解释

在阐述需求分析之前，先解释几个常用名词的含义，请参见表 4-2。

表 4-2　需求分析名词解释

序　号	名　词	名 词 解 释
1	基线	基线是软件工作产品，它是要经内部和外部评审过的，是下一阶段工作的基础
2	检查点	检查点只是由时间、计划、事件驱动的检查工作进度和质量的一个标记。一个检查点不一定对应一条基线或一个里程碑
3	里程碑	里程碑是一个标记，只需要经过内部评审。一个里程碑是一个检查点，但不一定对应一条基线
4	评审	评审，是对软件工作产品质量的一次开会（或汇签）活动
5	审计	审计，是复查评审活动程序的合法性，是否按程序与规范进行等
6	客户	客户是软件企业合同的签约方，是软件产品的销售对象。客户是顾客的一部分
7	顾客	“顾客”比“客户”的范围更广泛一些，它包括潜在的客户
8	用户	用户是软件产品的最终使用者，用户是客户的一部分
9	软件工作产品	在 CMMI 中，“软件工作产品”是软件开发活动中的人工制品，如《用户需求报告》、《需求分析规格说明书》、《概要设计说明书》、《详细设计说明书》、源程序、《测试报告》、《用户手册》，也包括软件管理文档
10	软件产品	在 CMMI 中，“软件产品”是最终用户使用的软件，如操作系统 Windows XP、财务系统、管理信息系统 MIS。“软件产品”是“软件工作产品”的一部分
11	现有系统	现有系统指用户当前正在使用的系统，它可能是网络管理系统，也可能是手工管理系统
12	目标系统	目标系统指将要实现的系统

4.2　需求分析的任务

需求分析就是对客户的需求进行定义或确定，这一过程有许多工作要做。我们知道，根据信息系统的定义与内容，信息系统的需求分析是最难的，也最具代表性，为此，我们通过“图书馆信息系统”的例子，来说明需求分析所需要完成的任务。最后，本节还简单介绍网络游戏软件对需求分析的要求。

第 1 项任务：画出目标系统的组织结构图，列出各部门的岗位角色表，即组织机构模型，如图 4-2 与表 4-3 所示。

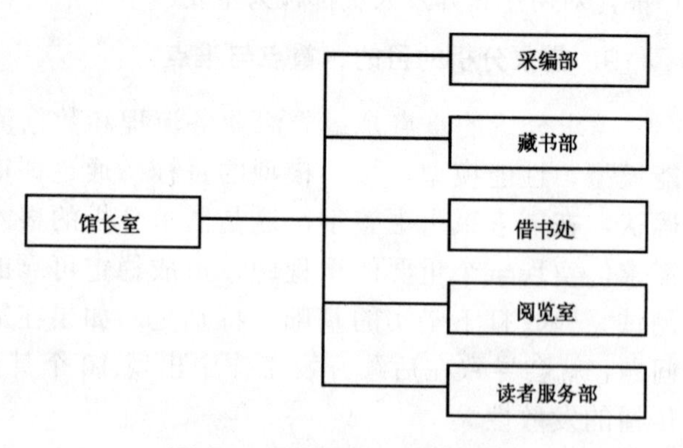

图 4-2　图书馆的组织结构图

表 4-3　图书馆各单位的职责说明

序　号	单位名称	单位职责
1	馆长室	全馆业务的组织领导，全馆信息的查询
2	采编部	图书的采购、分编
3	藏书部	图书的入库、保存、迁移、出库
4	借书处	图书的借书、还书
5	阅览室	杂志和书报的开架阅览与借还管理
6	读者服务部	读者信息管理、读者网上图书查询

图书馆的岗位角色，如表 4-4 所示。

表 4-4　图书馆的岗位角色

岗位编号	岗位名称	所在部门	岗位职责	相关的业务
1011	采购员	采编部	图书采购、进货合同的签订、出版社的选择	进货、合同管理
1012	分编员	采编部	图书分编	协助入库
……	……	……	……	……
……	……	……	……	……

请定义一套图形规则，并画出“图书馆信息系统”的业务流程图。

第 2 项任务：画出目标系统的业务操作流程图，即业务模型。它包括物流、资金流、信息流，重点是业务操作的流水步骤。它是经过业务流程重组、再造和优化之后，并且得到企业领导确认的业务流程图。

业务流程图的画法多种多样，各软件组织可根据自身的习惯和特点，制定一套图形规则，在本组织内统一遵守。业务流程图的制作工具，可以是微软的 Word、Visio。所谓“直式业务流程图”，就是用图的横坐标表示企业的部门岗位，用图的纵坐标表示企业的作业流程，用图 4-3 中的图标画出企业的业务流程。

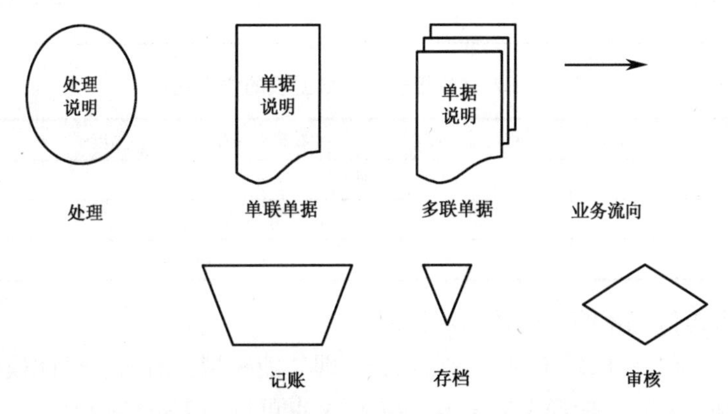

图 4-3　直式业务流程图使用的各种图标

第 3 项任务：画出目标系统的数据流图（DFD），即单据和报表的流图，掌握业务规则，获得初步数据模型（真正的数据模型是 E-R 图加上相应的数据字典）。

数据流图中要突出单据流，分清不同单据之间的先后流动次序，以及同一单据中的不同数据项的先后流动次序。数据流图的画法多种多样，各软件组织可根据自身的习惯和特点，制定一套图形规则，在本组织内统一遵守。数据流图的制作工具，可以是微软的桌面办公工具 Office（Word、Visio），也可以是 Power Designer 中的数据流图绘制工具 Process Analyst。例如，可以规定用矩形表示数据的起始点或终止点（数据源或数据潭），用圆圈表示对数据的加工处理，用箭头表示数据的流向，用两条横线表示单据或报表等文件，如图 4-4 所示。

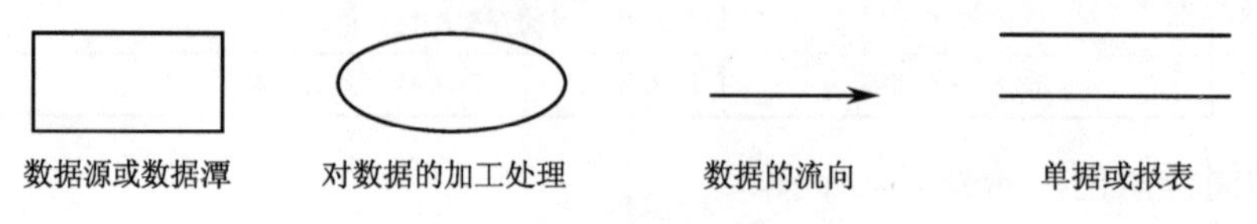

图 4-4　数据流图使用的图标

完整的数据流图还包括定义数据字典。这里讲的数据字典，是指对数据流图中出现的数据源、数据潭、数据加工、数据流向、单据、报表等数据名字进行定义与解释。

对于所有的单据或报表，均要收集并整理。同时，将单据或报表的名称、用途、使用单位、制作单位、频率、高峰时流量，及每个数据项的名称、类型、长度、精度、算法等，都要全部列出，形成原始单据和输出报表的表格。单据或报表整理后的参考格式，如表 4-5 所示。请注意，对每一张单据或报表，都必须用两张表格来描述，其中第一张表格描述单据或报表的公共信息，即单据或报表的“头尾”信息。第二张表格描述单据或报表的数据项信息，即单据或报表的“体”，如表 4-6 所示。

表 4-5　单据或报表整理后的参考格式

单 据 名 称	
用　　途	
使用单位	
制作单位	
频　　率	
高峰时数据流量	

表 4-6　单据或报表中各数据项的详细说明

序　　号	数据项中文名	数据项英文名	数据项类型、长度、精度	数据项算法
1				
2				
3				

请画出“图书馆信息系统”的数据流程图。

第 4 项任务：列出目标系统的功能点列表，即功能模型（有时将性能模型、界面模型和接口模型的内容都合并到功能模型之中）。功能模型也可以用 Use Case 图表示，或用功能点列表描述。

“图书馆信息系统”的功能点列表，如表 4-7 所示。其中“系统响应”项，表示将来的目标系统所要做的工作。需要指出，功能列表不唯一，也没有标准答案。

表 4-7　“图书馆信息系统”的功能点列表

编号	功能名称	使用部门	使用岗位	功能描述	输　入	系统响应	输　出
1	图书入库信息录入	分编室	分编员	给图书分类编号，并录入系统	图书编号、条形码、书名、作者、译者、ISBN、出版社、价格、所放位置、现存量、库存总量、入库日期、操作员、内容简介、借阅次数、是否注销	录入到图书信息表	完成图书的入库
2	读者信息录入	借阅处	管理员	录入读者基础信息	读者编号、姓名、性别、出生年月、证件名称、证件号码、电话、登记日期、借书卡条形码、操作员、是否挂失、借阅次数、网上注册姓名、网上注册口令、是否注销	录入到读者信息表	打印并制作读者“借书卡”
3	图书借阅信息录入	借阅处	管理员	录入读者借阅图书信息	图书编号、读者编号、借阅日期、应还日期、续借次数、押金、操作员	录入到图书借阅信息表，该图书的“现存量”减 1	从书架上取书，将图书交给读者
4	图书归还信息录入	借阅处	管理员	录入读者归还图书信息	图书编号、读者编号、归还日期、退还押金、操作员	录入到图书归还信息表，该图书的“现存量”加 1	图书上架
5	图书罚款信息录入	借阅处	管理员	录入读者罚款图书信息	图书编号、读者编号、罚款日期、应罚金额、实收金额、是否交款、操作员	录入到图书罚款信息表	打印罚款收据，收点现金
6	图书注销信息录入	分编室	分编员	录入注销图书信息	图书编号、注销数量、注销日期、操作员	录入到图书注销信息表	打印图书注销信息，并请馆长签字
7	查询读者信息	借阅处	管理员	录入读者信息	读者编号	按“读者编号”在读者信息表和罚款信息表中查询该读者信息	显示“读者编号、姓名、电话、罚款次数”
8	查询图书信息	借阅处	管理员	录入查询图书信息	图书名称/作者姓名	按照输入的组合条件，在“图书信息表”中检索该图书	显示“图书名称、作者姓名、借阅情况、内容简介”
9	读者网上注册	网上读者	网上读者	录入读者网上注册信息	网上注册姓名、网上注册口令、读者编号	将“网上注册姓名、网上注册口令”存入到读者信息表中	显示“注册成功”或“注册失败”
10	读者网上登录	网上读者	网上读者	录入读者网上登录信息	网上注册姓名、网上注册口令	核对“网上注册姓名、网上注册口令”	显示“登录成功”或“登录失败”
11	读者网上查询图书信息	网上读者	网上读者	录入读者网上查询图书信息	图书名称/作者姓名	按照输入的组合条件，在“图书信息表”中检索该图书	显示“图书名称、作者姓名、借阅情况、内容简介”
12	图书订购	采购部	采购员	录入订购图书信息	（1）订购单头：订购单编号、订购金额、订购日期、验收日期、出版社地址、出版社电话、操作员 （2）订购明细：征订编号、订购数量、订购单价	录入到图书订购单头和订购明细两张信息表	打印订购单，馆长签字确认，邮寄出版社
13	图书借还统计	馆长办公室	馆长	统计图书资源的利用情况	统计起止日期	统计前 100 本热门图书的借阅情况、后 100 本冷门图书的借阅情况、全部图书的平均借阅情况	显示“前 100 本热门图书的借阅情况、后 100 本冷门图书的借阅情况、全部图书的平均借阅情况”
14	补办借书卡	借阅处	管理员	作废原借书卡并补办新借书卡	录入读者姓名、工作证名称、工作证号码	在读者信息表中查询到读者的基本信息，作废旧借书卡号	打印并制作读者新的“借书卡”

第5项任务：列出系统的性能点列表，即性能模型。

“图书馆信息系统”的性能点列表，如表4-8所示。其中“系统响应”项，表示将来的目标系统所要做的工作。需要指出，性能列表不唯一，也没有标准答案。

表4-8 “图书馆信息系统”的性能点列表

编号	性能名称	使用部门	使用岗位	性能描述	输　入	系统响应	输　出
1	读者网上查询图书信息响应时间	网上读者	网上读者	查某本书信息短于1秒	图书名称/作者姓名	按照输入的组合条件，进行模糊查询	显示“图书名称、作者姓名、是否借出、内容简介”
2	后台查询读者信息响应时间	图书馆借阅部	借阅操作员	查某位读者信息短于1秒	读者姓名、编号	按照输入的组合条件，进行查询	显示“读者姓名、编号、身份证号、电话、借书信息、超期借书信息、罚款次数”
3	后台查询图书信息响应时间	图书馆借阅部	借阅操作员	查某本书信息短于1秒	图书名称/作者姓名	按照输入的组合条件，进行模糊查询	显示“图书名称、作者姓名、借阅情况、内容简介”

第6项任务：列出目标系统的接口列表，即接口模型。

“图书馆信息系统”的接口点列表，如表4-9所示。需要指出，接口列表不唯一，也没有标准答案。

表4-9 “图书馆信息系统”的接口列表

编号	接口名称	接口规范	接口标准	入口参数	出口参数	传输速率
1	与财务系统接口	财务系统规定的接口规范	记账凭证与分录的具体格式	(1) 凭证记录参数：凭证编号、日期、单据张数、借方合计、贷方合计； (2) 分录记录参数：凭证编号、日期、借方、贷方、数量、单价、摘要	(1) 凭证记录格式：凭证编号、凭证状态、会计期间、凭证字号、日期、单据张数、审核、过账、制单、过账状态、借方合计、贷方合计； (2) 分录记录格式：分录编号、凭证编号、摘要、科目代码、结算号、结算日期、结算方式、借方、贷方、数量、单价	一张凭证一次处理传送

第7项任务：确定目标系统的运行环境，即环境模型。

运行环境包括：核心计算机及网络资源（系统软件、硬件和初始化数据）的配置计划、采购计划、安装调试进度、人员培训计划等内容。

请设计出“图书馆信息系统”的运行环境。

第8项任务：目标系统的界面约定，即界面模型。

界面设计的原则是：方便、简洁、美观、一致。整个目标系统的界面风格定义要统一，某些功能模块的特殊界面要说明。例如，

输入设备：键盘、鼠标、条码扫描器、扫描仪等；

输出设备：显示器、打印机、光盘刻录机、磁带机、音箱等；

显示风格：图形界面、字符界面、IE界面等；

显示方式：1024×768，640×480等；

输出格式：显示布局、打印格式等。

第9项任务：对目标系统的开发工期、费用、开发进度、系统风险等问题进行分析与评估。

对于一般企事业单位的信息系统需求分析，完成好上述任务，并与用户达成全面共识，通过评审，得到用户签字确认，就算成功了。

但是，上述任务不是教条，不能完全生搬硬套，而要根据具体问题具体分析，活学活用，举一反三。例如，对于特殊的系统，除了上述任务之外，可能还要增加其他任务，项目经理和系统分析师要严把关口，分析彻底、实事求是、灵活掌握。

如果通过需求分析之后，对将来要实现的目标系统，仍然感到心中无数、心里发慌，那么绝对不要签字确认，而要从头开始，重新进行需求获取。

作为特例，在本节的最后，简单介绍网络游戏软件需求分析的任务。

【例 4-1】 一款网络游戏软件项目的确立，是建立在各种各样的需求上的，这种需求往往来自大量玩家的实际需求，或者是出于公司自身发展和实力，其中大量玩家的实际需求最为重要。面对拥有不同知识和理解层面的游戏玩家，项目负责人（或者游戏制作人）对玩家需求的理解程度，在很大程度上决定了此类游戏项目开发的成败。因此，如何更好地了解、分析、明确玩家需求，并且能够准确、清晰地以文档的形式表达给项目开发成员，保证开发过程以满足玩家需求为目的，是游戏项目管理者需要面对的问题。

游戏需求分析相对来说比其他项目复杂，除了技术上的分析外，还要考虑市场方面的因素，对所有这些因素的分析，往往不是某一个专业工作人员可以胜任的。游戏属于内容产业，除涉及多个不同技术领域外，还涉及多个艺术领域，其复杂程度可想而知。

网络游戏《需求分析规格说明书》，至少应该包含以下内容：

（1）游戏背景、类型、基本功能。

（2）游戏玩家的主界面。

（3）游戏运行的软硬件环境。

（4）游戏系统机制的定义。

（5）游戏系统的创新特性。

（6）确定游戏运营维护的要求。

（7）确定游戏服务器架设和带宽要求。

（8）游戏总体风格及美术效果标准。

（9）游戏等级及技能、物品、任务、场景等的大概数量。

（10）开发管理及任务分配。

（11）各种游戏特殊效果及其数量。

（12）项目完成的时间及进度。

在网络游戏项目的需求分析中，主要由项目负责人来确定对玩家需求的理解程度，而玩家调查和市场调研等需求分析活动的目的，是帮助项目负责人加深对玩家需求的理解，以便于日后在项目开发过程中，作为开发成员的依据和借鉴。随着网络游戏投入的加大，精细的需求分析也越来越重要，一次成功的需求分析，不仅需要项目负责人甚至是玩家等所有项目相关人员的共同努力，还和公司的能力范围有一定关系。

4.3　需求分析的方法

总结前人需求分析的经验，系统分析师应对用户进行需求分析培训，用户应参加业务需求分析的全过程，向用户发放需求调查表格，召开需求调研会，深入到重点岗位了解需求，必要时参加实际的业务工作，边分析边整理文档，边征求修改意见，定期向用户中的操作层、管理层、决策层分别汇报，演示目标系统的流程、功能、性能、接口及界面的需求。

1．面向流程分析

需求分析是面向流程的，而流程是动态的、实时的。系统的功能、性能、接口、界面都是在流程中动态实时地反映出来。在所有的流程（物流、人流、资金流、信息流、单据流、报表流、数据流）中，数据流最重要，也最有代表性。因为在计算机网络系统内，一切流程都表现为数据流。所以，面向流程分析，实质上是面向数据流程分析或面向数据分析。计算机网络只认识数据，其他所有的信息必须转化为数据之后才能流动，所以面向流程分析本质上是面向数据流程分析。

需求分析的思路，是从用户的功能需求（系统需要做什么）出发，由系统的业务流程和数据流程导出系统的业务模型和功能模型，识别出系统的元数据和中间数据，为今后设计数据模型做好充分准备。同时，对系统的软、硬件环境配置、开发工期、费用、开发进度、培训、系统风险进行评估。

2．找出元数据

元数据的分析与识别，是需求分析的主要议题之一。

元数据是组织数据的数据，描述数据的数据，关于数据的数据。通俗地讲，元数据就是信息系统中实体名及其属性名的集合，或者说，就是基表的表名与字段名的集合。由此可见，所谓实体，就是一组相关元数据的集合。

元数据分析的出发点是业务模型和功能模型，落脚点是系统中的实体及其属性，是企事业单位的数据模型中的所有元素。

元数据蕴藏在信息系统的单据中，单据名称及其内部的数据项名称，一般就是元数据。

需求分析的技巧之一，是分析与识别元数据，而不是基础数据。

【例4-2】　在人力资源系统中，“员工的基本情况”是一个实体名，而员工的“编号、姓名、性别、年龄、学历、住址、电话、电子信箱、业务特长”等是属性名，这些名词统称为人事系统的元数据。而某一员工的具体信息，不是元数据，例如，“8008，张开，男，30岁，大学本科，北京王麻子胡同东一条8号，66268866，zhangk987@sina.com，软件开发”，则是被上述元数据所组织好的一条记录（该实体的一个实例），称为人事系统中的基础数据。

【例4-3】　商品出库单，是一个实体，单据中的数据项“品名、型号、规格、单价、数量、产地、出厂日期、出库日期、制单人、审核人、批准人”是该实体的属性名，它们都是元数据。而“海尔电视机，HE2000，29英寸，2500，100，青岛，2002/09/26，2002/10/12，张三，李四，王老五”就不是元数据，只是由元数据所组织好的一条记录（该实体的一个实例）。

3．找出中间数据

中间数据蕴藏在信息系统的输出报表中，报表名称及其内部的数据项名称，一般就是中间数据。

【例4-4】　人力资源系统中有一张统计报表，如表4-10所示。

表 4-10　人力资源系统统计报表

部门名称	员工人数	男性人数	本科以上人数	30 岁以下人数	…
市场部	25	16	21	23	
开发部	88	67	82	66	
销售部	35	32	31	19	

其中“部门名称，员工人数，男性人数，本科以上人数，30 岁以下人数，…”，这些名词称为中间数据，而“市场部，25，16，21，23”，这些数据称为统计数据。

中间数据是组织统计数据的数据，描述统计数据的数据，关于统计数据的数据。

需求分析的技巧之二，是分析与识别中间数据，而不是统计数据。

4．找出元数据与中间数据之间的关系

元数据对应原始单据，中间数据对应查询、统计、报表。元数据将原始单据中录入的数据组织起来变成基表中的记录，这些记录称为基础数据。中间数据将统计报表中输出的数据组织起来变成中间表中的记录，这些记录称为统计数据。

那么读者会问：“它们两者之间是否有关系？有什么关系？”回答是：“有关系，是一种因果关系。”

中间表中的记录是由基表中的记录派生（推导、加工、处理）出来的，为了叙述简单，我们说“中间数据是由元数据派生出来的”，这种派生就是算法分析，也叫数据处理。

在需求分析中，弄清由元数据到中间数据之间的演变关系，对需求分析的成败至关重要，系统分析师和项目经理不能粗心大意！这是需求分析的技巧之三。

5．找出单据中的流程

需求分析的技巧之四，是找出单据中的流程。单据中有如下三个流程。

（1）该单据的上游是什么？例如，若要录入“单据 2”，必须先录入“单据 1”，否则“单据 2”就录入不进去。那么“单据 1”就是“单据 2”的上游。

【例 4-5】　在人力资源系统中，“个人简历”和“员工基本情况”都是一个单据（实体），“个人简历”的上游是“员工基本情况”，只有先录入“员工基本情况”，“个人简历”才能录入。在信息系统中，一般都要先录入父表（主表）中的记录，然后再录入子表（又称明细表）中的记录。

（2）同一个单据内部的数据项之间，也存在一个先后次序问题。

【例 4-6】　家电出库单中的数据项“制单人、审核人、批准人”之间的录入次序，也有一个先后问题。制单人必须第一个录入，审核人必须是第二个确认，批准人只能是第三个确认。而且企业的业务规则规定：只有批准人确认之后，该单据才能生效，电视机才能出库，信息系统才能向后台数据库服务器提交这条记录。否则，仓库中的家电早就丢光了。

（3）该单据的下游是什么？是录入“单据 3”呢？还是打印“报表 A”呢？还是当日单据汇总处理呢？这个问题，也要明确。否则，操作员就可能误操作。

6．三种需求分析方法

业界存在三种需求分析方法：面向功能分析、面向对象分析、面向数据分析。

面向功能分析，是最早的分析方法，它是将软件需求当成一棵倒置的功能树，树根在上，

树枝与树叶在下，每个节点都是一项具体的功能，从上到下，功能由粗到细，树根是总功能，树枝是分功能，树叶是细功能，整棵树就是一个信息系统的全部功能树。功能分析体现了“自顶向下、逐步求精”的思想，适合于“结构化分析、结构化设计、结构化编程、结构化测试、结构化组装、结构化维护”的传统式软件工程思想。

面向对象分析，实质上是面向类分析，它也从系统的基本功能入手，或从与系统有关的人和事入手，将所有的功能需求找出来，然后将每项功能对应一个对象集（类），分析每个对象集的属性、方法及包装方式，最后归并相同对象集，删除冗余属性，用类及类之间的关联来表示用户的所有需求。CASE 工具 Rational Rose 用 Use Case（称为“用例”，表示与系统有关的人、设备或外部子系统的一组交互动作序列）来进行需求分析，所有的 Use Case 集合，就是系统的需求。

面向数据分析，是面向元数据和中间数据分析，只要将这两类数据及其之间的关系分析透了，对开发者来说，主要目的就达到了。

三种需求分析方法的对比，如表 4-11 所示。

表 4-11　三种需求分析方法对比表

需求分析方法名称	目　　的	点　　评	适 用 范 围
面向功能分析	为了获得功能模型	简单明了	系统软件和应用软件
面向对象分析	为了获得对象模型	复杂抽象	系统软件和应用软件
面向数据分析	为了获得数据模型	抓住本质	以关系数据库为平台的信息系统

以上三种需求分析方法，各自适用于不同的目标系统。但是，三种分析方法都离不开面向流程分析这条总线：功能、对象、数据都是在流程中产生的，又都是为流程服务的。

7．分析与设计要同时考虑

无论采用哪一种分析方法，系统分析师既要弄清目标系统是什么，又要为目标系统设计做充分准备。那种认为只要考虑目标系统是什么，不要考虑目标系统怎么做的需求分析观点，是片面、表面化、过时和不可取的。有经验的系统分析师，常常是一边搞需求分析，一边思考今后怎么设计实现。一旦发现设计实现中会出现问题，立即进一步需求分析。这是因为：许多问题在分析“目标系统是什么”时发现不了，只有考虑“目标系统怎么做”时才能暴露和发现更多的问题。一些系统由于多次需求分析不到位，甚至在设计或编码时被卡住，不得不回头再做需求分析，就是缺乏分析与设计的同步考虑。

这又是需求分析的一大技巧，既是有经验的系统分析师与无经验的系统分析员之间的差异，又是迭代模型思想在需求分析中的表现。

8．需求分析的艺术

需求分析还有许多艺术，作为系统分析师（分析员），要在实践中不断提高自己，增长才干，修炼自身，形成独特的分析艺术。下面介绍常用的几项艺术。

（1）软件分析师可以通过原型系统来表达对软件需求的理解，从中获取新需求。原型系统的好处是，使软件分析师更容易表述对软件需求的假设。例如，创建一个原型界面进行实际的操作，比用文字表达更加直观。但原型系统也存在一些风险，客户很容易被表面的东西或原型中的错误所吸引，而没有关注和把握实质的功能。建立原型需要花费一定的时间和精力，如果利用得好，可以带来很好的效果。

（2）需求分析是“双打”项目。体育运动有个人项目、双人项目和集体项目之分，如乒乓球和羽毛球有单打、双打、团体比赛。两个单打冠军组合在一起，不一定能配合默契，不一定能得双打冠军。一个单打冠军和一个外行组合在一起，肯定拿不到双打冠军。需求分析也是这样，它是一个双打项目，由系统分析师和用户配对进行双打，而且用户不懂得需求分析方法。怎么办？在需求分析之初，要对用户进行通俗易懂、深入浅出的需求分析方法培训和引导。培训的内容是：需求分析的重要性、双方配合的重要性、需要调查的项目、哪些用户参加、调查表的填法和调查会的开法。

（3）宏观上和微观上都要以流程为主。宏观上的流程，由企事业单位懂业务的中高层领导介绍。微观上的流程，由企事业单位懂业务的基层人员说明。

（4）不能偏听偏信。同一个业务流程，要有两个以上的懂业务的人员介绍，而且要经得起推敲，要经过优化过滤处理，要被业务主管确认。

（5）需求金字塔。企事业单位是个金字塔结构，上面小，下面大，需求也是个金字塔结构。决策层提出宏观上的统计、查询、决策需求，管理层提出业务管理和作业控制需求，操作层提出录入、修改、提交、处理、打印、界面、传输、通信、时间与速度等方面的操作需求。

（6）汇报两三次。在需求分析中，一般要向用户进行二三次汇报，公开征求决策层、管理层和操作层的意见。每次汇报由一个人主讲，其他人补充。在汇报之前，先在项目组内部演示一次，即彩排一次，以提高汇报的质量。

（7）要与用户交朋友。要记住用户的姓名、职务、职称、特长、爱好、脾气、特点。要交心谈心，要讲信誉，要尊重人，要诚恳待人。

9．提取需求技术

对信息化存在抵触情绪的人，在用户单位中常常存在。对于这种情况，就需要系统分析师洞察秋毫，捕获各种潜在的需求。在提取需求过程中，即使用户能够明确表达，系统分析师也应采取主动方式与客户进行交流。

常用的需求提取技术如下：

（1）会谈。这是最常见的方式。在与用户的会谈过程中，系统分析师应积极进行引导，使用户能谈出他们的需求。在项目初期，为确保需求的广泛性，出资方、项目经理、直接用户、开发人员都应参加。为保证会议的效率和效果，应事先做好准备并做好会议记录。

（2）场景。系统分析师为每个用户任务设计一个场景，以提问的方式提取需求。场景通常以用例图来表示。

（3）原型。用户有时在原型系统中更容易表达自己的需求。原型技术有很多，从界面示意图到快速搭建的原型系统。

（4）实地观察。系统分析师到实际的用户现场去，体验和观察用户的实际工作，了解用户如何利用软件和其他人协作完成某项任务。这种方式花费的代价较高，但对于理解一些复杂细致的业务流程比较有效。

10．提取对象、属性和方法的技术

在面向对象的需求分析中，如何提取对象（准确地说是对象集或类）呢？或者说，对象在哪里？属性在哪里？方法在哪里？

回答是：因为“对象”是“名词或名词短语”，所以要到需求分析的重要名词或名词短语集合中去发现有用的“对象”；因为“属性”是“形容词或服务性名词”，所以要到需求分析

的主要形容词集合或服务性名词集合中去发现对象的“属性”；因为“方法”是“动词”，所以要到需求分析的主要动词中去发现“方法”。

4.4 需求描述工具

4.4.1 描述工具概述

需求分析的一个重要的工作，就是建立问题域概念模型。建立概念模型是为了帮助我们更好地理解问题域，而不是提供一个初始的解决方案。概念模型由来自问题域的实体组成，反映它们在现实世界中的各种关系。

需求分析描述工具由文字叙述与图表说明两部分组成，图形与表格属于一种世界性的技术语言，建议在需求分析文档中多用图表语言，少用自然语言。

需求分析中的概念模型，是站在用户的立场上，开发者用一些软件工具来表述用户对目标系统的功能、性能、接口和界面的需求。这些工具包括用例图、数据流图、状态模型图、用户交互图、对象模型图、实体关系图（E-R 图），以及功能需求列表、性能需求列表、接口需求列表、界面需求列表等。

需求分析选择哪种软件描述工具，不仅决定于项目组采用何种软件开发方法，而且取决于问题域的本质特征。例如，面向过程的方法，一般采用数据流图、加工说明、数据字典来描述需求；面向元数据的方法，一般采用实体关系图来描述需求；面向对象的方法，一般采用 UML 语言来描述需求；对于实时系统，它对数据流图和状态模型图的要求高；而对管理信息系统，它对实体关系图的要求高；对于 Windows 图形界面下的网站开发与网络游戏制作，它对 UML 语言中的有关图形要求高。

关于功能需求列表、性能需求列表、接口需求列表、界面需求列表和“直式业务流程图”，在前面的 4.2 节“需求分析的任务”中，已经做过介绍，在此不再赘述。

下面介绍的需求分析描述工具包括：

- 实体关系图。
- 数据流图。
- 用例图。
- 活动图。

4.4.2 面向元数据的需求描述工具

实体关系图又叫实体–联系图、E-R 图或实体–联系模型。它是在调查和分析用户的需求之后，把用户对数据和加工的需求用实体联系模型表达出来，明确描述应用系统的概念结构模型。构造 E-R 模型，要分析与确定应用系统中的实体集、实体之间的联系及实体或联系的属性等要素。对于较复杂的系统，通常要先画出单个用户的分 E-R 图，然后将各分 E-R 图集合成总 E-R 图，并对总 E-R 图进行优化，去掉冗余的属性和联系等，得到整个应用系统的概念结构模型。

概念结构设计是运用“实体–联系”分析方法和 E-R 图，在调查用户需求的基础上，分析、归纳、整理、表达和优化现实世界中的数据及其联系，建立能反映用户的信息需求的概念数据库模型。其实质是分析和梳理现实中的数据及其数据联系，为数据库设计打好基础。

图 4-5 表示“图书馆信息系统”的实体–联系模型。图中的主要实体是“图书”和“读者”，这两个实体之间的关系是“图书借阅”和“图书归还”，因为一个复杂关系也是一个实体，所以用“图书借阅”和“图书归还”这两个实体来表示这两个复杂关系。另外，极少数读者可能有违规行为，所以需要增设一个“罚款”实体，用它保存罚款记录。由于图书馆的图书来自于对外的采购，每一次采购都要有订购单，而且一张订购单上可以同时订购一个出版社的多种图书，所以要用“订购单头”和“订购单明细”两个实体来描述。上述 7 个实体，就构成了“图书馆信息系统”的实体–联系模型。至于每个实体的具体属性，在需求分析中要仔细确定。这里不再详述，留给读者思考。

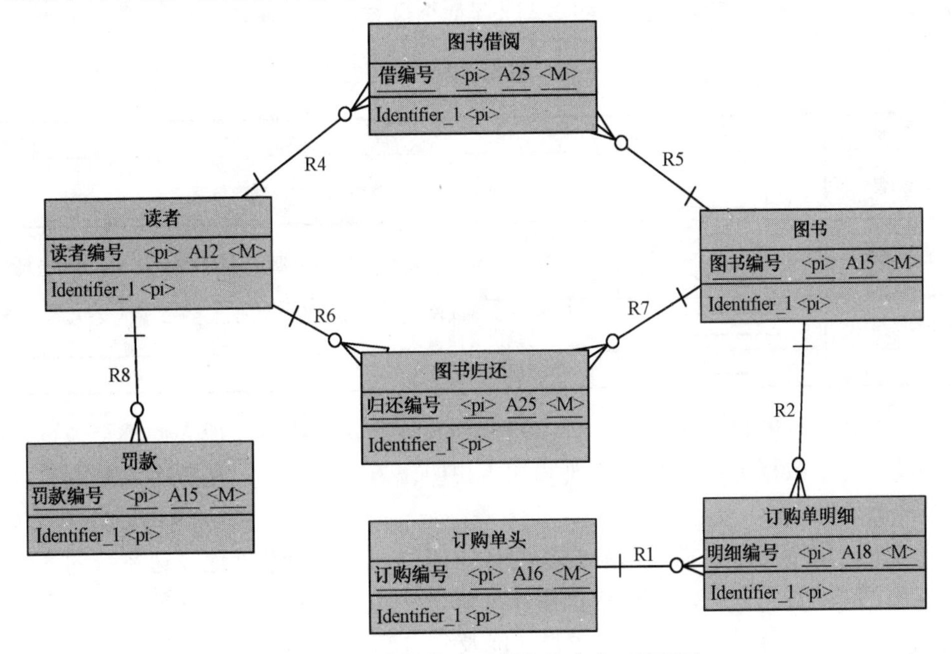

图 4-5 “图书馆信息系统”的实体–联系图

需要指出的是，不同的系统分析师，对于同一个“图书馆信息系统”，所设计出来的实体–联系图可能大同小异，也可能各不相同。因为对于同一个信息系统，实体–联系图不存在唯一的标准答案。实体–联系模型既是表达用户需求的工具，又是数据库概念设计的工具。在需求分析中，它称为实体–联系模型；在数据库设计中，它称为概念数据模型 CDM。

实体–联系模型的每个实体、每个属性、每个关系、每个操作方法，都要用数据字典详尽定义。

4.4.3 面向过程的需求描述工具

面向过程的分析方法也称为结构化分析，它采用“自顶向下，由外到内，逐层分解”的分析思想，即将一个复杂的系统逐层分解成许多简单的基本加工环节，当信息“流”过系统时，被系统进行加工变换。

面向过程的分析方法常用的需求建模工具有：数据流图 DFD（Data Flow Diagram），表示数据的流向及对数据的加工处理；数据字典 DD（Data Dictionary），定义 DFD 图中的各种条目，如信息源、信息潭、加工、文件、数据流连线。

1. 数据流图 DFD

在结构化分析方法中，先画出的顶层数据流图，它高度抽象地反映了系统的全貌，准确地描述了系统与外界的数据联系和系统的范围。再逐层画出底层数据流图，具体地描述上层系统的细节。此外，还需要使用加工说明，具体描述每个加工的处理过程和方法；用数据字典说明每个数据流的组成、每个数据文件的内容以及每个数据项的定义等。加工说明、数据字典作为辅助手段，共同给出了数据流图中每个元素的精确定义。

数据流图的描述符号主要有 4 种：数据源或数据潭、数据加工或处理包、输入/输出文件、数据流连线，如表 4-12 所示。灵活采用这四种基本符号，就能画出不同层次的数据流图。

表 4-12　数据流图的符号说明

符号名称	图　例	说　明
信息源或数据潭	（矩形）	表示信息源或信息潭，即数据流的起点或终点
数据加工或处理包	（椭圆）	表示对流到此处的数据进行加工或处理，即对数据进行算法分析与科学计算
输入/输出文件	（双横线）	表示输入文件或输出文件，说明加工或处理之前的输入文件，记录加工或处理之后的输出文件
数据流连线	→	表示数据流的流动方向

结构化设计方法的设计思想，符合由抽象到具体的思维特点，使人们不至被过多的细节问题所淹没。有了数据流图、数据字典和加工说明作为表达工具，使整个系统既可总括又可具体地被准确理解。

数据流图运用图形方式描述系统内部的数据流程，形象而准确地表达系统的各处理环节以及各环节之间的数据联系，是结构化系统分析方法的主要表达工具。数据流图运用加工、文件、数据流线等图形来反映系统的逻辑功能及其内部的数据联系。

信息系统的数据流图有两种典型结构：变换型结构和事务型结构。对这两种结构的数据流图，结构化系统设计方法提出了变换分析和事务分析两种导出初始模块结构图的基本方法。若要了解详细情况，请读者在网上搜索或参阅其他软件工程书籍。

数据流图中的每一个基本加工，是不需再进一步分解的加工，都必须有一个加工说明，对其他加工则不必都做出说明。因为基本加工及加工之间的数据说明清楚了，那么其父图中的对应加工也就清楚了。

根据 DFD 的分解情况逐层画出 DFD，在画每张 DFD 时，应该遵循下述准则：

（1）将所有的输入/输出数据流用一连串加工连接起来。一般可以从输入端开始，逐步到输出端。

（2）应集中精力找出数据流。如发现有一组数据，且用户将其作为一个整体来处理时，则把这组数据作为一个输入流，否则应视为不同的数据流。

（3）在找到数据流后，标识该数据流，然后分析该数据流的组成成分及来去方向，并将其与加工连接。在加工被标识后，再继续寻找其他的数据流。

（4）当加工需要用到共享和暂存数据时，设置文件及其标识。

（5）分析加工的内部，如果加工还比较抽象或其内部还有数据流，则需将该加工进一步分解，直至到达底层图。

（6）为所有的数据流命名，为所有加工命名编号。编号的方法如下：对于子图的图号，通常是父图中相应被分解加工的编号，加工编号=图号+小数点+局部顺序号。

（7）由于顶层 DFD（0 层图）只有一张，只有一个加工，该加工不用编号。加工编号应从第一层开始，顺序编号为 1，2，3，…

在画 DFD 时还应注意如下情况：

（1）画图时只考虑如何描述实际情况，不要急于考虑系统应如何启动，如何工作，如何结束等与时间序列相关的问题。

（2）画图时可暂不考虑一些例外情况，如出错处理等。

（3）画图的过程是一个重复的过程，一次性成功的可能性较小，需要不断地修改和完善。为便于理解。

自然语言具有表达内容丰富、灵活与方便等优点，但用于描述加工又容易有不够简洁、界限不清、意义模糊等缺点，因此不适宜直接用于描述加工说明；用形式语言来描述，虽然表达精确简练，但专业性强，不易被用户理解。所以，加工说明常常用结构化语言、判定树和判定表来描述。

结构化语言是介于自然语言和形式语言之间的一种半形式语言，即将自然语言加上结构化的形式就成了结构化语言，专门用来描述加工逻辑。所以，它既有自然语言灵活性强与表达丰富的特点，又有结构化程序的清晰易读和精确的特点。该方法表达简洁、结构严密并不拘于形式，一般用户都能理解。

如果加工中某个动作的执行与多个条件有关，那么就会有比较复杂的判断逻辑，用结构化语言表达，常常会因嵌套判断过多，阅读时不能一目了然，此时采用图形工具表达会更直观形象，更易被用户理解，判断树就是这样一种工具。判定表也叫决策表，是用图表形式描述复杂加工逻辑的表达工具。其优点是当条件比较多时，它能把所有的条件组合起来一个不漏地表达出来，逻辑严密。

总体上来说，当加工中既包含顺序执行的动作，又包含判断或循环逻辑时，使用结构化语言最好；当一个不太复杂的判断逻辑，或判断很复杂但用于与用户讨论时，使用判断树最好；当复杂的判断逻辑，条件多、条件组合与判断结果也多时，使用判定表最好。也可以交叉使用，互为补充，以充分发挥各自的长处。目的只有一个：表达简洁、精确、清晰、可读性强和容易理解。

2．数据字典 DD

DFD 虽然描述了数据在系统中的流向和加工的分解，但不能体现数据流和加工的具体含义。数据字典是描述数据的具体含义和加工的说明。由数据字典和加工可构成软件系统的逻辑模型（或需求模型）。因此，只有把 DFD 和 DFD 中每个元素的精确定义放到一起，才更有助于理解和分解。

数据字典 DD，由 DFD 中所有元素的“严格定义”组成。其作用是为 DFD 中出现的每个元素提供详细的说明，即 DFD 中出现的每个数据流名、文件名和加工名都在数据字典中有一个条目定义其相应的含义。当需要查看 DFD 中某个元素的含义时，可借助数据字典。数据字典中的条目类型如下。

（1）数据流条目，用于定义数据流。

在数据流条目中主要说明由哪些数据项组成数据流，数据流的定义也采用简单的形式符号方式，如“=”、“+”、“|”和{ x }等。例如，订票单可定义如下：

订票单=顾客信息+订票日期+出发日期+航班号+目的地+…

对于复杂的数据流，可采用“自顶向下，逐步细化”的方式定义数据项。如数据流“订票单”中的数据项“顾客信息”可细化为

顾客信息= 姓名+性别+身份证号+联系电话

当数据项由多个更小的数据元素组成时，可利用集合符号“{ }”说明，例如，“培训中心管理信息系统”中的“选修课程”数据流可以说明如下：

选修课程=课程表+教师+教材

课程表= {课程名+星期几+上课时间+教室}

教师={主讲教师名+辅导教师名}

此外，当某些数据项是几个不同的数据流的公用数据项时，可将它们列为专门的数据项条目，例如，教室=101102……，航班号=Mu712Mu814……

显然，在数据字典中还有其他符号来说明数据流和数据项的组成，但在使用时需说明这些符号的确切含义，以免产生不必要的麻烦。

（2）文件条目，用于定义文件。

文件条目除说明组成文件的所有数据项（与数据流的说明相同）外，还可说明文件的组成方式，例如：

航班表文件= { 航班号+出发地+目的地+时间}

组成方式= 按航班号大小号排列

（3）加工条目，用于说明加工环节。

加工条目主要描述加工的处理逻辑或“做什么”，即加工的输入数据流如何变换为输出数据流，以及在变换过程中所涉及的一些其他内容，如读写文件、执行的条件、执行效率要求、内部出错处理要求等。加工条目并不描述具体的处理过程，但可以按处理的顺序描述加工应完成的功能，而且描述加工的手段，通常使用自然语言或者结构化的人工语言，或者使用判定表或判定树的形式。当然，描述手段也可使用形式语言，但这有较大的难度。加工条目的编号与加工编号一致。

由于数据流图 DFD 及其数据字典 DD，是需求分析中的早期工具，时至今天，除了在面向过程的实时控制系统中还采用外，其他领域已很少采用了。

4.4.4 面向对象的需求描述工具

面向对象需求分析的描述工具，主要有统一建模语言 UML 中的用例图和类图，其次还有顺序图和活动图等。

1. 用例图

在统一建模语言 UML 中，用例图有时又称 Use Case 图。它用于定义系统的行为，展

示角色（系统的外部实体，即参入者）与用例（系统执行的服务）之间的相互作用。用例图是需求和系统行为设计的高层模型，它以图形化的方式描述外部实体对系统功能的感知。用例图从用户的角度来组织需求，每个用例描述一个特定的任务，图例符号说明如表 4-13 所示。

表 4-13　用例图符号说明

名　称	图　例	说　明
角色 actor	角色名称	代表与系统交互的实体。角色可以是用户、其他系统或者硬件设备。在用例图中用小人表示。图 4-6 和图 4-7 中“图书管理员”、“读者”和“系统管理员”是与系统进行交互的角色
用例 use case	用例名称	定义系统执行的一系列活动，产生一个对特定角色可观测的结果。在用例图中，用例以椭圆表示。“一系列的活动”可以是系统执行的功能、数学计算，或其他产生一个结果的内部过程。活动是原子性的，即要么完整地执行，要么全不执行。活动的原子性可以决定用例的粒度。用例必须向角色提供反馈。图 4-6 和图 4-7 中“用户管理”、“图书管理”、“借还登记”等表示用例
关联 association	——————	表示用户和用例之间的交互关系。用实线表示
依赖 dependence	<<原型>>	用例与用例之间的依赖关系。用带箭头的虚线表示。用例之间的依赖关系，可以用原型进行语义扩展，如<<include>>、<<access>>等

用例模型可以在不同层次上建立，从而具有不同的粒度。图 4-6 是“图书馆信息系统”的顶层用例图，可根据需要进行分解。图 4-7 是“图书馆信息系统”对“借还登记”用例进行分解的底层用例图。

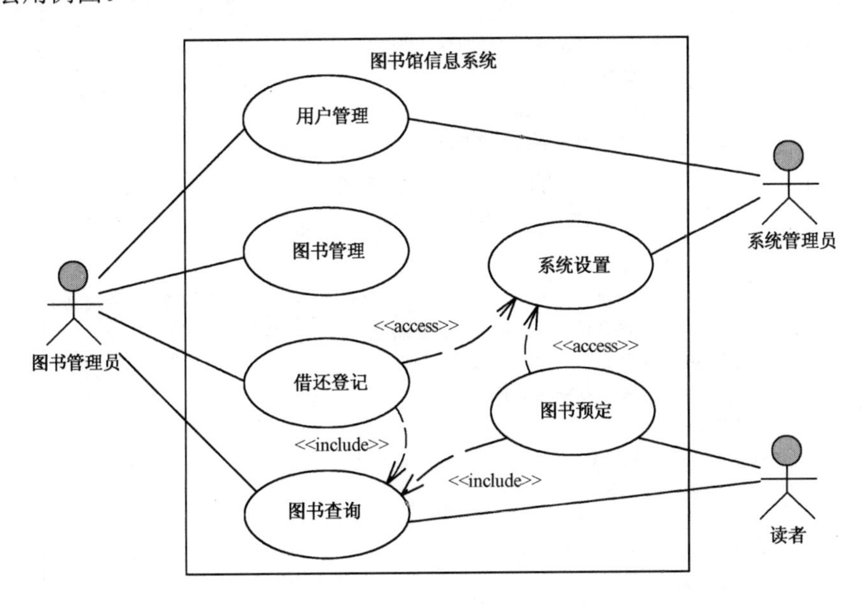

图 4-6　“图书馆信息系统”的顶层用例图

用例模型除了绘制用例图外，还要对用例进行描述。用例描述可以是文字性的，或用活动图说明。文字性的用例描述模板如图 4-8 所示。以“借书登记”为例，其具体的用例描述，如图 4-9 所示。

图 4-10 是“网上书城”系统主要用例图示例。

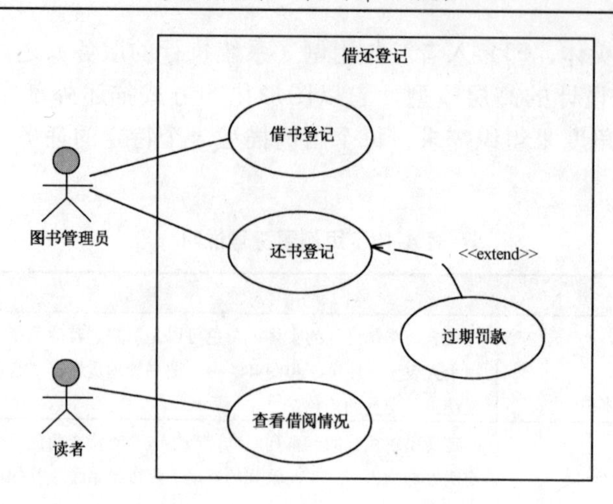

图 4-7 “图书馆信息系统”的“借还登记”用例图

用例编号：（用例编号）
用例名称：（用例名称）
用例描述：（用例描述）
前置条件：（描述用例执行前必须满足的条件）
后置条件：（描述用例执行结束后将执行的内容）
活动步骤：（描述常规条件下，系统执行的步骤）
1. 步骤 1…
2. 步骤 2…
3. 步骤 3…
…
扩展点：（描述其他情况下，系统执行的步骤）
　　2a. 扩展步骤 2a…
　　　　2a1. 扩展步骤 2a1…
异常处理：（描述在异常情况下可能出现的场景）

图 4-8　用例描述模板

用例编号：3.1
用例名称：借书登记
用例描述：图书管理员对读者借阅的图书进行登记。读者借阅图书的数量不能超过规定的数量。如果读者有过期未还的图书，不能借阅新图书。
前置条件：读者请求借阅登记。
后置条件：读者取得借阅的图书。
活动步骤：
1. 读者请求借阅图书。
2. 检查读者的状态。
3. 检查图书的状态。
4. 标记图书为借出状态。
5. 读者获取图书。
扩展点：
　　2a. 如果用户借阅数量超过规定数量，或者有逾期未还的图书，则用例终止。
　　3a. 如果借阅的图书不存在，则用例终止。
异常处理：
　　无

图 4-9 “借书登记”用例描述示例

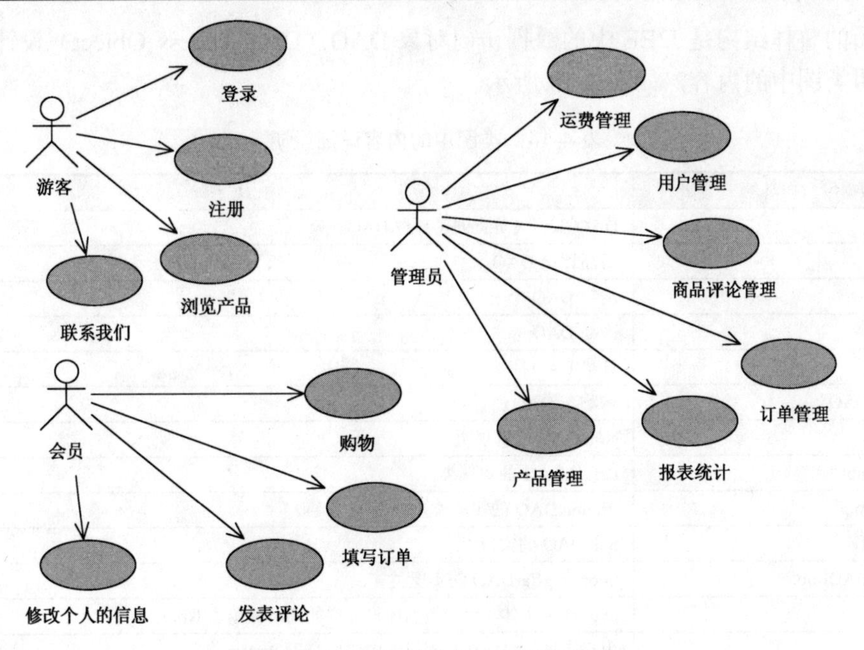

图 4-10 “网上书城”的主要用例图

2. 类图

由用例图 4-10 可以画出类图，如图 4-11 所示。类图描述系统的静态结构。

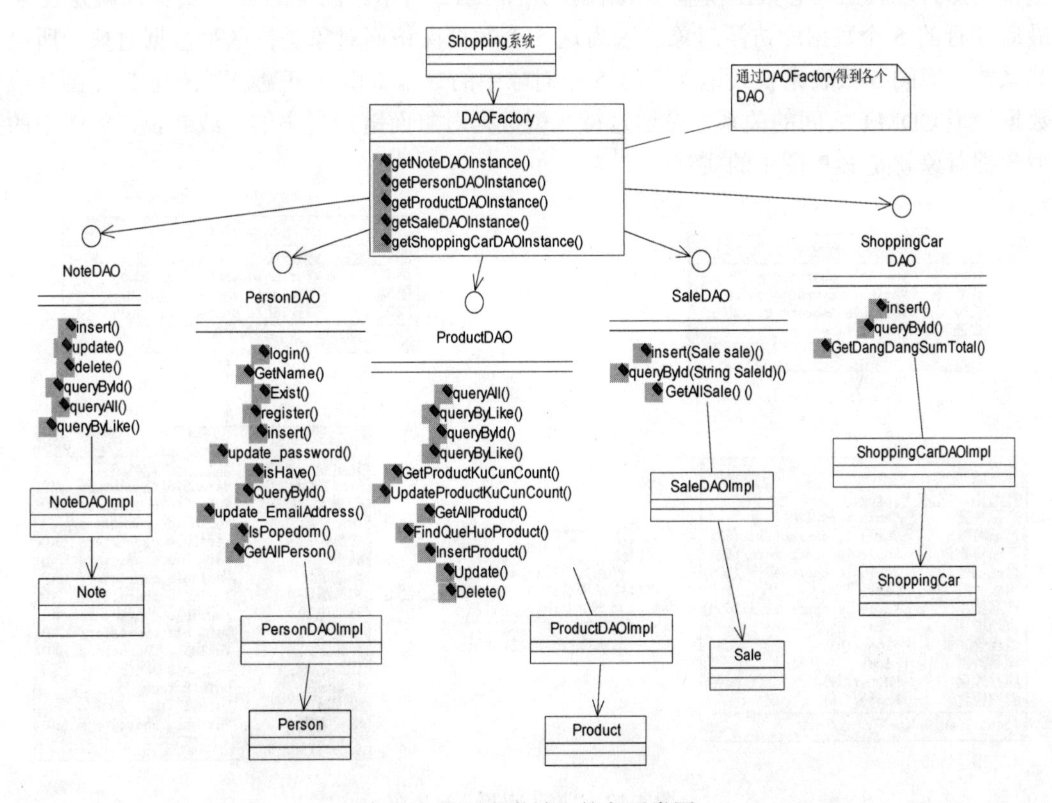

图 4-11 “网上书城”的主要类图

该类图的整体结构是 J2EE 中的数据访问对象 DAO（Data Access Object）设计模式。下面详细说明类图中的内容，如表 4-14 所示。

表 4-14　类图中的内容详细说明

数据库数据对象	详 细 说 明
DAOFactory	DAO 工厂（负责创建各种 DAO）
NoteDAO	商品评论 DAO
PersonDAO	用户 DAO
ProductDAO	产品 DAO
SaleDAO	订单 DAO
ShoppingCarDAO	购物车 DAO
NoteDAOImpl	NoteDAO 的实现类
PersonDAOImpl	PersonDAO 的实现类
ProductDAOImpl	ProductDAO 的实现类
SaleDAOImpl	SaleDAO 的实现类
ShoppingCarDAOImpl	ShoppingCarDAO 的实现类
Note	商品评论实体，对应数据库设计中的商品评论表 Note
Person	用户实体，对应数据库设计中的用户表 Person
Product	产品实体，对应数据库设计中的产品表 Product
Sale	订单实体，对应数据库设计中的订单表 Sale
ShoppingCar	订单明细实体，对应数据库设计中的订单明细表 ShoppingCar

由类图可以画出概念数据模型 E-R 图，如图 4-12 所示。图中的 5 个实体，就是表 4-14 中最后 5 行的 5 个数据库访问对象。因为这 5 个数据库访问对象是持久型数据对象，所以要用关系数据库的 5 张表来长久地保存这 5 个对象中的数据。由此可见，类图与 E-R 图（或概念数据模型 CDM）之间的关系，是通过持久型数据对象而链接起来的。或者说，类图中的持久型数据对象就是 E-R 图中的实体。

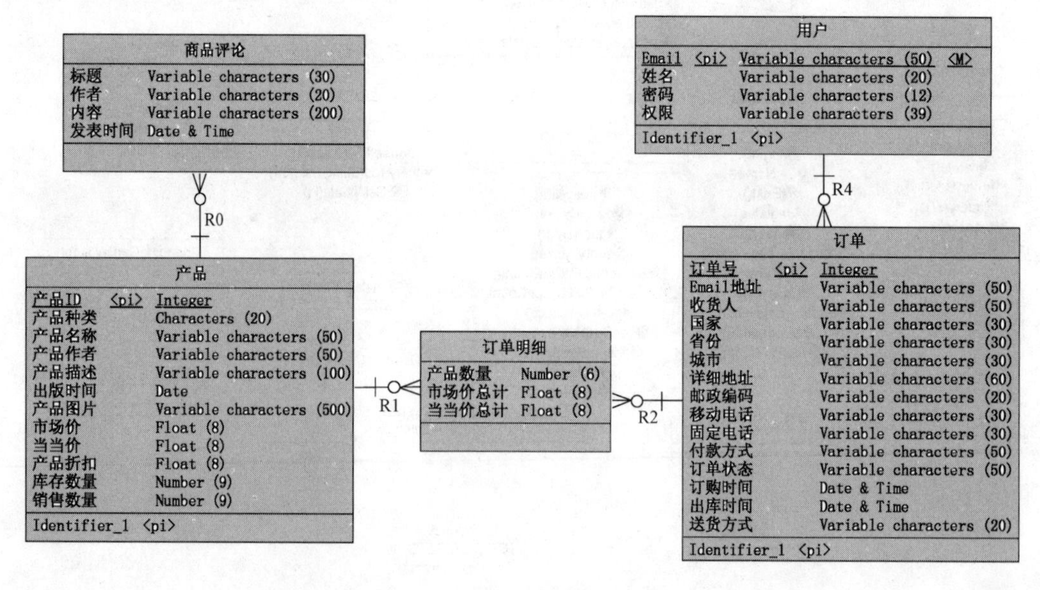

图 4-12 “网上书城”E-R 图

数据库设计的关键技术，是建立“网上书城”的概念数据模型 CDM，即 E-R 图。在该图中，我们特别要关注“产品”实体与“订单”实体之间的多对多关系，以及这个多对多关系又是怎么样通过“订单明细”这个强实体插足而解决的。

为了全面而准确地说明用户需求，有时还需要利用顺序图和活动图。顺序图又叫时序图，它用于显示对象之间发送的消息的时间顺序。活动图用于描述系统行为。在需求阶段，可以配合用例图说明复杂的交互过程。

UML 中还有一些视图及规则，也可以用在需求分析中。如果读者感兴趣，可以参考 UML 的其他专著。

4.5　需求过程管理

1. 需求过程管理的任务与内容

需求过程管理的中心任务，是保证软件项目或产品满足客户在软件功能、性能、接口三方面的需求。

在开发过程中，经常会碰到客户不明确的需求及频繁的需求变更，正确地对待并处理这种情况，可以保证软件产品在预计的进度和成本范围内提交。需求过程管理的目标，是管理和控制需求，维护软件计划、产品和活动与需求的一致性，并保证需求在软件项目中得到实现。

按照“五个面向理论”，软件管理是面向过程的。需求过程管理是面向需求过程的，需求过程管理主要包括需求确认、需求评审、需求跟踪和需求变更活动。

软件开发始于需求确认。需求过程管理要求指定明确的负责人，负责与客户协商并确认需求。协商与确认客户的需求，包括确认技术需求、非技术需求及编制需求跟踪矩阵。

（1）非技术需求，一般在协议、条件和合同条款中描述，包括提交的产品、提交的日期和里程碑等内容。

（2）技术需求，描述系统的软件功能、性能、接口、设计约束、编程语言和界面需求等多方面内容。

（3）需求跟踪矩阵，是在充分了解技术需求的基础上编制的。建立需求跟踪矩阵，可以使项目经理能够跟踪每一项需求的实现状态。

在需求被纳入到软件项目之前，要求软件工程组评审需求。一般情况下，客户会参与项目需求的评审。评审的对象是需求确认的结果，包括技术需求文档、非技术需求文档和需求跟踪矩阵。评审的主要目的在于：

（1）确定分配的软件功能、性能、接口需求，用软件来实现是可行的、适当的。

（2）软件功能、性能、接口需求被清晰、正确地描述。

（3）软件功能、性能、接口需求是一致、相互不矛盾的。

（4）软件功能、性能、接口需求是可测试的。

评审的结束，标志着与客户协商确认需求过程的结束。通过高级管理者批准的需求文档，应置于软件基线库中，进行配置管理和控制，同时已批准的需求，作为软件项目策划的主要输入，要纳入到软件项目之中。

需求跟踪是需求过程管理的一项重要内容。它的主要内容是跟踪不符合项的改正情况。

其主要意义是，获得需求目前的实现状态，确保用户所有的需求都得到满足。可靠的跟踪信息可为需求变更、系统维护、关键成员离开、系统再设计和类似系统设计等很多方面提供参考和指导，并可以减少风险，提高项目成功率。表4-15就是一个简单易行的"需求跟踪矩阵"示例。

表4-15　"需求跟踪矩阵"示例

用户需求点	测试用例	用例执行状态	概要设计	详细设计	程序代码	单元测试	集成测试	用户验收
功能需求1	已产生	已执行	已覆盖	已覆盖	已覆盖	已通过	已通过	
功能需求2	已产生	已执行	已覆盖	已覆盖	已覆盖	已通过	未通过	
……	……	……	……	……	……	……	……	
性能需求1	已产生	已执行	已覆盖	已覆盖	已覆盖	已通过	未通过	
性能需求2	已产生	……	……	……	……	……	……	
……	……	……	……	……	……	……	……	
接口需求1	已产生	已执行	已覆盖	已覆盖	已覆盖	已通过	未通过	
接口需求2	已产生	……	……	……	……	……	……	
……	……	……	……	……	……	……	……	

需求跟踪用于追溯需求来源，预测需求的影响。当需求发生变化时，需求跟踪是分析影响的根据。需求应能向后追溯到它的发起人，或原始的系统需求；向前追溯到实现它的部件和实体。

需求跟踪是一件很烦琐的事情，可以用很多工具实现，上面提到的"需求跟踪矩阵"就是一种简单的需求跟踪工具。

一般来讲，国际项目的客户比较成熟，但是在项目进行过程中依旧会发生需求变更，这会引起计划及其他软件工作产品的变更。实施CMMI的项目，都是遵照软件组织规定的变更流程进行需求变更。需求变更的过程需要跟踪，同样对变更的需求也要进行跟踪。

2．对需求文档进行同行评审

需求文档经过确认和验证后才能生效。经过需求确认，保证需求文档是可理解的、一致的和完整的。不同的涉众，包括客户、同行专家和开发人员，应对文档进行评审和确认。

最常见的验证方式是需求评审。邀请相关的评审人员阅读需求文档，找出其中的错误、不正确的假设、表达不清的地方，以及与标准不符的地方。评审成员应包括客户代表，最好为他们提供一份调查表，提示他们做哪些方面的检查。

需求评审检查的项目包括：

（1）需求是否描述清楚，不存在歧义。

（2）需求是否是可量化的、可验证的。

（3）需求间是否存在冲突，以及它们之间的依赖关系。

（4）非功能性需求是否明确、合理。

（4）需求是否注明来源。

（5）每个需求是否分配了唯一的标识。

提倡同行评审（Peer Reviews），而不是专家鉴定。需求文档产生后，一定要进行同行评审。若未获得通过，则要列出"不符合项（Noncompliance Items）"，并进行跟踪监督。

同行评审，是软件工作产品验证的活动，其目的是为了及早和高效地从软件产品中识别并消除缺陷。与技术鉴定不同，同行评审的对象一般是部分软件产品，其重点在于发现软件产品中的缺陷。

所谓同行，是指在软件企业内部，与生产者在被评审的软件产品上有相同的开发经验和知识的人员。一般来讲，不建议管理者作为同行参与同行评审，不要在软件企业外面去聘请同行，也不应使用同行评审的结果去评价产品生产者。

与一般评审流程相似，同行评审过程包括策划、准备和实施三个阶段。正式的同行评审一般采取会议的形式。同行评审负责人，负责组织符合同行评审准备就绪准则的软件产品。同行评审会议的重点，在于确定产品的缺陷，而不是如何解决问题。在会议结束之后，软件产品的生产者依据同行评审记录，修正软件产品缺陷，然后由同行评审负责人确认缺陷的修正。

引入同行评审流程后，加大了对软件开发前期产品质量的保证力度，如需求分析、概要设计和详细设计阶段的产品都是同行评审的重点。对前期产品的质量保证措施，明显地降低了软件产品的成本，提高了软件产品的整体质量。另外，由于进行同行评审，使大量人员对软件系统中原本不熟悉的部分更加了解。因此，同行评审还提高了项目的连续性，培训了后备人员。

3．对需求进行测试

虽然最常见的需求验证方式是需求评审，但是在评审之前，一般还应对需求进行测试，并将测试结果通知评审人员，或将测试结果作为需求评审的输入文档之一。

对软件需求的一个基本要求，是需求的可验证性，而需求测试，就是需求验证的最好方法。对需求进行测试，测试 V 模型表达得最清楚。关于这个问题，在本书的第 8 章“软件测试”中将做详细介绍。

软件需求应在最终的软件产品上得以验证。不能验证的需求无法得到保证。因此，要考虑如何对每个需求进行验证。接受测试可以完成这个工作。设计和实现非功能性需求的接受测试可能比较困难，必须先定量分析。

4.6　需求分析文档

1．用户需求报告

软件需求分为两种：一种是《用户需求报告》，它是开发人员直接与用户打交道，直接向用户提交需求的报告；另一种是分配的《软件需求报告》，它是开发人员不直接与用户打交道，只与系统集成项目组（总体组）打交道的报告，由系统集成项目组将一个大项目分解为硬件开发和软件开发两部分，并将软件开发的任务分配给软件项目组，它相当于指令性软件开发计划，或近似于立项之后的软件开发计划。因此，它的软件需求报告，是由软件项目组的分析人员与系统集成项目组共同完成的。

《用户需求报告》是站在用户的立场上、由用户可以看懂的语言编写的，它指用户与开发者之间达成的契约，主要内容是对软件系统的功能、性能、接口、界面的详尽描述，而且需要用户签字确认，以此作为用户测试与验收的唯一依据。

2．需求分析规格说明书

以《用户需求报告》为基线，按照规定的格式，就可以制作出合乎规范的《需求分析规格说明书》。

《需求分析规格说明书》是站在开发者的立场上编写的，不需要用户看懂、签字与确认。由于它是概要设计和详尽设计的依据，所以它除了要覆盖《用户需求报告》的内容外，还要加上有利于设计的提示与建议，如实体、属性、关联、主键、外键、算法分析。

3. 需求管理文档

需求管理文档有：

（1）《用户需求报告评审记录表》。

（2）《需求分析规格说明书评审记录表》。

（3）《需求变更管理表》。

它们的格式与内容，如表 4-16 和表 4-17 所示。

表 4-16 《用户需求报告/需求分析规格说明书评审记录表》

（Review Table of Requirements）

项目名称					项目经理	
评审阶段	用户需求报告/需求分析规格说明书				第　次评审	
评审组组长			评审时间		评审地点	
评审组成员						
不符合项跟踪记录						
不符合项名称	不符合项内容	限期改正时间	实际改正时间	测试合格时间	测试员签字	审计员签字
评审意见						
评审结论						

评审组长签字：　　　　　　　　　　　　评审组成员签字：

表 4-17 《需求变更管理表》

（Modification Table of Requirements）

项目名称		申请日期	
用户名称		审批日期	
变更原因		实际变更日期	
原来需求			
变更内容			
审批意见			

申请人：　　　　　　　　　　　　审批人：

《用户需求报告/需求分析规格说明书评审记录表》的特色是：突出了不符合项的跟踪记录。所谓不符合项，就是有问题的项。这些问题主要是指在系统功能、性能、接口上存在的遗漏或缺陷。一旦在评审中发现，就要马上记录在案，记录内容包括：不符合项名称、不符合项内容、限期改正时间、实际改正时间、测试合格时间、测试员签字、审计员签字。软件测试部门的测试员签字，说明给出了测试合格证明。软件质量管理部门的审计员签字，表示审计了此项工作。只有当不符合项为零时，评审才能最后通过。因此，评审可能进行多次。评审意见可以指出文档中的强项和弱项。评审结论就是通过或不通过。

《需求变更管理表》是对需求变更过程的跟踪与管理。需求变更申请人一般为客户、客户代表、产品经理。需求变更审批人可以是项目经理、研发中心经理、高层经理。

需求管理文档记录了需求分析过程中，软件企业对需求的管理过程。大量过程管理记录的积累，为软件企业的软件过程数据库累积了财富。这些财富信息既为软件企业的科学管理与决策提供了良好的基础，又为软件企业实施 CMM4 级和 5 级评估做好了充分准备。

在软件工程的“五个面向理论”中，有一个面向过程管理。通过以上的论述，说明了软件管理是面向过程的。

4.7 本章小结

本章从需求分析的任务、目标、方法、工具、经验、文档、管理等多个不同的方面，论述了需求获取的各种手段。

本章具体说明了需求分析的重要性，重点介绍了需求获取的 9 项任务和一个目的，以及需求的各种描述工具。为了完成软件需求的任务，实现软件需求的目标，必须掌握需求分析的方法。需求分析方法本身没有高深的理论，大部分都是工作经验的积累，如在分析中坚持以流程为主线；集中精力找出元数据和中间数据，理清从元数据到中间数据之间的转换算法（算法分析）；在系统分析时也要考虑系统怎样实现，在实现的思考中去发现分析中存在的不足和问题，防止在后续工作中出现需求分析的返工。从软件过程管理 CMMI 的角度看，要确保软件需求的质量，需求过程是需要管理的，管理方法主要是对需求活动的评审与确认，对不符合项的跟踪，以及从配置项和配置管理的角度，对需求变更进行控制。软件需求阶段的成果表现在需求文档上，文档中重点要写清楚需求的功能点列表（或 Use Case 图）、性能点列表、接口列表。

软件分为系统软件和应用软件，应用软件又可以分为信息系统软件和非信息系统软件，信息系统软件是以数据库管理系统 DBMS 为主要支撑平台的应用软件。在软件开发过程中，都有一个需求分析问题。那么读者也许要问：“需求分析是否也可以分为系统软件需求分析和应用软件需求分析，信息系统软件需求分析和非信息系统软件需求分析呢？”回答:“是。”

在实现生活中，确实存在多种软件，确实有多种软件需求分析。但是，由于信息系统这种软件应用面最广、市场最大、客户最多、需求分析最难，所以人们一谈需求分析，就自然而然地认为指“信息系统需求分析”。这样延续下来 40 多年了，最后给开发者和客户造成一种既成事实：“需求分析”就等于“信息系统需求分析”。

信息系统需求分析难度系数较大，这是为什么？在第 1 章中已经说过，信息系统由社会环境、网络环境、数据环境和程序环境这 4 个部分组成。社会环境中又包括企事业单位的组织机构、部门分工、岗位职责、管理水平、人员素质、业务流程、操作规则、信息标准等因素。这些因素汇集在一起，从各个方面影响信息系统的需求，波及信息系统建设的成败。要在这样复杂多变的社会环境中，通过需求分析，使“开发者与客户达成完全一致的需求”，多么不容易！请想想：其他软件的需求分析能遇到这么多因素、产生这么多问题吗？没有！这就是信息系统需求分析难度系数大的真正原因。

习　题　4

4.1　为什么需求分析特别重要？

4.2　需求分析的目的是什么？需求分析的难点在哪里？

4.3　需求分析的理论基础有哪些？

4.4　为什么说需求过程是一个迭代过程？

4.5　为什么说需求分析是面向流程的？

4.6　需求分析的基本思路是什么？

4.7　解释术语：元数据、实体、中间数据。

4.8　为什么说元数据的分析与识别是需求分析的议题之一？

4.9　元数据与中间数据之间，有什么关系？请举例说明。

4.10　业界存在哪三种需求分析方法？你认为哪一种方案更好？

4.11　需求管理过程的目标和内容是什么？

4.12　为什么对需求文档要进行同行评审？

4.13　《用户需求报告》与《需求分析规格说明书》有何差异？

4.14　怎么理解“不符合项”？为什么要对它进行跟踪管理？

4.15　为什么说“只考虑目标系统是什么、而不考虑目标系统怎么做的需求分析观点，是片面的、表面的、不可取的”？

4.16　需求描述有哪几种工具？你喜欢用哪一种？为什么？

4.17　如果你是项目经理，怎样组织项目组成员，对学院图书资料室信息管理系统进行需求分析？并将该系统的功能需求列表详细列出。

4.18　在主讲老师的组织下，学生以项目组为单位，选取瀑布模型或快速原型模型，采用项目组成员最熟悉的数据库管理系统和面向对象的编程工具，开发“图书资料室信息系统”这个小项目，要求文档书写齐全、前台界面美观简单、后台数据库维护方便，并尽量使它产品化。

4.19　如果你是软件公司的系统分析师，你将怎样进行需求分析？

第5章 软件策划

本章导读

软件项目管理始于软件立项，终于软件交付，中间进程是软件计划的制订、执行、跟踪、修改、评审和审计。软件策划，既是为软件开发者和管理者制定合理的计划，又是为软件项目跟踪和监控提供考核依据。软件策划是项目经理和高级经理的职责范围，是 IT 企业的重大事件之一。软件估计既是软件策划的核心，又是软件策划的重点与难点。本章论述软件策划方法，重点介绍软件项目工作量和开发费用的估计方法。表 5-1 列出了读者在本章学习中要了解、理解和掌握的主要内容。

表 5-1　本章对读者的要求

要　求	具体内容
了　解	（1）软件策划的概念 （2）软件策划的步骤 （3）软件策划的具体目标 （4）软件策划的时机 （5）定义软件过程 （6）软件项目跟踪与监督
理　解	风险的种类与化解风险的方法
掌　握	软件项目工作量和开发费用的估计方法

5.1　软件策划概论

软件策划和软件项目策划是一个意思。它的输入是软件《合同》/《立项建议书》、《任务书》和《用户需求报告》，输出是《软件开发计划书》（包括《质量保证计划》、《配置管理计划》、《测试计划》、《里程碑及评审计划》），如图 5-1 所示。

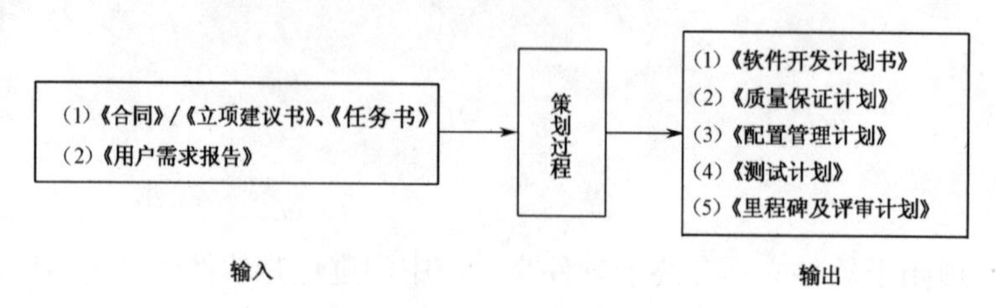

图 5-1　软件策划示意图

软件策划或软件计划的英文都是 Planning。但是，策划包含出谋划策和做计划两个意思，计划只是策划的一个主要结果。软件策划属于软件管理和软件决策的范畴，是项目经理以上人员的职责范围，是软件企业管理的重大事件之一。要使策划工作十分准确，往往十分困难。只有达到 CMMI 三级以上的软件组织，在其强大的软件测量数据库和软件工程数据库的支持下，其策划工作的误差才能控制在 20%以内。到了 CMMI 四级，其策划工作的误差才能控制在 10%以内。到了 CMMI 五级，其策划工作的误差才能控制在 5%以内。

1．软件策划的目的

软件策划的目的，是为软件开发和软件管理制定合理的计划。由于项目的管理者是按照计划确定的内容和进度对项目进行管理的，所以计划的合理性将直接关系到项目管理的成败。在软件过程中突出对项目策划活动质量的控制，从而确保项目得以顺利进行。

2．软件策划的基础

软件策划的基础，是软件生命周期模型的选取。软件组织和项目经理，要根据项目的特点，在瀑布模型、增量模型、迭代模型、原型模型中选取一种，并经过适当的裁剪后，列入项目计划，作为软件项目策划的理论依据之一。

3．软件策划的步骤

软件策划共分 4 个步骤，如表 5-2 所示。

表 5-2　软件策划的 4 个步骤

步　骤	步 骤 名 称	步 骤 内 容
1	估计软件工作产品的规模、工作量、费用及所需的资源	软件工作产品，包括需求规格说明书，概要设计说明书，详细设计说明书，源代码，测试计划和测试报告，质量保证计划，软件配置管理计划，里程碑及评审点计划
2	制定时间表	包括开发进度时间表和管理进度时间表：软件开发计划、质量保证计划、软件配置管理计划、测试计划、评审计划
3	鉴别和评估风险	政策风险，资源风险，市场突变风险，技术风险和技能风险等
4	与相关的组或人协商策划中的有关约定	策划的结果要实事求是，要得到各有关方面的同意和认可

4．软件策划的目标

软件策划是项目跟踪和监控的基础，是项目经理和高层经理管理项目的依据。软件策划要实现的具体目标有三个。

（1）项目策划和跟踪用的三个软件估计已建立文档。这三个估计是：

- 工作产品规模估计。
- 工作量及成本估计。
- 计算机资源估计。

（2）软件项目活动和约定是有计划的，并已建立文档。这里的活动，包括开发活动和管理活动。这里的约定，是指对项目的各种标准、规范、规程的约束。

（3）受影响的组和个人，同意他们对软件项目的约定。受影响的组和个人有：

- 软件工程组（项目组）。
- 软件估计组。
- 系统测试组。
- 质量保证组。
- 配置管理组。
- 合同管理组。
- 文档支持组。

其中，有的组可能只有一个人。

5．软件策划的时机

对软件项目进行策划的时机，中国人习惯的做法与国际通用的做法不一样。美国人通常先做需求分析，后做软件策划，因为需求不清楚，项目的功能点个数、性能点个数、接口个数、界面个数、实体个数、文档页数都心中无数，策划人员就无法估计工作量、进度、经费和其他资源，完成项目策划是不现实的。

国内一些业内人士的做法则不同，他们习惯在用户需求报告之前，不习惯在用户需求报告之后做策划。不管怎样，调查研究是十月怀胎，软件策划是一朝分娩，心中无数是不能做软件策划的。因此，我们要逐步与国际接轨。作为第1步，软件策划至少要在软件《合同》/《立项建议书》和《任务书》之后；作为第2步，软件策划要在《用户需求报告》之后；在《需求分析规格说明书》之前。

6．定义软件过程

所谓定义软件过程，就是根据选定的生命周期模型，规定软件的开发阶段，以及每一阶段的工作步骤和文档标准等内容。

在项目策划阶段，先要根据项目特性，使用软件生命周期模型，对项目中将要进行的软件工程过程进行描述。根据项目自身的特点，对项目的类型进行详细划分，然后根据软件组织的“生命周期模型裁剪指南”，对标准软件过程进行裁剪，形成项目定义软件过程。再使用项目定义软件过程，指导项目策划活动的进行。

开发计划是对项目定义软件过程的具体描述。软件项目的规模、工作量、成本、进度、质量、人员配置和其他资源等，与项目定义软件过程中的活动紧密相关。由于项目定义软件过程的标准，全部由“生命周期模型裁剪指南”而得到，因此软件项目能共享过程数据，并且吸取软件组织中积累的经验教训。在制定开发计划时，为了给项目提供可参考的历史数据和优秀文档，建立较完善的“软件测量数据库”和“文档库”是很有必要的，这一工作称为过程财富积累，一般在CMMI2级就要开始考虑，在CMMI3级就必须做到。

7．软件策划的方法

直到目前为止，软件策划的方法仍然采用经验数据加结构化方法，这些方法有三个要点：

（1）粒度由粗到细的分解，自顶向下、逐步细化、逐项逐条逐日安排计划。

（2）粒度由细到粗的综合，自底向上、逐步归纳、逐日逐周逐月安排计划。

（3）同类项目经验数据类比法、同行专家协商策划法。

软件策划是以用户确认的需求为基础，以软件组织内部的软件标准为依据，把组织内部类似项目的成功经验作为策划时的参考。对于软件成熟度等级已经达到CMMI3或更高级别的软件组织，在项目策划阶段，首先要制定项目定义软件过程PDSP（Project’s Defined Software Process），然后按照项目定义软件过程去策划和监控软件项目。一般情况下，用来指导项目进行的工作计划都需要在这个阶段制定，如软件质量保证计划、软件配置管理计划、各类评审工作计划等，这些计划统称为软件项目的开发计划。

8．软件项目跟踪与监督

所谓软件项目跟踪与监督，就是对策划阶段的输出文档，即《软件开发计划书》，进行动态跟踪与实时监督，一旦发现偏差，必须立即纠正。

在项目策划阶段，要为开发计划制定严格的审批流程。开发计划在经过组织批准生效后，将成为项目跟踪与监督的基础，并且随着项目的进展，定期地或事件驱动式地对开发计划进行修订和完善。

在《软件开发计划书》中，描述了如何实施和管理项目定义的软件过程。在项目实践中，通常为项目指定一名软件经理（Project Software Manager），由软件经理负责，依据开发计划对项目实施跟踪与监督，并在项目的执行过程中，要求项目中的各级负责人查阅和分析软件测量数据库和文档库，使用组织级的经验对项目进行监控。

9．风险分析

软件策划过程，也包括对软件风险进行分析。所谓软件风险分析，指对项目及团队的政策风险、技术风险、技能风险、资源风险等因素，进行逐个分析与分解，将一个大风险分解为若干小风险，对各个小风险进行排除，最后制定跟踪和监控风险的风险管理计划。软件一般存在5种风险，如表5-3所示。

表5-3　软件的5种风险及其分析

序　号	风险名称	风险内容
1	政策风险	IT企业外部和IT企业内部两个方面的政策及政策的变化，将会给项目带来什么风险
2	技术风险	新技术的成熟程度及难度系数，将会给项目带来什么风险
3	技能风险	项目组成员学习、领会、掌握、运用新技术的能力，将会给项目带来什么风险
4	资源风险	保证项目正常进行所需的各种资源的供应程度，将会给项目带来什么风险
5	其他风险	目前意想不到的风险，即不可预测的风险，如天灾人祸

5.2 软件规模估计方法

所谓软件估计，指对软件项目进行量化估计，并记录估计结果的过程。软件估计是软件度量的一部分，它既是软件策划的核心，又是软件策划的重点与难点。

软件项目规模估算历来是比较复杂的，因为软件本身的复杂性、历史经验的缺乏、估算工具缺乏以及一些人为错误，导致软件项目的规模估算往往和实际情况相差甚远。因此，估算错误已被列入软件项目失败的原因之一。

在软件项目中，项目组要对项目的规模、工作量、成本、进度、关键计算机资源等进行量化估计，然后使用估计数据进行软件策划，并在以后的项目执行过程中，将不断收集到的实际项目数据与估计数据进行比较，从而了解项目的进展状态。若发现估计数据严重偏离实际数据，则要重新进行软件估计。这些收集来的实际项目数据与估计数据，要及时地录入到“软件测量数据库”中，日积月累，就建立了强大的软件测量数据库，为日后的软件策划和 CMMI 升级准备了雄厚的财富。

对软件工作产品的规模进行量化估计，早期的估计方法如表 5-4 所示。

表 5-4 软件工作产品规模和工作量的估计方法

序 号	规模估计方法	工作量估计方法	工作量估计方法说明
1	功能点个数	*N* 个功能点/人月	一个人的月工作量，能完成的功能点个数
2	性能点个数	*N* 个性能点/人月	一个人的月工作量，能完成的性能点个数
3	代码行数	*N* 行代码/人月	一个人的月工作量，能完成的代码行数
4	实体个数	*N* 个实体/人月	一个人的月工作量，能完成的实体个数
5	文档页数	*N* 页文档/人月	一个人的月工作量，能完成的文档页数

早期的估计方法都是面向过程的，因为只有面向过程的语言，其源程序的规模与工作量，才能比较准确地用代码行来计算。为此，首先介绍一个衡量软件项目规模最常用的概念 LOC（Line Of Code）。LOC 指所有的可执行的源代码行数，包括可交付的工作控制语言（Job Control Language，JCL）语句、数据定义、数据类型声明、等价声明、输入/输出格式声明等。一代码行（1LOC）的价值和人月均代码行数可以体现一个软件生产组织的生产能力。组织可以根据对历史项目的审计来核算组织的单行代码价值。

例如，某软件公司统计发现，该公司每一万行 C 语言源代码形成的源文件（.c 和.h 文件）约为 250KB。某项目的源文件大小为 3.75MB，则可估计该项目源代码约为 15 万行，该项目累计投入工作量为 240 人月，每人月费用为 10 000 元（包括人均工资、福利、办公费用公摊等），则该项目中 1LOC 的价值为

$$(240\times 10\,000)/150\,000=16\ 元/\text{LOC}$$

该项目的人月均代码行数为

$$150\,000/240=625\ \text{LOC}/人月$$

以上是早期用代码行方法，进行软件估计的理论基础。如今，这种方法仍在使用。在面向对象和面向元数据方法盛行的今天，准确的代码行是很难估计的。下面介绍几种软件规模估计的流行方法。

1．Delphi 法

Delphi 法又称希腊古都法。在没有历史数据的情况下，Delphi 法是最流行的专家评估技术，它适用于评定过去与将来新技术与特定程序之间的差别，但专家的专业程度及对项目的理解程度是工作的难点，尽管 Delphi 技术可以减少这种偏差，但专家评估技术在评定一个新软件实际成本时用得并不多。Delphi 法鼓励参加者就问题相互讨论，要求有多种软件相关经验人的参与，互相说服对方。Delphi 法要求若干专家参与，并且要选出一名组长或估计协调人，由他组织软件估计。执行 Delphi 法的基本步骤是：

（1）协调人向各专家提供项目规格和估计表格。

（2）协调人召集小组会，各专家讨论与规模相关的因素。

（3）各专家匿名填写迭代表格。

（4）协调人整理出一个估计总结，以迭代的形式返回专家。

（5）协调人召集小组会，讨论较大的估计差异。

（6）专家复查估计，总结并在迭代基础上提交另一个匿名估计。

（7）重复步骤（4）～（6），直到达到一个最低和最高估计的一致性为止，以完成此次估计。

2．类比法

在有历史数据的情况下，类比法适合于评估一些与历史项目在应用领域、环境和复杂度方面相似的项目，通过新项目与历史项目的比较得到规模估计。其精确度取决于历史项目数据的完整性和准确度。因此，用好类比法的前提条件之一，就是软件组织有强大的软件测量数据库和文档库，建立起了较好的项目评价与分析机制，使历史项目的数据分析是可信赖的。执行类比法的基本步骤是：

（1）整理出项目功能列表和实现每个功能的代码行。

（2）标识出每个功能列表与历史项目的相同点和不同点，特别要注意历史项目做得不够的地方。

（3）通过步骤（1）和（2）得出各个功能的估计值。

（4）产生规模估计。

软件项目中用类比法，往往还要解决可重用代码的估算问题。估计可重用代码量的最好办法，是由程序员或系统分析员详细地考查已存在的代码，估算出新项目可重用的代码中需重新设计的代码百分比、需重新编码或修改的代码百分比，以及需重新测试的代码百分比。根据这三个百分比值，可用下面的公式计算出等价新代码行：

$$\text{等价代码行} = [（\text{重新设计}\% + \text{重新编码}\% + \text{重新测试}\%）/3] \times \text{已有代码行}$$

例如，有 10 000 行代码，假定 30%需要重新设计，50%需要重新编码，70%需要重新测试，那么其等价的代码行为

$$[（30\% + 50\% + 70\%）/3] \times 10\,000 = 5\,000$$

即重用这 10 000 行代码相当于编写 5 000 行代码的工作量。

3．功能点估计法

功能点（实体数、构件数、屏幕数、报表数、文档数）测量是在需求分析阶段，基于系统功能的一种规模估计方法。通过研究初始应用需求，来确定各种输入、输出、计算和数据

库需求的数量和特性。执行功能点法的基本步骤是：

（1）计算输入、输出、查询、主控文件和接口需求的数目。

（2）将这些数据进行加权相乘。表5-5为一个典型的权值表。

（3）估计者根据对复杂度的判断，总数可以用+25%、0 或 –25%调整。

据统计发现，对一个软件产品的开发，功能点对项目早期的规模估计很有帮助。然而，在了解产品越多后，功能点可以转换为软件规模测量更常用的LOC。

表 5-5 权值表

功能类型	权值
输入	4
输出	5
查询	4
主控文件	10
接口	10

4. 无礼估计法

无礼估计法类似于体育比赛中的跳水、体操、花样游泳、花样滑冰等项目的评判打分方法。它对各个项目活动的完成时间，按三种不同情况估计：

- 一个产品的期望规模。
- 一个产品的最低可能估计。
- 一个产品的最高可能估计。

可由这三个估计，得到一个产品期望规模和标准偏差。无礼估计法也可得到代码行的期望值 E 和标准偏差 S_D。

5.3 软件费用与资源估计方法

除了对软件规模进行估计之外，还要对软件费用与软件资源进行估计。只有这三个估计都完成后，软件估计才算最后完成。

1. 对软件成本费用进行量化估计

对软件成本费用进行量化估计，其方法如表5-6所示。

表 5-6 软件工作产品成本费用估计的方法

序号	估计方法	估计单位（元）	方法说明
1	直接的劳务费	人民币元	开发人员的工资和福利
2	管理费	人民币元	技术管理和行政管理人员的工资和福利
3	差旅费	人民币元	售前、售中、售后的人员差旅费
4	计算机使用费	人民币元	网络设备的折旧费和房租水电费
5	其他招待费和公关费	人民币元	控制在总费用的15%以内

2. 对关键计算机资源进行量化估计

对关键计算机资源进行量化估计，其方法如表5-7所示。

表 5-7 关键计算机资源估计的方法

序号	估计方法	方法说明
1	软件工作产品的规模	对存储能力（磁盘容量和内存大小）的要求
2	运行处理的负载	对处理器速度的要求
3	通信量	对网络通道和带宽的要求

5.4　软件策划文档

1. 软件策划文档的组成

软件策划文档就是《软件开发计划书》，它一般还包括《质量保证计划》、《软件配置管理计划》、《测试计划》、《里程碑及评审点计划》。由于测试、质量保证和配置管理都比较复杂，所以将它们放在后续章节中单独论述。

《软件开发计划书》是软件项目策划过程的最终工作产品，其主要内容包括：项目概述、项目组织、生命周期模型、工作产品的规模与工作量估计、项目成本估计、计算机资源估计、项目进度计划、项目风险分析、阶段评审计划。

软件策划管理的目的，是建立对实际进展的可视性监控，使管理者能在计划发生明显偏离时采取有效措施。软件策划完成之后，必须对策划输出文档进行评审。

2. 软件策划管理文档

软件策划管理过程，如图 5-2 所示。

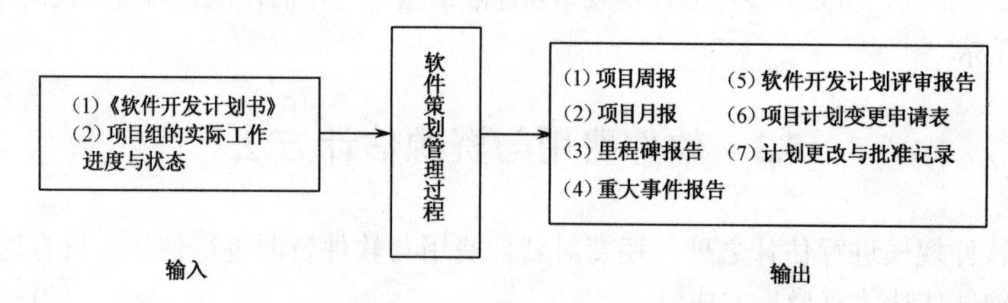

图 5-2　软件策划管理过程

软件策划管理过程的输入是《软件开发计划书》和项目组的实际工作进度与状态。

软件策划管理的输出文档是：

（1）项目周报。

（2）项目月报。

（3）里程碑报告。

（4）重大事件报告。

（5）软件开发计划评审报告。

（6）项目计划变更申请表。

（7）计划更改与批准记录。

策划管理文档较简单，请读者自己设计。

项目经理按计划跟踪项目进度、软件工作产品规模、工作量和成本、关键计算机资源、软件工程技术活动和软件风险，并以此编制项目进展报告。项目经理定期或事件驱动式地组织项目组进行内部评审，以便对照开发计划跟踪，并将评审结果告知软件相关组。当软件开发计划发生 20%的偏离时，必须提出项目计划变更申请，经评审和批准后，修改《软件开发计划书》，并将修改的结果通知有关的组和个人。

计划制订、跟踪与监控时，必须运用软件工程中的“20/80 原理”，即“二八定律”。

5.5 本章小结

通过本章的学习，读者应该清楚地知道：软件策划的目的、策划要实现的具体目标、软件策划的时机、策划的输入文档和输出文档、基本的策划方法、软件估计的内容和方法、策划的具体过程、软件开发计划书的内容、软件开发计划的制作格式、软件策划管理的方法。

如果说，软件立项就是软件组织的重大决策，那么，软件策划就是贯彻执行重大决策的具体行动。立项或签订合同是软件项目的源头，策划是指导软件项目开发和管理的依据。

为了使软件策划有坚实的基础，使软件开发计划不至于过多偏离项目工程进度、质量、资源的实际（小于20%），最常用的办法是：

（1）策划的时机，选择在《用户需求报告》之后和《需求规格说明书》之前。

（2）软件估计时，查阅软件组织的“软件测量数据库”，参照同类可比项目的历史经验。

（3）由同行专家，对《软件开发计划书》进行评审。

习　题　5

5.1　为什么说计划只是策划的一个结果？

5.2　简述软件策划的步骤。

5.3　软件策划要实现的具体目标是什么？

5.4　为什么在策划过程中要考虑到受影响的组和个人？

5.5　怎样理解软件项目进行策划的时机？

5.6　简述软件策划的方法。

5.7　软件策划的上游和下游各是什么？

5.8　定义软件过程是什么含义？

5.9　软件估计是什么含义？

5.10　简述对软件工作产品规模进行量化估计的方法。

5.11　简述软件工作产品成本费用的估计方法。

5.12　项目跟踪与监督的基础是什么？

5.13　软件开发计划应包括哪些内容？

5.14　软件工作产品和软件产品有何异同？

5.15　名词解释：直接人工、直接费用、间接成本、制造费用、管理费用、不可预见费用。

5.16　怎样理解软件中的度量，它有何作用？

5.17　请设计以下策划管理文档：项目周报、项目月报、里程碑报告、重大事件报告、软件开发计划评审报告、项目计划变更申请表、计划更改与批准记录。

5.18　在老师的指导下，写出一份“图书馆信息系统”的《软件开发计划书》。

5.19　如果你是软件企业的项目经理，根据实际情况，如何用4种不同的估计方法对软件产品规模进行量化估计？

第6章

软件建模

本章导读

软件开发的主要工作是软件需求和软件设计，软件需求和软件设计的关键问题是软件建模（Software Modeling）。本章提出了“功能模型、业务模型、数据模型”三个模型的建模方法，以及这三个模型的描述方式与用例图、时序图和类图之间的关系，并且说明了三个模型与B/A/S三层结构之间的对应关系。这里的B/A/S三层结构，是指“浏览器/应用服务器/数据库服务器”三层结构，即“浏览层/应用层/数据层”三层结构。最后用三个模型的思想与方法来分析建模案例。本章还深入浅出地论述了数据库设计的理论、方法、技巧与艺术，特别提出了数据库设计中的“第三者插足”与“列变行”设计模式。表6-1列出了读者在本章学习中要了解、理解和掌握的主要内容。有关数据模型建模的详细资料，请见参考文献［3］。

表6-1　本章对读者的要求

要　求	具体内容
了　解	（1）软件建模的概念 （2）数据库设计的步骤
理　解	（1）理解数据库规范化设计的“四个原子化理论” （2）理解E-R图的意义与画法 （3）理解信息源、原始单据、实体的概念 （4）理解基本表、代码表、中间表（又称为查询表）、临时表、视图的概念 （5）理解原始数据与统计数据之间的差异
掌　握	（1）数据库设计中的“第三者插足”与“列变行”设计模式 （2）业务模型的概念及表示方式 （3）功能模型的概念及表示方式 （4）数据模型的概念及表示方式 （5）三个模型之间的关系

6.1 三个模型的建模思想

在软件需求与软件设计中，软件建模的三个模型通常是指功能模型、业务模型和数据模型。

1．功能模型

功能模型（Function Model，FM）实质上是用户需求模型，用来描述系统能做什么，即对系统的功能、性能、接口和界面进行定义。

因此，功能模型反映了系统的功能需求，它是用户界面模型设计的主要依据。

从宏观上说，功能模型是什么？若站在用户的角度上看，功能模型就是系统功能需求列表；若站在设计者的角度上看，功能模型就是系统内部功能模块（功能部件）的有机排列和组合；若站在Rose角度上看，功能模型就是系统的用例的集合；若站在产品的角度上看，功能模型就是系统的用户操作手册；若站在操作界面的角度上看，功能模型就是系统的功能菜单；若站在B/A/S三层结构上看，功能模型就对应在浏览层上建模。总之，功能模型描述系统能做什么，是系统所有功能的集合，具体表现在系统的功能、性能、接口和界面上。

从微观上说，功能模型是什么？因为应用软件的执行方式已由以前的面向过程的连续型“过程控制”，变为现在的面向对象的离散型“事件驱动”和“消息传送”；由以前按程序事先安排好的顺序执行，变为现在按用户的随机交互指令顺序执行，所以现在的软件功能比以前复杂多了。也就是说，如今是用户控制执行顺序，而不是开发者控制。比如，窗口上各种控件都隐含了各种不同事件，像打开、关闭、复制、粘贴、单击、双击、拖放、隐藏、显示等事件。当用户事件发生时，系统将事件转化为相应的消息，传递给相应的消息响应函数或过程，产生一次按用户意愿执行的程序，完成用户想要的功能，这就是一次用户面向对象操作的结果。所以要从微观上回答功能模型中的微观功能有多少，实在是一个难题。这是因为面向对象操作的路径是灵活多变的，多种多样的，开发者事先估计不到的，甚至是千奇百怪的。例如，要用户描述Microsoft Word 2003的宏观功能很容易，而要用户说明它的微观功能却很难。这就是面向对象操作与面向过程操作、面向元数据操作的不同之处。

功能模型在需求分析时的表示方法为系统功能需求列表、性能需求列表、接口需求列表、界面需求列表。UML规定主要采用“用例图”来描述功能模型。

功能模型的设计和实现方法为：将相同的功能归并，设计为一个个的构件或组件（部件），将不同的功能设计成模块，然后用面向对象语言将这些离散的部件或模块组装起来，形成一个完整的系统，供用户使用。

功能模型既是动态的，又是静态的。因为有的功能与系统运行的时间序列有关。功能模型既是数据库和数据结构设计的基础，又是功能模块（功能部件）设计、编程实现和测试验收的依据。

2．业务模型

业务模型（Operation Model，OM）实质上是业务逻辑模型，用于描述系统在何时、何地、由何角色、按什么业务规则去做，以及做的步骤或流程，即对系统的操作流程进行定义。

因此，业务模型反映了系统的业务行为，是算法设计的主要依据。若站在B/A/S三层结构上看，业务模型就对应在中间层（业务逻辑层或业务应用层）上建模。

在企业信息系统（如MIS或ERP）中，业务模型就是系统的业务流程图加上相应的业务规则。这里的业务流程图，指企业在业务流程再造（Business Process Reengineering，BPR）之后形成的操作流程和业务规则。

业务模型的范围包括：企业的组织结构，部门职责及岗位（或角色）职能，岗位操作流程，岗位业务规则，每个流程的输入、响应、输出。

业务模型的描述方法为：组织结构图、岗位（或角色）职能表、业务流程图加上业务规则说明。

对业务流程图的画法没有统一的规定，软件企业在软件工程规范中自成一套，在其内部推广。一般要规定输入、处理、输出、文件及流向的图形标志。在图形内部或外部可加文字说明。业务流程图也可以用业务操作步骤来描述，或用类似于程序流程图的图形来表达。

在UML中，完整的业务模型由用例图、时序图、交互图、状态图、活动图来表述。并且，时序图在表述中起到核心作用。

业务模型是动态的，所以有时称业务模型为动态模型或操作模型。业务模型既是功能模型设计的基础，又是用户操作手册编写的依据。

3．数据模型

数据模型（Data Model，DM）实质上是实体或类的状态关系模型，用于描述系统工作前的数据来自何处，工作中的数据暂存在什么地方，工作后的数据放到何处，以及这些数据的状态及互相之间的关联，即对系统的数据结构进行定义。

因此，数据模型反映了系统的数据关系，它是实体或类的状态设计依据。若站在B/A/S三层结构上看，数据模型就对应在数据层（数据库服务器层）上建模。

信息系统中的数据模型，指它的E-R图及其相应的数据字典。这里的数据字典，包括实体字典、属性字典、关系字典。这些数据字典，在数据库设计的CASE工具帮助下，都可以查阅、显示、修改、打印、保存。

E-R图将系统中所有的元数据按照其内部规律组织在一起，通过它们再将所有原始数据组织在一起。有了这些原始数据，再经过各种算法分析，就能派生出系统中的一切输出数据，从而满足人们对信息系统的各种需求。数据字典是系统中所有元数据的集合，或者说，是系统中所有的表名、字段名、关系名的集合。由此可见，E-R图及其数据字典确实是信息系统的数据模型。抓住了E-R图，就抓住了信息系统的核心。

信息系统中的数据模型分为概念数据模型CDM和物理数据模型PDM两个层次。CDM就是数据库的逻辑设计，即E-R图。PDM就是数据库的物理设计，即物理表。有了CASE工具后，从CDM就可以自动转换为PDM，而且还可以自动获得主键索引、触发器等。数据模型设计是企业信息系统设计的中心环节，数据模型建设是企业信息系统建设的基石，设计者与建设者万万不可粗心大意。

信息系统中数据模型的表示方法为：系统的概念数据模型CDM和物理数据模型PDM，加上相应的表结构。UML规定，用类图加上对象图来表述数据模型。在UML的实现工具Rose 2002中，可以建立系统的数据模型。在Rose的构件视图中，可以创建数据库本身，每个数据库定义为database型的组件，并支持DB2、Oracle、Sybase、SQL Server等关系数据库管理系统，在数据模型中可以增加逻辑规则（业务规则），定义表、字段、存储过程和触发器，建立主键、外键、关系和视图等。

数据模型本身是静态的，但是在设计者心目中，应该尽量将它由静态变成动态。设计者可以想象数据（或记录）在相关表上的流动过程，即增加、删除、修改、传输与处理等，从而在脑海中运行系统，或在E-R图上运行系统。

信息系统中的数据模型的设计工具有：Power Designer、ERWin、Oracle Designer或Rose中的类图加上对象图。

在信息系统中的“功能模型、业务模型、数据模型”这三个模型中，数据模型最重要，因为它是企业信息系统的核心与灵魂，企业信息系统就是对数据模型的录入、处理、传输与查询等操作。除此之外，数据模型还有其他作用：数据模型是数据库管理员维护信息系统的基础和根据；数据模型是项目经理控制项目进度和调度项目组成员工作的法宝（调度板）；数据模型为项目组成员完成模块编码、模块接口、单元测试和集成测试，提供了共同的数据结构和数据接口；数据模型为日后的功能维护，以及版本升级，提供了详细的数据结构和数据接口资料。同理，对于系统软件，数据模型的地位与作用，可以做出类似的理解。

在面向对象系统中，UML规定，主要采用“类图”来描述数据模型。

4. 三个模型的优点

三个模型建模思想的优点是简单、直观、通俗、易懂、易学、易用，非常适合于关系数据库管理系统（RDBMS）支持的信息系统。在这三个模型的支持下，运用强大的面向对象编程语言，以及软件组织内部的业务基础平台、类库、构件库等财富，软件开发在技术上就能顺利实现。

开发阶段的建模过程称为正向工程。它的特点是先对系统建模，以后编程实现。软件实现之后，由它的代码推导出它的模型的过程称为逆向工程。它的特点是，在系统已经实现后再导出系统的模型，或者说，由系统的下一阶段的软件工作产品来推导出它的上一阶段的软件工作产品。逆向工程的主要目的是，通过导出模型来修改模型，使开发过程进入新一轮的迭代循环。本章对应用系统的实例分析，实际上就是一种逆向工程。

如何运用逆向工程对软件系统进行分析和研究呢？如果系统文档齐全，只要按照文档的次序，从需求分析、概要设计、详细设计，到源程序，一步一步地分析下去，就能掌握全系统。如果系统文档不健全，甚至没有文档，又必须分析该系统，怎么办呢？一种方法是从功能入手，通过由表及里的途径，最后弄清系统的核心与全局，即业务模型、功能模型和数据模型；另一种方法是从数据结构入手，直接深入到系统的核心，最后由核心扩展到外围，从而掌握系统的全局，即业务模型、功能模型和数据模型。不过，后者的方法比前者好。两种方法最终都要落实到源程序的分析上，通过对源程序的分析，产生所需的全部文档。

5. 三个模型无所不在

事实上，不管是系统软件还是应用软件开发，都有一个建模问题，而且三个模型的建模思想也适用于系统软件建模。

例如，对于网络操作系统，它的功能模型就是管理网络上的所有软硬件资源及其相互间的通信；它的业务模型就是按优先级别组织网络中的进程和线程运行；它的数据模型就是网络节点上的数据结构，如进程控制块和进程调度队列的数据结构。对操作系统的分析，首先要分析它的内核 CPU 组件，即对处理机 CPU 的管理。CPU 组件由调度模块和中断处理模块组成，为此要分析调度模块和中断处理模块的数据模型（数据结构），数据模型清楚了，CPU 组件的源程序才能读懂。

对编译系统或解释系统的分析，首先要分析它的词法和语法分析器，词法与语法规则就是系统的业务模型。但是，分析的重点还是语法分析器，它是编译系统或解释系统的核心。为此，要分析它的语法状态转移矩阵及其相关的数据结构。例如，各种各样的堆栈和队列。语法状态转移矩阵加上相关的数据结构，就是编译系统或解释系统的主要数据模型，很多算法分析都是以它为基础的，而编译系统或解释系统的功能模型就是该语言的文本。

游戏软件中的模型由三个模块组成，这三个模块是逻辑处理模块（Logic）、对象状态模块（Data）和绘制（或渲染）模块（Render）。在这里，逻辑处理模块相当于业务模型，因为它要处理游戏中的各种游戏规则与模拟算法；对象状态模块相当于数据模型，因为它要保存游戏对象的各种实时状态属性；绘制模块就相当于功能模型，因为它要在显示器上显示各种游戏动作场景。

6.2　数据模型设计概论

在三个模型中，因为数据模型最重要，所以重点研究数据模型。数据库用于存储和处理数据。数据库设计的目的是，为信息系统在数据库服务器上建立一个好的数据模型。

1. 什么是好的数据模型

什么是好的数据模型？其条件有三：一是满足功能需求；二是满足性能需求；三是该模型能长期稳定使用，尽量做到“以不变应万变”。就是当用户的功能需求发生某些变化时，对数据库的结构不需要做任何改动，就可以适应用户的功能需求。

数据库设计的主要工作是：设计数据库表（数据就存在表里面），表结构就是数据的存储结构。数据库设计的难易程度取决于两个要素：“数据关系的复杂程度”和“数据量的大小”。如果应用软件只涉及几张简单的表，而且数据量很小，那么设计这样的数据库非常容易。如果应用软件要涉及几百张复杂的表，而且数据量特别大，那么设计这样的数据库就非常难。

开发人员学习数据库设计的特点是：入门容易，但是成为高手非常困难。“数据库原理”课程，只是告诉读者数据库设计的入门知识；下面讲的内容，是告诉读者数据库设计的深层技术，目的是帮助读者逐步成为数据库设计高手。

2. 数据库的组成

数据库由数据库服务器、数据库管理系统 DBMS、数据库管理员 DBA、多张表（每张表中有许多条记录）、表上的视图和索引、许多用户和角色所组成。

若一个数据库的表不是存放在网络的一个节点（一台数据库服务器）上，而是存放在多个节点（多台数据库服务器）上，则称此数据库为分布式数据库。

表是数据库的基本组织单位，字段是表的基本组织单位。表有一个名字，每个表有一个以上的字段，每个字段有字段名、字段类型、字段宽度、小数点后位数、默认值、字段域值定义、是否为主键、是否为外键、是否可空等属性。表是定义和存放记录的框架，记录存放在框架之中。若将一条记录比做一个人，则主键相当于人的身份证号码，它是记录的唯一标识。一个数据库中有许多张表，这些表之间可能有一定的联系，这种联系称为关系。关系有三种表现形式：一对一、一对多、多对多。这三种关系，都是通过主键（PK）、外键（FK）来描述的。

3. 数据库的基本表、代码表、中间表和临时表

通俗地讲，数据库是表的集合，表由字段组成，表中存放着记录。由于记录的数据可以是原始数据、信息代码数据、统计数据和临时数据 4 种，所以又可将表划分为基本表、代码表、中间表和临时表 4 种。

（1）存放原始数据的表，称为**基本表**。

（2）存放信息代码数据的表，称为**代码表**。

（3）存放统计数据的表，称为**中间表（又称为查询表）**。

（4）存放临时数据的表，称为**临时表**。

信息源产生的数据，称为**原始数据**。原始数据是要采集并录入的数据，是软件系统中未加工处理的数据。

原始数据和信息代码数据，统称**基础数据**。基本表和代码表，统称基表。只有基表才对应实体，因为它们存放信息源产生的数据，中间表和临时表存放原始数据派生后的统计分析数据，所以它们不对应实体。

实体关系图，实质上是基表关系图。

数据库设计主要指基本表设计，当然也包括代码表、中间表、临时表和视图的设计，其中基本表的设计较难，代码表、中间表、临时表和视图的设计较易。

基本表与中间表、临时表不同，因为它具有如下 4 个特性：

（1）原子性。基本表中的字段是不可再分解的。

（2）原始性。基本表中的记录是原始数据（信息源产生的数据）记录。

（3）演绎性。由基本表与代码表中的数据可以派生出所有的输出数据。

（4）稳定性。基本表的结构是相对稳定的，表中的记录是需要长期保存的。

在上述 4 个特性中，原始性特别重要。所谓原始性，就是基本表中存放的信息，是应用系统中信息源产生的信息。任何一个应用系统，不管它如何庞大、如何复杂，它的信息源（原始数据录入点）的个数都是不多的、可数的。因此，它的实体个数是有限的，由实体组成的实体关系图（E-R 图）是简单、可控的，而且主要实体的个数一般不会超过 10 个。

【例 6-1】 *有的人说，税务系统中的表有 1000 多张，所以该系统的实体也有 1000 个，这种说法对吗？*

答：不对。设想一下：税务系统的信息源怎么可能有 1000 多个呢？那么，这些人到底错在哪里呢？错就错在将基本表、代码表、中间表、临时表混为一谈，将这 4 种表都视为基本表（或实体）。因此，他们的 E-R 图要么画不出来，要么画出来极其复杂，使人一看就头晕目眩。实际上，只有基本表对应的实体才是真正的实体，才能出现在 E-R 图上。中间表、临时表不对应实体，因此也不应出现在 E-R 图上。代码表很简单，在 E-R 图上可省略。由此可见，E-R 图是组织原始数据的实体关系图，不是组织统计数据的关系图。因为只有原始数据（或基表）之间才存在关系，统计数据（或中间表）之间不存在关系。统计数据在本质上都是原始数据的视图，只是有些视图的算法比较复杂而已。

理解基本表的性质后，在设计数据库时，就能将基本表与中间表、临时表区分开来。

代码表又称用户“数据字典”，它是存放单位代码、物资代码、人员代码、科目代码等信息编码的表。代码标准首先向国际标准看齐，然后向国家标准看齐，再后向省部级标准看齐，最后向本单位标准看齐。

中间表是存放统计数据的表，它是为数据仓库、输出报表或查询结果而设计的，有时它没有主键与外键（数据仓库除外）。临时表是程序员个人设计的，存放临时记录，为个人所用。基表和中间表由数据库管理员维护，临时表由程序员自己用程序自动维护。

4．数据库视图

与基本表、代码表、中间表、临时表不同，视图是一种虚表，它依赖数据源的实表而存在，这些实表是基本表和代码表。视图是供程序员使用数据库的一个窗口，是基表数据综合的一种形式，是数据处理的一种方法，是用户数据保密的一种手段。为了进行复杂数据处理、提高运算速度、节省存储空间，视图的定义深度一般不得超过三层。若三层视图仍不够用，则应在视图上定义临时表，在临时表上再定义视图。这样反复交迭定义，视图的深度就不受限制了。

视图是从一个或几个基表导出的表，它是定义在基表之上的，它是一个虚表，数据库中只存放视图的定义，而不存放视图对应的数据，数据仍然存放在原来的基本表中。通过定义视图，可以使用户眼中的数据库结构简单、清晰，并可以简化用户的数据查询操作。对于某些与国家政治、经济、技术、军事和安全利益有关的信息系统，视图的作用更加重要。这些系统的基表物理设计之后，立即在基表上建立第一层视图，这层视图的个数和结构，与基表的个数和结构完全相同，并且规定，所有的程序员，一律只准在视图上操作。只有数据库管理员，使用多个人员共同掌握的“安全钥匙”，才能直接在基本表上操作。请读者想一想：这是为什么？

5．数据库的存储过程与触发器

存储过程独立于表存在，它存放在服务器上，供客户端调用；触发器的使用则和表的更新操作紧密相关，它是一种特殊的存储过程，它依赖于表而存在。运行时，存储过程是显式调用，触发器是隐式（触发）调用。

存储过程是一段经过编译的程序代码，存放在数据库服务器端。通过调用适当的存储过程，可在服务器端进行大量的数据处理，再将处理结果送到客户端。这样可减少数据在网络上的传送，消除网络阻塞现象，因此能很快查出所需记录并将结果送到客户端，这大大减少了网上数据传输量。存储的过程另一好处是，可供不同的开发工具调用，如PB、VB、ASP、Delphi等开发工具均可调用。

触发器是一种特殊类型的存储过程，它不同于我们前面介绍过的存储过程。触发器主要是通过事件触发而执行的，而存储过程可以通过存储过程名字而直接调用。例如，当对某一表进行诸如UPDATE、INSERT、DELETE这些操作时，SQL Server就会自动执行触发器所定义的SQL语句，从而确保对数据的处理必须符合由这些SQL语句所定义的规则。触发器的主要作用是，当主键与外键都不能实现复杂参照完整性和数据一致性时，利用触发器可以实现。触发器可以解决高级形式的业务规则或复杂行为限制，以及实现定制记录等一些方面的问题。

尽管触发器有如此强大的功能，但是其副作用也非常大。实践证明，过多地使用触发器，会引起数据库系统瘫痪，甚至崩溃。因为每增加一个触发器，数据库系统就多套上了一把枷锁，枷锁加到一定数量，数据库系统就停止呼吸与心跳了。因此，我们的结论是：凡是能用存储过程代替触发器功能的地方，就坚决用存储过程！

6．数据库设计的内容

数据库设计包括数据库需求分析、数据库概念设计、数据库物理设计三个阶段。索引、视图、触发器和存储过程都在数据库服务器上运行，所以也将它们划分到数据库物理设计之中。

（1）数据库需求分析

需求分析都是从业务流程开始的，这是因为：用户只能从业务流程上提出需求，而将功能、性能和接口需求置于业务流程之中。软件开发的目标是为了满足用户的业务流程需求，并在流程中体现出功能、性能和接口需求。在需求分析时，切记一句话：“一定要满足用户需要的功能与性能，尽量回避用户想要的功能与性能。”因为“需要”是必需的，“想要”是无止境的，而且“想要”常常会使问题扩大化，使数据库越来越大，使项目长期不能收尾。

用户的需要是从原始单据的录入、统计、查询、报表的输出开始的，中间可能有数据处理、传输与转换的问题，这些需要都应满足。作为一个聪明的分析者，分析中要由表及里、由此及彼。也就是说，由用户的原始单据与报表分析，就应联想到数据库如何设计，以及设计中还有什么数据不清楚，需要用户进一步提供。

数据库需求分析的步骤是：收集系统所有的原始单据（信息源产生的数据）和统计报表，弄清楚两者之间的关系，写明输出数据项中的数据来源与算法。若原始单据覆盖了所有需要的业务内容，并且能满足所有统计报表的输出数据要求，则需求分析完成。反之继续分析。

（2）数据库概念设计

数据库概念设计指设计出数据库的概念数据模型 CDM，即实体关系图（E-R 图），以及相应的数据字典（DD），如实体字典、属性字典、关系字典。在 Rose 2002 中规定，对象模型中的关系是连接两个类，数据模型中的关系是连接两个表。

所谓实体，就是一组相关元数据的集合。所谓实例，就是实体的一次表现。

【例 6-2】 “姓名，性别，身高，体重，民族”这一组相关元数据的集合，就组成了“人”这个实体。而“张三，男，1.8，90，汉族” 就是人这个实体的一次表现，它不是一个实体，而是一个实例。如果将“体重”改为“毛重”，则“姓名，性别，身高，毛重，民族”就不是一个实体，因为人不能用毛重、净重描述，猪和货物可以用毛重、净重描述。

概念设计的特点是：与具体的数据库管理系统和网络系统无关，它相当于数据库的逻辑设计。

（3）数据库物理设计

数据库物理设计指设计出数据库的物理数据模型 PDM，即数据库服务器物理空间上的表、字段、索引、表空间、视图、储存过程、触发器，以及相应的数据字典。

物理设计的特点是：与具体数据库管理系统和网络系统有关。数据库物理设计的方法是：

① 确定关系数据库管理系统平台，即选定具体的 RDBMS。

② 利用数据库提供的命令和语句，建立表、索引、触发器、存储过程、视图等。

③ 列出表与功能模块之间的关系矩阵，便于详细设计。

上述工作可以手工进行。但是，若利用 Power Designer 或者 ERWin 工具，则效率将大大提高。

7. 数据库设计的步骤

数据库设计有 10 个步骤，如表 6-2 所示。

表 6-2　数据库设计的 10 个步骤

设计步骤	设计内容
第 1 步	将原始单据分类整理，理清原始单据与输出报表之间的数据转换关系及算法，澄清一切不确定的问题
第 2 步	从原始单据出发，划分出各个实体，给实体命名，初步分配属性，标识出主键或外键，理清实体之间的关系
第 3 步	进行数据库概念数据模型 CDM 设计，画出实体关系图 ERD，定义完整性约束
第 4 步	进行数据库物理数据模型 PDM 设计，将概念数据模型 CDM 转换为物理数据模型 PDM
第 5 步	在待定的数据库管理系统上定义表空间，实现物理建表与建索引
第 6 步	定义触发器与存储过程
第 7 步	定义视图，说明数据库与应用程序之间的关系
第 8 步	数据库加载与测试：向基表中追加记录，对数据库的功能、性能进行全面测试
第 9 步	数据库性能优化：从数据库系统的参数配置、数据库设计的反规范化过程的两个方面，对数据库的性能进行优化
第 10 步	数据库设计评审：从数据库的整体功能与性能两个方面，请同行专家评审评价

对于信息系统来说，数据模型设计主要是数据库设计。下一节专门论述数据库设计中的理论、方法、技巧与艺术。

6.3　数据库设计的理论与方法

下面介绍数据库设计的理论和方法，也包括设计技巧，或称艺术，重点是数据库设计中的四个原子化理论。建议读者仔细阅读，慢慢消化，逐步吸收，学以致用。

1. 通俗地理解范式理论

通俗地理解范式，对于数据库设计大有帮助。这里所说的通俗地理解范式是指够用的理解，并不一定是最科学、最准确的理解。

第一范式：1NF 是对属性的原子性约束，要求属性具有原子性，不可再分解。

第二范式：2NF 是对记录的唯一性约束，要求记录有唯一标识，即实体的唯一性。进一步讲，在数据库设计时，作为唯一性标志的主键，最好是一个字段，而不是组合字段，这就是主键的原子性。现在的关系数据库管理系统，都提供唯一标识 ID 类型的字段，就是为了实现主键的原子性。

第三范式：3NF 是对字段冗余性的约束，即任何字段不能由其他字段派生出来，它要求字段没有冗余。

其他更高级的范式：BCF、4NF、5NF、6NF 等各级范式，研究的内容是解决实体本身的原子性问题，只要实体本身不可再分解了，即实体原子化了，就从根本上符合了 BCF、4NF、5NF，6NF 范式的要求。由此可见："只要实现了属性、主键、实体和联系的原子化，就从根本上符合了各级范式的要求"。这就是范式理论的实质！

没有冗余的数据库设计可以做到。但是，没有冗余的数据库未必是最好的数据库，有时为了提高运行效率，必须降低范式标准，适当保留冗余数据，这就是用空间换时间的做法。具体做法是：在概念数据模型设计时遵守第三范式，将降低范式标准的工作放到物理数据模型设计时考虑。降低范式就是增加字段，允许冗余。人们常称“降低范式的过程”为“反规范化设计过程”。

【例 6-3】 有一张存放商品的基本表，如表 6-3 所示。“金额”字段的存在，表明该表的设计不满足第三范式，因为“金额”可以由“单价”乘以“数量”得到，说明“金额”是冗余字段。但是，增加“金额”这个冗余字段，可以提高查询统计的速度，这就是以空间换时间的做法。在 Rose 2002 中规定，列有两种类型：数据列和计算列。“金额”这样的列被称为“计算列”，而“单价”和“数量”这样的列被称为“数据列”。

表 6-3 商品表的表结构

商品名称	商品型号	单价	数量	金额
电视机	29 英寸	2 500	40	100 000

主键与外键在多表中的重复出现，不属于数据冗余，这个概念必须清楚，事实上有许多人还不清楚。非键字段的重复出现，才是数据冗余，而且是一种低级冗余，即重复性的冗余。高级冗余不是字段的重复出现，而是字段的派生出现，这种派生字段称为“计算列”。由此可见，“计算列”的值不是由信息源产生的数据录入进去的，而是由录入程序在录入其他列的值时，经过“计算”（即数据处理）后形成的，所以它不独立于其他列，不符合第三范式。

【例 6-4】 商品中的“单价、数量、金额”三个字段，“金额”是由“单价”乘以“数量”派生出来的，它就是一种高级冗余，冗余的目的是为了提高处理速度。只有低级冗余才会增加数据的不一致性，因为同一数据，可能从不同时间、地点多次录入。因此，应当提倡高级冗余（派生性冗余），反对低级冗余（重复性冗余）。

2. 原始单据与实体之间的关系

原始单据，就是信息源产生的单据。

实体集或实体型（以后简称实体），就是一组相关元数据的集合。

可见，原始单据中的数据，就是原始数据。那么，原始单据与实体之间存在什么关系呢？数据库设计工作之一是画 E-R 图，E-R 图上的元素是实体和关系。那么，实体在哪儿呢？即如何发现、找到、抽象出实体呢？我们说，实体就蕴涵在原始单据中！

原始单据与实体之间关系可以是一对一、一对多、多对一的关系。在一般情况下，它们是一对一的关系，即一张原始单据对应且只对应一个实体。在特殊情况下，它们可能是一对多或多对一的关系，即一张原始单据对应多个实体，或多张原始单据对应一个实体。在数据库概念数据模型 CDM 中称为实体，在数据库物理数据模型 PDM 中称为表。在这里，实体可以理解为基本表。明确这种对应关系，对设计录入界面大有好处。

【例 6-5】 在人力资源信息系统中，一份员工履历资料对应三个基本表：员工基本情况表、社会关系表、工作简历表。这就是“一张原始单据对应多个实体”的典型例子。

3. 主键与外键

一般而言，一个实体不能既无主键 PK，又无外键 FK。在 E-R 图中，处于叶子部位的实体，可以定义主键，也可以不定义主键（因为它无子孙），但必须要有外键（因为它有父亲）。

主键和外键的设计，在全局数据库的设计中，占有重要地位。对全局数据库的设计过程，有位美国数据库设计专家曾感叹：“键，到处都是键，除了键之外，什么也没有!”这就是他的数据库设计经验之谈，也反映了他对信息系统核心（数据模型）的高度抽象思想。一般认为，主键是实体的高度抽象，主键与外键配对表示实体之间的连接：主键表示主表，外键表示主表与从表之间的连接。

主键 PK 是供程序员使用的表间连接工具，可以是一个无物理意义的数字串，由程序自动加 1 来实现（关系数据库管理系统 RDBMS 有一个唯一标识字段类型 ID，就是专门为主键字段而设计的）；也可以是有物理意义的字段名或字段名的组合，不过前者比后者好。我们主张主键原子化，即只用一个字段做主键。当主键 PK 是字段名的组合时，建议字段的个数不要多，因为字段太多，不但索引占用空间大，而且速度也慢。

4．数据库设计中的“第三者插足”设计模式

Java 程序设计有设计模式，数据库设计也有设计模式。

数据库设计既是一门科学（因为它有坚实的理论基础），又是一门技术（因为它有很多的技巧）。站在 IT 企业的数据库开发角度上讲，数据库设计的核心设计模式有两个：一个是“第三者插足”模式，另一个是“行变列”模式。

当两个实体之间存在多对多关系时，必须在它们之间插入第三个实体，以化解这种多对多关系。由于插入的实体，可能是强实体，也可能是弱实体，所以“第三者插足”模式又分为“强实体插足”模式和“弱实体插足”模式两种。

所谓强实体插足模式，就是不需要增加一个新实体，已有的“明细实体”就能够扮演“第三者”的角色。该模式的详细情况，将在 6.4 节中介绍，本节只介绍“弱实体插足”模式。

所谓弱实体插足模式，就是要公开增加一个新的弱实体，使其扮演“第三者”的角色。该模式是一种最常见、最抽象、最难发现的数据库设计模式。它的特点是：由于两个多对多关系实体之间的关联实体，没有独立的业务处理需求，因而不存在实实在在的关联实体，所以需要另外增加第三个抽象的实体，作为它们之间的关联实体。这个抽象的关联实体，实质上就是一个复杂关系，称为弱实体。该弱实体，就是原来两个多对多关系实体之间笛卡儿积的子集。该设计模式，被称为“弱实体插足”模式。

数据库设计中的“第三者插足”模式：如果两个实体（或多个实体）之间的关系非常复杂，那么它们之间就可能存在多对多的关系。处理多对多关系的方法是在它们之间插入第三个实体，使原来的多对多关系化解为一对多关系。

首先要知道，实体之间的多对多关系，是实体（即实体集、又叫实例集、简称实体）之间笛卡儿积的具体表现。若两个实体之间存在多对多的关系，那么这种关系就是一种复杂关系，具体表现就是这两个实例集相乘后得到一个庞大的新的实例集。

例如，某学院有 100 位老师（构成老师集），共开设 100 门课程（构成课程集），“老师集”与“课程集”之间是多对多关系，它们的笛卡儿积是这种多对多关系的具体表现，这个笛卡儿积共有 100×100=10 000 个实例，即 10 000 条记录。在这 10 000 条记录中，真正在物理上有意义的只是其中的小部分，大部分没有物理意义。这小部分有物理意义的实例，称为“笛卡儿积的子集”，在数据库设计中，就是要将这个“笛卡儿积的子集”寻找出来，寻找的窍门就是“要善于识别与正确处理实体之间的多对多关系”。

若两个实体之间存在多对多的关系，则应消除这种关系。消除的办法是，在两者之间增加第三个实体。这样，原来一个多对多的关系，现在变为两个一对多的关系。剩下的问题是：

要将原来两个实体的共同属性分配到第三个实体中去，还要将原来两个实体的主键作为第三个实体的外键。这里的第三个实体，实质上就是“笛卡儿积的子集”，它对应一张基本表，这样的基本表所对应的实体，有时称为“弱实体”。

【例 6-6】 在“酒店信息系统”中，“客人”是一个实体，“房间”也是一个实体。这两个实体之间的关系，是一个典型的多对多关系：一位客人在不同时间里可以住多个房间；一个房间在不同时间里又可以由多位客人住宿，如图 6-1 所示。

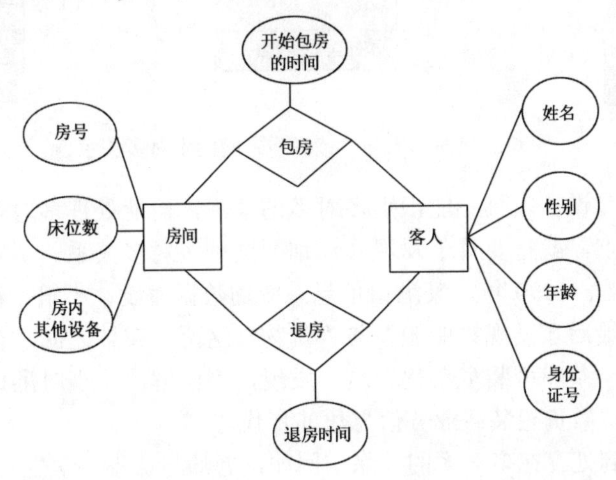

图 6-1 “客人”与“房间”之间的多对多关系

酒店“客人”与“房间”之间的多对多关系，其中包房和退房两个实体，可以合并为一个实体“住宿”，该实体就是“第三个实体”，即“笛卡儿积的子集”。

图 6-1 中用一个圆泡泡来表示一个属性，用一个菱形来表示一个关系，我们称这种形式的 E-R 图为原始 E-R 图。在许多软件工程教材中，仍然使用这种原始、落后的 E-R 图，其根本原因是，没有采用现代的 CASE 工具来设计与绘制 E-R 图。图 6-2 中表述的 E-R 图，就是一张现代 E-R 图。其中“开房”弱实体，起到了“第三者插足”的作用：将原来的一个多对多关系，化解为现在的两个一对多关系。

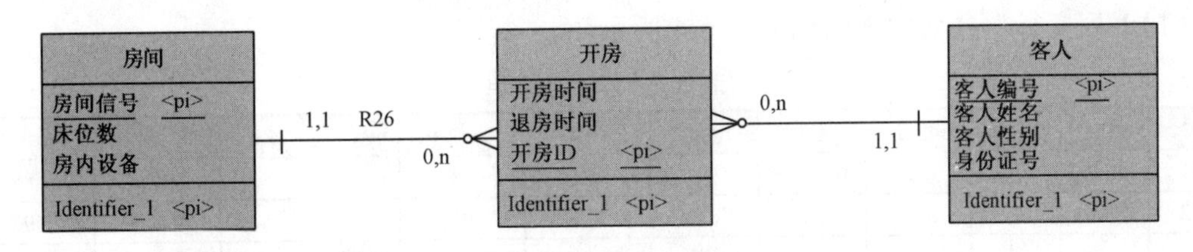

图 6-2 “酒店管理信息系统”E-R 图

【例 6-7】 在“图书馆信息系统”中，“图书”是一个实体，“读者”也是一个实体。这两个实体之间的关系，是一个典型的多对多关系：一本图书在不同时间可以被多个读者借阅；一个读者又可以借多本图书。为此，要在两者之间增加第三个实体，该实体取名为“借还书”，它的属性为：借还时间、借还标志（0 表示借书，1 表示还书），另外，它还应该有两个外键（“图书”的主键，“读者”的主键），使它能与“图书”和“读者”连接，如图 6-3 所示。

数据库设计中“第三者插足”模式的实质，是解决实体之间关系的原子化问题。我们定义一对多关系为原子关系，多对多关系为非原子关系。“第三者插足”模式的作用，就是将非原子关系转化为原子关系。值得说明的是，有时只要增加一个“第三者”，即增加一个实体，就可以解决好几个多对多关系的原子化问题。

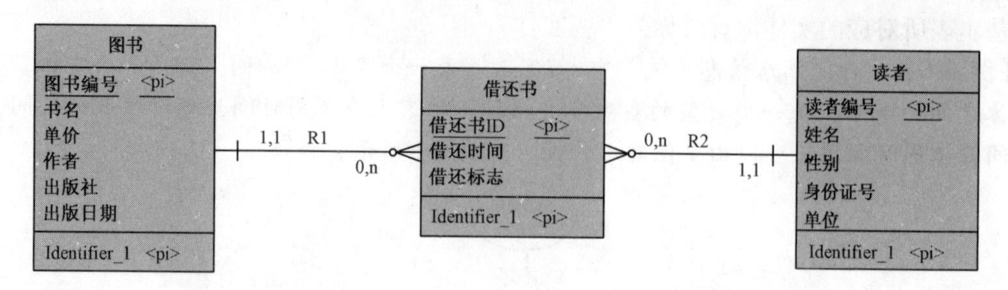

图 6-3 “图书”与“读者”之间的多对多关系

一般来讲，数据库设计工具不能识别多对多的关系，但能处理多对多的关系。所以，数据库设计师的工作重点，就是要善于发现（识别）这种多对多关系。事实证明：发现这种多对多关系有时非常困难。1990 年，某港口信息系统的数据库设计小组，花了几个月的时间、进行多次反复寻找，最后才发现“船舶”与“货物”这两个实体之间，存在多对多关系。即一票货可装多条船、一条船可装多票货。这一发现，不但解决了当时港口的信息化难题，而且大大推动了全国港口散货船装载业务信息化的步伐。

在现实生活中，到处存在多对多的关系。例如，老师与课程、学生与课程、读者与图书、旅客与客房、司机与车辆、船舶与货物、飞机与机场、运动员与项目，等等。

5. 数据库设计中的“列变行”模式

要建立稳定的数据模型，就要掌握“以不变应万变”的设计技巧，这就是“列变行”设计模式。

列变行，就是将第一个表中的某些列，变为第二个表中的某些行。这样，就将原来设计不科学的一个表，变为现在设计很科学的两个表。

“列变行”的具体做法，请看下面的例题。

【例 6-8】 学生成绩单的管理，是一个“列变行”的例子。

（1）“列变行”之前的表结构如表 6-4 所示。

表 6-4 学生成绩单

学号	姓名	性别	电话	地址	Email	课程 1	成绩 1	…	…	课程 30	成绩 30
0501	张晶	女	…	…	…	英语	88	…	…	数据库	85
0502	刘路	男	…	…	…	英语	98	…	…	数据库	90
0503	…	…	…	…	…	…	…	…	…	…	…

先来分析“列变行”之前的表结构设计中的缺点。由于每位大学生，4 年中可能要学习 30 门左右的课程，所以设计了存放 30 门课程的名称及期末成绩。这种设计方法存在两个缺点。一是在四年级之前，他们没有学完 30 门课程，因此这种设计浪费了不少存储空间；二是到四年级时，个别学生可能修了两个学位，共计有 30 多门课程，因此这种设计使得表结构不够用，需要改动表结构设计，增加存储空间。这两个缺点合在一起，称为设计工作犯了不“实事求是”的错误。由此可见，不“实事求是”的设计，就不能建立稳定的数据模型。

（2）“列变行”之后的表结构如表 6-5 和表 6-6 所示。

表 6-6 学生成绩单

学号	课程	成绩
0501	英语	88
0501	哲学	78
0501	…	…
0501	…	…
…	…	…
0502	数据库	85
0502	日语	90
0502	法语	96

表 6-5 学生花名册

学号	姓名	性别	电话	地址	Email
0501	张晶	女	…	…	…
0502	刘路	男	…	…	…
0503	…	…	…	…	…

“列变行”，就是将一个表变为两个表：其中一个为主表或父表，另一个为从表或子表（又称明细表），通过主键与外键，两个表进行连接，共同完成相关的操作。

现在来分析“列变行”之后的表结构设计中的优点，就是“实事求是”。第一，在四年级之前，他们没有学完30门课程，这种设计也不会浪费一点存储空间；第二，到四年级时，即使个别学生修了两个学位，共计有30多门课程，这种设计也不需要改动表结构，达到了“以不变应万变”的目的。

若用E-R图来表示“列变行”模式，则得到如图6-4所示的E-R图。由此可见，“列变行”模式是一种“主从模式”。

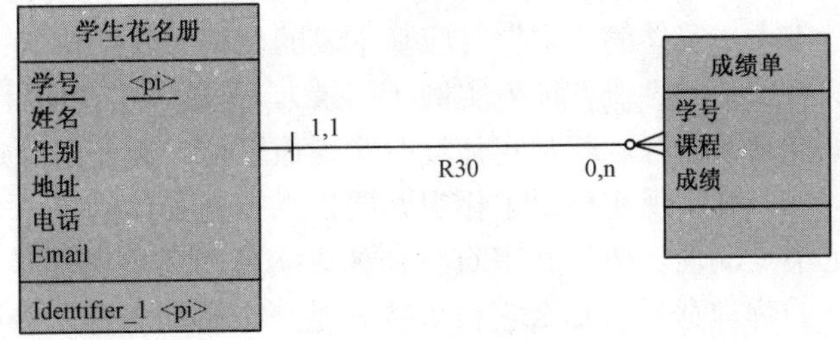

图 6-4 学生成绩单管理的E-R图

在现实生活中，到处存在需要“列变行”的例子，因为到处有主表与明细表的关系。例如，部门与员工、员工基本情况与个人简历、月基本工资与月补贴、订单头与订单体，等等。

“列变行”的应用场景是：当一个表的列数较多、而且多到不可能控制在一个固定数量的范围内时，可考虑运用“列变行”的技巧，将原来一个表分解为两个表，其中一个为主表，另一个为明细表。

数据库设计中“列变行”模式的实质，是解决实体本身的原子化问题。也就是说，是解决数据库设计符合BCF、4NF、5NF的问题。

现在的问题是：如何由“列变行”之后的两个表合并为一张输出报表？请看下面的创建视图程序：

```
Create View  学生成绩表
    As
    Select  学生表.学号，姓名，课程名称，成绩
    From  学生表，成绩表
    Where  学生表.学号 = 成绩表.学号
```

通过这个视图，就达到了输出学生成绩单的目的。由此可见，“列变行”是为了对输入数据进行组织。反过来，“行变列”建立视图，是为了对输出数据进行组织，以满足用户对查询或报表的需求。

6. 数据库设计中的四个原子化理论

站在数据库设计者的立场上看，只要实现属性原子化、实体原子化、主键原子化、联系原子化（简称四个原子化理论），数据的所谓更新异常、插入异常、删除异常、数据冗余现象，就从根本上消除了。在这里：

属性原子化（Property atomization），是指实体的属性本身不能再分解了；

实体原子化（Entity atomization），是指实体本身不能再分解了；

主键原子化（Primary Key atomization），是指实体的主键本身是一个 ID（identifier）字段；

联系原子化（Relationship atomization），是指实体之间的联系都是一对多联系（1 对 1 或 1 对 0 联系被看成 1 对多联系的特例）。

属性为什么要原子化呢？这里的属性是指实体的属性，它对应于关系数据库中二维表的一列，只有“列”是不可再分解的，二维表才是一张规范的表。属性原子化是由关系数据库之父Edgar F. Codd首先提出来的，这是他的一大功绩。

怎样实现属性原子化呢？就是要判断属性中是否包含新的更小的属性，若是，那么就没有实现属性原子化，反之，则实现了属性原子化。

实体为什么要原子化呢？首先申明，这里的实体实质上是指实体集，它对应数据库中的基本表。实体的“型”对应基本表的框架（表结构），实体的“值”对应基本表中的记录，我们将实体的“值”称为实例（记录）。无数事实证明，基本表中数据更新异常、插入异常、删除异常的根源，就是实体没有实现原子化。为了消除这个根源，就必须实现实体原子化。

怎样实现实体原子化呢？要认真审查实体的每一个属性，因为实体是名词，不是形容词，更不是动词。所以在审查时，如果实体的某个属性是名词，该名词又有独立的业务需求或独立的物理意义，那么它很可能就是一个新的实体。若真的是一个新的实体，则说明原来的实体没有原子化。于是，就应该将原来的实体分解为两个实体或多个实体，从而实现实体原子化。如此往复循环，直到实体原子化了为止。

主键为什么要原子化呢？因为主键有三项功能：一是表中记录的唯一标识、二是在主键上建立唯一索引、三是实现表之间的联结。只有将主键原子化了，才能很好地完成这三项功能：用一个 ID 字段这种最简洁的形式标识记录、在主键列上建立存储空间最小而运行速度最快的主索引、通过最简洁的方式来实现主表与从表之间的联结，所以主键必须原子化。我们提倡在主键上建索引，并不意味着反对在其他需要查询的字段上建索引。

联系为什么要原子化呢？因为关系数据库管理系统只能处理实体之间的一对多联系。

关系数据库的精髓就是一句话：一张二维表加上四个原子化理论。谁吃透了这句话，谁就会成为数据库设计高手，谁就掌握了关系数据库的核心。

“二维表”解决了数据库原理问题，“四个原子化理论”解决了数据库设计与数据集成化设计问题。

有关数据模型建模的详细资料，请见参考文献［3］。

6.4　数据模型建模实例分析——“混凝土公司信息管理系统”建模案例

在功能模型、业务模型、数据模型中，数据模型是中心。在需求分析与架构设计中，工作的重点是数据模型建模，其次才是业务模型与功能模型建模。为了突出重点，本节专门分析数据模型建模，案例是“混凝土公司信息管理系统”的概念数据模型，如图6-5所示。在分析中，特别强调数据库设计模式“列变行”和“第三者插足”的应用技巧。

1. 数据库需求分析

改革开放以来，中国的经济持续、高速、协调地发展，房地产业更是突飞猛进，建筑业工程也趋向规范。如今盖大楼，再不需要在建筑工地配备沙石、水泥和搅拌混凝土了，而是由专业的混凝土工厂（公司）制造、提供、运输混凝土。于是，各种混凝土公司相继成立，互相竞争，争夺合同，送货上门。

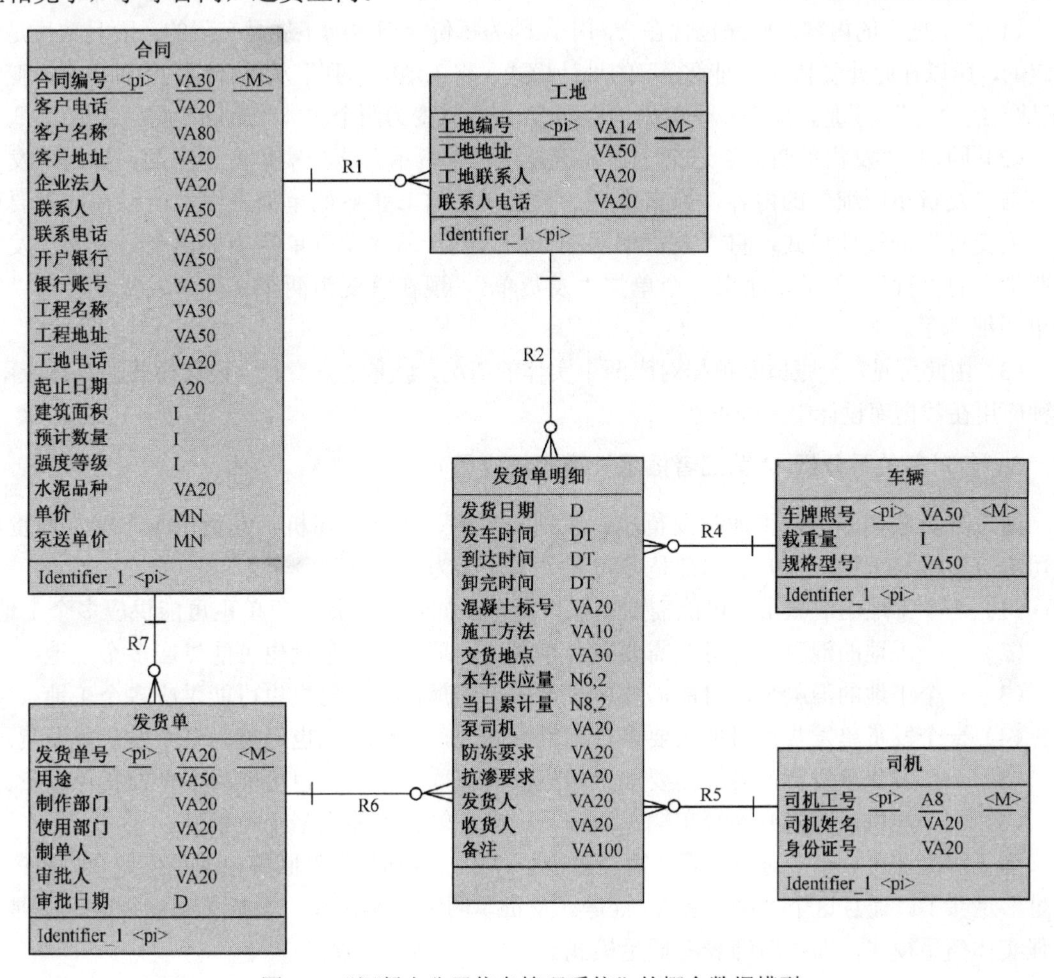

图6-5 “混凝土公司信息管理系统”的概念数据模型

那么，混凝土公司与建筑公司之间存在什么样的业务关系呢？或者说，混凝土公司怎样为顾客——建筑公司服务呢？混凝土公司的业务要怎样管理呢？这就是“混凝土公司信息系统”需求分析的内容。在需求分析中，数据库需求分析又是重中之重。其实不单单在这个系统中如此，所有的信息系统分析的重点都是数据库的需求分析。

通过需求分析我们知道，一个建筑公司有多个建筑施工工地，一个建筑施工工地有多幢楼房。为了给一幢楼房供应混凝土，可能要多次发货，每次发货可能有多台车辆和多个汽车司机，每辆车辆和每位司机又可能多次出车。每一个混凝土公司的业务运作，都是按照这个操作模式，日复一日、年复一年地进行。为此，作为“混凝土公司信息管理系统”的数据库分析设计师，必须调查、收集、记录、整理、分析、归纳建筑公司信息、工地信息、楼房信息、混凝土发货单信息、车辆信息、司机信息，并找出它们之间的内部联系，为设计数据模型做好充分准备。

2. 原始单据与实体关系分析（“列变行”模式的应用）

原始单据表面上只有合同、发货单两张单据，以及混凝土公司的车辆和司机情况。那么我们要问：概念数据模型 CDM 中怎么出来了“工地”和“发货单明细”两个实体呢？现解释如下：

（1）“工地”的内容，原来包含在合同中，因为每份合同中的工地是有限的，而且数目是不固定的，所以在此处要利用“列变行”的设计模式，将工地的“列”从“合同”中抽出来，变为“工地”的“行”。于是，原来一个单据“合同”，现在就变为两个实体“合同”与“工地”了。

（2）同理，“发货单明细”这个实体，也是由“发货单”这个实体变出来的，因为“发货单”与“发货单明细”的内容，原来都在“发货单”这一张原始单据上面。所以在此处要利用“列变行”的设计模式，将“发货单明细”的“列”从“发货单”中抽出来，变为“发货单明细”的“行”。于是，原来一个单据“发货单”，现在就变为两个实体“发货单”与“发货单明细”了。

（3）由此可见，一张原始单据对应两个实体的情况，就是“列变行”设计模式的具体应用，这种应用在数据库设计中无处不在。

3. 多对多关系分析（“第三者插足”模式的应用）

通过分析我们知道，工地与发货单、工地与车辆、工地与司机、发货单与车辆、发货单与司机、司机与车辆，它们之间都是多对多关系。因为：

（1）一个工地的混凝土，可能需要多张发货单；同理，一张发货单也可能供应多个工地。

（2）一个工地的混凝土，可能需要多台车辆；同理，一台车辆也可能供应多个工地。

（3）一个工地的混凝土，可能需要多个司机；同理，一个司机也可能供应多个工地。

（4）一个发货单发货，可能需要多台车辆；同理，一台车辆也可能为多个发货单发货。

（5）一个发货单发货，可能需要多个司机；同理，一个司机也可能为多个发货单发货。

（6）一个司机，可能开多台车辆；同理，一台车辆也可能由多个司机开。

为了解决上述 6 个多对多关系，需要多少个“第三者插足”？回答很简单：一个“第三者插足”足够了。而且这个“第三者”，就是“发货单明细”实体或“发货单明细”表，它是一种强实体插足模式，即“明细表”插足模式。

“强实体插足”模式也是一种比较常见的、非常重要的、初学者不易理解的数据库设计模式。该模式的特点是：由于两个多对多关系的实体之间的关联实体，存在独立的业务处理需求，这种独立的业务处理需求，就是实实在在的“明细表”。也就是说，“明细表”就是两个或多个多对多关系表之间的关联表。

不管是强实体插足模式，还是弱实体插足模式，只要是“第三者插足”模式，都需要注意以下三点：

（1）一个“第三者”实体，有时可以同时解决好几个实体之间的多对多关系。

（2）“第三者”实体中的属性个数，往往比想象的要多。因为它要包含几个多对多关系实体中的共同属性。那种认为"第三者"实体中的属性，就是"一个主键PK再加上几个外键FK"的观点，是片面的、有害的。

（3）"第三者插足"插出来的那个实体，与"列变行"变出来的那个实体，二者有时是同一个实体。也就是说，这个实体具有双重作用，即"双肩挑"。这就是"第三者插足"模式和"列变行"模式之间的关系。

4．数据库概念设计

按照"数据库需求分析、数据库概念设计、数据库物理设计"的软件工程步骤，我们对混凝土公司MIS系统进行了数据库概念设计，得到了"混凝土公司信息管理系统"的概念数据模型，即全局E-R图，如图6-5所示。

别看这个E-R图很简单，其实它所反映的数据关系相当复杂，能用简单方法处理好复杂问题，正好说明了设计者水平的高超。他们在识别与处理实体之间的多对多关系方面游刃有余，不愧是数据库分析与设计的高手。因为在这个E-R图里，蕴含了好几个实体之间的多对多关系。例如，工地与发货单、工地与车辆、工地与司机、发货单与车辆、发货单与司机、司机与车辆，它们之间都是多对多关系。这么多实体之间的多对多关系，设计者只用"发货单明细"这个简单实体，就轻松地解决了这个难题，其方法之巧妙，真是"四两拨千斤"。这样的设计可以说是通过中间关联表来处理多对多关系的典范。

5．数据库物理设计

数据库概念设计产生了概念数据模型CDM，利用Power Designer工具，选定具体的关系数据库管理系统，很容易得到物理数据模型PDM，最后完成具体的建表、建索引、建视图、建存储过程、建触发器等项工作，这就是数据库物理设计。

6.5 三个模型建模实例分析——"某省级新华书店信息管理系统"建模案例

某省级新华书店是一家大型企业，属省新闻出版局，是省精神文明建设的窗口单位。省级新华书店由发行中心、储运中心、书城和连锁书店组成。发行中心实现图书的订购、批发和配送，横向与全国各出版社联系，纵向与本省各地市书店联系。储运中心完成图书的保存和运输。书城是省级中心书店，以零售业为中心，带领所有的连锁书店直接为读者服务。省级书城经销的图书品种在几十万种以上，年经营额在几亿元以上。

"某省级新华书店信息管理系统"运行在企业网Intranet上，企业网的特点是在客户机上安装Web浏览器软件，在应用服务器上安装Web服务器软件，在数据库服务器上安装关系数据库管理系统RDBMS，在Intranet和Internet之间安装防火墙。关系数据库管理系统Oracle支持分布式数据库技术，它规定全局数据库名为：用户名.表名.@数据库名.网络域名；提供两阶段提交机制：Commit和Rollback；具有网络节点场地自治能力；在数据库复制策略与触发器技术的支持下，确保分布式数据库操作的一致性，从而保证在浏览器上对信息进行录入、修改、查询操作的准确性。

为了分析该系统，首先给出它的概念数据模型CDM，即全局实体关系简图（E-R简图），如图 6-6 所示。遵循“三个模型”的分析思想，以及“从分析数据模型入手”的分析方法，对该系统进行如下分析。

1．数据模型分析

数据模型建模，是设计阶段的主要建模工作。利用 CASE 工具 Power Designer，创建了省级新华书店信息系统的概念数据模型 CDM，如图 6-6 所示。

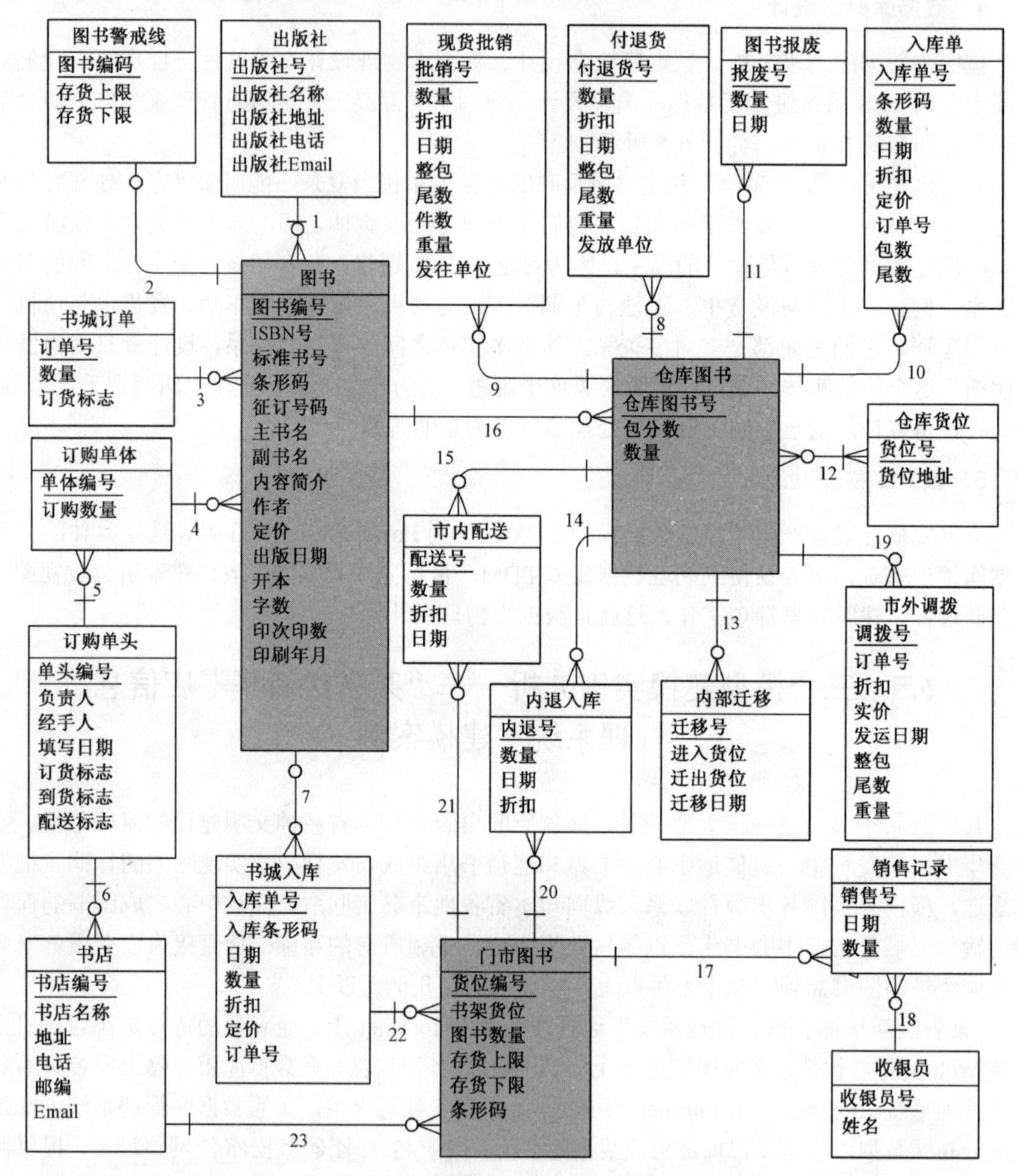

图 6-6 “某省级新华书店信息管理系统”的概念数据模型 CDM

从全局实体关系图中，我们发现，CDM 有以下三个主要实体：

（1）图书。它存放新华书店历年来发行的全部图书信息。

（2）仓库图书。它存放储运中心仓库现有的全部图书信息。

（3）门市图书。它存放书城或连锁书店各自现有的全部图书信息。

以上面三个主要实体为中心，按照实体之间的关系连线，就能理出数据模型的内部关系思路，并将所有的次要实体统帅起来，使所有的次要实体都以这三个实体为中心，形成一个完整的新华书店信息系统数据模型。

在“某省级新华书店信息管理系统”的概念数据模型CDM中，与“图书”直接关联的实体有：出版社、仓库图书、书城入库、订购单体、书城订单、图书警戒线。与“仓库图书”直接关联的实体有：现货批销、付退货、图书报废、入库单、仓库货位、市外调拨、内部迁移、内退入库、市内配送、图书。与“门市图书”直接关联的实体有：市内配送、内退入库、销售记录、书店、书城入库。每个实体的名称、主键、属性在CDM图上显示得很清楚。根据概念数据模型CDM，利用Power Designer工具，就可自动生成物理数据模型PDM，此处省略，读者可上机操作。

PDM的实体（表）个数，与CDM的实体个数完全相同。如果想进一步生成建表和建索引的程序，也很容易。

利用CASE工具设计数据模型的好处还在于其修改维护上有极大方便。这不仅表现在正向工程上，还表现在逆向工程上。

2．功能模型分析

“某省级新华书店信息管理系统”的功能模型具有16项功能，可用“功能点列表”的方式来描述和分析，现将分析结果列在表6-7之中。其中“输入内容”是用户对信息系统的录入，“输出内容”是信息系统对外的显示或打印，“系统响应”是信息系统对用户操作的处理过程。

表6-7 “某省级新华书店信息管理系统”的功能模型

序号	功能名称	输入内容	系统响应	输出内容
1	建立并维护全部图书基本信息	发行中心录入历史的、当前的、今后的全部图书基本信息	将全部图书的基本信息存入到“图书”实体中	提供图书条件查询和模糊查询的基本信息
2	实现网上订书	发行中心在网上发布新书书目，各书店或读者在网上编制自己的新书订购单	系统调用“图书”、“书店”、“订购单头”、“订购单体”、“出版社”等实体，产生订单并打印输出	发行中心汇总各订购单，形成订单（中间表），发给相关出版社
3	实现网上图书入库	发行中心录入新书入库、期货入库、内部退货入库、现货入库信息	系统调用“图书”、“入库单”、“内退入库”、“仓库货位”、“仓库图书”实体，完成入库和对订单销账，新书首次入库时要将信息存入到“图书”实体中	销账后的订单存入相应的历史库中
4	实现市内书店网上图书配送	网上自动配送，不需输入信息	系统调用“图书”、“仓库货位”、“仓库图书”、“门市图书”、订单，产生配送表（中间表），修改“门市图书”信息	按照配送表（中间表）内容配送到书店的书架货位
5	实现市外书店网上图书调拨	网上自动调拨，不需输入信息	系统调用“图书”、“市外调拨”、“仓库货位”、“仓库图书”、“书店”实体，产生调拨单（中间表）	按照调拨单（中间表）内容调拨到市外书店
6	实现网上现货批销	发行中心录入“现货批销”实体的信息	系统调用“图书”、“现货批销”、“仓库货位”、“仓库图书”实体，进行现货交易	现货批销单（中间表）

续表

序　号	功能名称	输入内容	系统响应	输出内容
7	实现 POS 机销售	POS 机自动读入条形码	系统调用“门市图书”、“书店”、“收银员”实体，产生销售单（中间表）	销售单（中间表）转财务部门
8	建立书城备用进货系统	书城录入“书城订单”实体的信息	系统调用“图书”、“书城订单”、“书城入库”、“门市图书”实体，产生入库单	书城入库单
9	实现发行中心向出版社退货	发行中心录入退货信息	系统调用“付退货”、“出版社”、“仓库货位”、“仓库图书”实体，产生退货单（中间表）	退货单（中间表）
10	实现书店向发行中心退货	书店录入内退货信息	系统调用“书店”、“内退入库”、“门市图书”、“仓库货位”、“仓库图书”实体，产生内退货单（中间表）	内退货单（中间表）
11	实现图书在仓库中内部迁移	发行中心录入图书内部迁移信息	系统调用“内部迁移”、“仓库货位”、“仓库图书”实体	更改后的“仓库货位”
12	实现网上图书报废	发行中心录入报废图书信息	系统调用“图书报废”、“仓库货位”、“仓库图书”实体	网上公布报废图书信息
13	实现财务电算化接口	定时启动该系统与财务的接口程序或组件	系统将订单、配送、调拨、批销、销售、退货、报废作业中发生的资金流，自动制作为“记账凭证”，转财务系统处理	“记账凭证”
14	实现条件查询	查询条件	根据查询条件，系统调用相关实体，进行查询统计，生成查询结果	显示查询结果
15	实现模糊查询	模糊查询条件	根据模糊查询条件，系统调用相关实体，进行查询统计，生成查询结果	显示模糊查询结果
16	建立全部电子统计报表	报表名称、打印日期	根据报表统计条件，系统调用相关实体，进行统计处理，生成报表	打印报表

3. 业务模型分析

业务模型属于动态模型，本实例分析中用“业务操作步骤”来描述。“某省级新华书店信息管理系统”的业务模型由下列 10 个步骤组成。

步骤 1　制作“订购单”操作流程。根据订书书目，发行中心将新版首次印刷的新书基本信息录入“图书基本信息”库。与此同时，各书店征集单位读者和个人读者的订书需求，制作“订购单”，先录入“订购单头”的内容：书店名称、责任人、经手人、订书日期等，再录入“订购单体”的内容：征订代码、征订数量等。

步骤 2　制作“订单”操作流程。“订购单”完成后，发行中心在网上汇总各书店的“订购单”，并按出版社统计出征订的书名、估价、数量等信息，形成正式的“订单”，且打印输出。“订单”的内容包括：出版社名称、出版社代码、征订日期、书名、出版日期、估价、征订代码、数量、总计、征订单位、地址、邮编等。

发行中心通过电子邮件等手段，将订单发送给各有关出版社，等待出版社发货。

步骤 3　图书期货入库操作流程。发行中心收到各出版社的图书，根据包分数和随包单据验书入库。对期货入库，系统需要自动查找相应的订单，并对订单进行销账标识处理。验书入库的录入内容包括：单据流水号、书编号、数量、仓库货位、折扣、订单号、包分数、条形码等。在入库过程中，同时进行翻理、搬运、入架。

步骤4 图书配送操作流程。发行中心对于期货入库的图书，系统应立即制定主动配送表，迅速配送到市内各书店的书架上。主动配送表的输出内容包括：书店名称、配送表号、书号、书名、数量、定价、折扣、书店货位、配送日期时间。

发行中心下属的书库，要制定相应的出库单，内容包括：出库流水号、书号、数量、仓库货位、定价、折扣、配送表号、日期。

发行中心对于现货入库的图书，按照书库的存货警戒线与各书店的销售警戒线，由系统自动制定被动配送表，将图书迅速配送到市内各书店的书架上。其他操作与主动配送相同。

不管是主动配送还是被动配送，“配送表”均由发行中心的“大”服务器自动传送到各书店的“小”服务器上。各书店收到“配送表”和配送图书后，将确认结果反馈到发行中心的“大”服务器上。

步骤5 图书销售操作流程。市内各书店由POS机系统销售图书，POS机自动将图书销售信息传送到书店的“小”服务器上，服务器自动更新书架上的存货数量。若书架上的书的数量超过最低警戒线，则书店系统自动报警，要求发行中心配送图书。

步骤6 图书退货操作流程。

图书内部退货：对于停销滞销的图书，书店自动打印出内部退货表，并下架图书，送回发行中心，发行中心将它们验收入库。内部退货表的内容包括：日期、退货店名称、书号、书名、定价、折扣、数量、架位号。

图书外部退货：发行中心汇总各书店的内部退货表，按出版社制定外部退货表，将图书打包，连同退货表，发给出版社。与此同时，系统制定“出库单”，内容与入库单相似。

步骤7 图书调拨操作流程。对于市外书店，发行中心对它实行图书调拨。调拨也分主动调拨和被动调拨两种，使用“调拨单”，只调拨到书店，不调拨到书架货位。“调拨单”的内容包括：书号、书名、定价、折扣、数量、书店名、日期等。

步骤8 图书现货批销操作流程。发行中心对图书进行现货批销，若为现款交易，则录入现款交易批销单。反之，当作现货被动调拨处理。

步骤9 查询统计。网上订书查询和网上图书基本信息查询，不受权限控制。只有新华书店内部的销售、库存、财务、人事、报表等信息的查询统计，才受权限约束。

步骤10 制作记账凭证。在上述各步骤中，只有当发生与收款、付款、发票等有关的操作时，系统才调用与财务的接口，自动制作记账凭证，并将记账凭证转给财务系统。

整个省级新华书店的业务模型，主要由上述10项操作流程组成。新华书店信息管理系统夜以继日地在企业网上运行，周而复始地执行上述10项操作流程，全心全意地为读者服务。

4. 分析结论

当对上述“三个模型”研究分析之后，不但完成了需求分析的主要工作量，而且完成了概要设计中的主要内容——数据库设计。在此基础上，再对新华书店信息系统进行概要设计和详细设计，理应感到心中有数了。当详细设计评审通过（不符合项为零）后，再利用面向对象强大的编程工具进行实现，加上面向功能测试和面向过程管理，系统按计划（进度、成本、质量）实现，是顺理成章的事。

6.6 三个模型建模思想总结

1. 三个模型不是并列关系

通过以上分析，我们知道：在三个模型中，必须坚持以数据模型为中心，以功能模型与业务模型为两个基本点。也就是说，数据模型是支持功能模型与业务模型运转的，功能模型与业务模型是依赖数据模型而存在的。

2. 三个模型建模思想的优点

三个模型的建模思想明显地具有下列优点。

（1）符合中国人的心理。因为中国人在信息系统开发中，10 多年来已经形成了一套具有中国特色的做法：

- 系统有什么功能？对应系统的“功能模型”。
- 系统怎么操作？对应系统的“业务模型”。
- 系统的数据怎样组织和维护？对应系统的“数据模型”。

（2）符合客观事物的发展规律。因为做任何事情，都必须回答三个基本问题：

- 做什么？这是系统“功能模型”的任务。
- 怎么做？做到什么程度？这是系统“业务模型”的任务。
- 在什么地方做？做事的原材料在什么地方？做完后的产品放到什么地方？这是系统“数据模型”的任务。

（3）符合将复杂问题简单化和抓主要矛盾的哲学思想。软件系统很复杂，开发软件系统也很麻烦，搞得不好就脱不开身。因此，项目经理、技术经理、产品经理、程序经理、系统分析师、系统设计师都不可能事无巨细，而要抓大放小，举重若轻。细致的工作由程序员去做，业务经理的主要精力是“三抓”：

- 抓系统的“功能模型”。
- 抓系统的“业务模型”。
- 抓系统的“数据模型”。

（4）符合“简单、方便、直观”的原则。因为软件工程是一门工程科学、一种实用技术。

- “功能模型”看得见：菜单、界面、报表。
- “业务模型”摸得着：操作说明书、业务流程图、业务规则。
- “数据模型”听得懂：实体、属性、关系、表、字段、记录、数据字典、原始数据、统计数据、临时数据。

（5）符合节省成本、降低费用的经济效益目标。在发展中国家，软件开发费用相对于发达国家低得多，所以软件的开发方法与文档标准，不应该完全与发达国家相同，而应该本地化，结合中国的国情来做。一些外企解决方案的文档要比国内公司做得好，不是说我们没有水平和能力，而是如果那样搞的话，成本要高很多。客户不认可花很多成本去搞高水平的文档。

（6）三个模型的建模思想与建模方法，对面向过程方法建模、面向对象方法建模、面向元数据方法建模都适用，对应用软件建模、系统软件建模也适用。

（7）三个模型从根本上满足了 B/A/S（Browser/Application/Server）三层结构的需求：B 层（又称浏览层）对应功能模型，A 层（又称业务逻辑层）对应业务模型，S 层（又称数据库服务器层）对应数据模型。这真是一种奇妙的、天衣无缝的巧合！

3．三个模型覆盖了软件生命周期全过程

三个模型的建模方法，是作者在 IT 企业多年软件工程管理经验与在高校多年软件工程教学经验的积累、反思与升华。三个模型表面上只是覆盖需求分析和设计两个阶段，好像没有完全覆盖整个软件生命周期。因为业务模型和功能模型主要适合在软件需求阶段建模，数据模型主要适合在软件设计阶段建模。但是在实质上，这三个模型对软件实现、软件测试和软件维护三个阶段，也具有重要指导意义。例如，功能模型中的三个列表，既是软件实现和软件测试的出发点，又是它们的归宿。再如，软件维护也是维护这三个模型的。从这个角度来说，三个模型是覆盖了软件生命周期的全过程的。

6.7　本 章 小 结

不管是面向过程方法、面向对象方法，还是面向元数据方法，都存在一个建模问题。这里需要特别指出的是：UML 不是一种建模思想和建模方法，只是一种建模工具、建模语言或建模表示方式。尽管 UML 提供了大量丰富的图形、词汇表和规则，但是它申明自己只是一种建模语言，不是一种建模方法。方法与语言的不同之处是：方法不但包括模型，而且包括建模过程和建模结果。因此，方法要告诉读者在建模过程中做什么、怎么做、什么时候做、为什么做、做的过程中要注意什么。但是，UML 只提供一大堆建模的可视化图形符号，并没有告诉读者，应该在什么时候、用什么方法、去建立什么模型。因为它认为：这是软件开发过程中的工作，这是建模思想与建模方法的范围，开发者自己应该明白。所以 UML 对开发者的素质要求太高，这是它不能快速普及的原因之一。

与 UML 不同，“三个模型”既是一种软件建模思想，又是一种建模方法，它不但告诉人们应该在什么时候、用什么方法、去建立什么模型，而且告诉人们这三个模型之间的关系，以及如何用这三个模型去解决实际问题。“用例图、时序图、活动图和类图”等 UML 图形，只是实现“功能模型、业务模型和数据模型”的工具而已。

由此可见，我们要提高对软件建模思想与建模方法的认识，降低对建模工具 UML 的期望，不要以为 UML 什么都行，好像一用到 UML，就等同于面向对象分析与设计，就等同于面向对象建模。事实上，离开了具体的软件模型，UML 将寸步难行、一事无成。

对于信息系统建模，其核心是数据建模，即建立系统的数据模型。本章的精华是数据库设计的理论、方法、技巧与艺术，掌握了这些内容，读者就能逐步成为一个数据建模的高手。“四个原子化理论”的数据库设计原则，“三个模型”的软件工程建模思想，“四种开发方法”的软件工程方法论，“五个面向”的软件工程实践论，就构成了一个完整的软件工程方法论，该方法论不仅适合信息系统建设，而且也适合其他应用软件和系统软件的建设。

习 题 6

6.1 业务模型、功能模型、数据模型各有什么含义？三者之间有什么关系？

6.2 说明数据库与数据库管理系统的差别。

6.3 你是怎样通俗地理解数据库设计范式理论的？

6.4 什么是原始数据？什么是原始单据？什么是信息源？三者之间有何关系？

6.5 什么是实体？它与原始单据有什么关系？

6.6 基本表、代码表、中间表、临时表，它们有何异同？

6.7 为什么说："只有基本表对应的实体才是真正的实体，才能出现在E-R图上。中间表、临时表不对应实体，因此也不应出现在E-R图上。代码表很简单，在E-R图上可省略"？

6.8 数据库设计的基本模式有哪些？

6.9 显式与隐式的"第三者插足"模式，它们之间有何异同？

6.10 "列变行"模式的实质是什么？

6.11 请说明"第三者插足"模式和"列变行"模式之间的关系。

6.12 请说明三个模型思想的优缺点。

6.13 请说明数据库设计的步骤与方法。

第7章 软件设计

本章导读

软件需求是软件设计的基础，软件设计是软件开发的核心。本章首先讨论概要设计与详细设计之间的差异、“三个模型”与“三层结构”之间的关系，以及软件设计原理，然后详细论述如何用“面向过程、面向对象和面向元数据”三种不同方法，进行概要设计和详细设计，并且明确地给出了面向对象设计的描述方法和设计步骤，从而解决了软件设计中的难题。表7-1列出了读者在本章学习中要了解、理解和掌握的主要内容。

表7-1 本章对读者的要求

要　求	具体内容
了　解	（1）软件设计的输入与输出 （2）概要设计与详细设计两者之间的差异 （3）命名规范的概念 （4）“三个模型”与“三层结构”之间的关系
理　解	（1）软件设计原理 （2）软件架构设计 （3）软件详细设计 （4）软件设计管理文档 （5）软件设计方法学
掌　握	（1）面向过程设计 （2）面向对象设计 （3）面向元数据设计 （4）三种设计方法之间的关系

7.1　软件设计概论

1. 概要设计与详细设计的差异

软件设计的输入是《需求分析规格说明书》，输出是《概要设计说明书》和《详细设计说明书》，如图 7-1 所示。

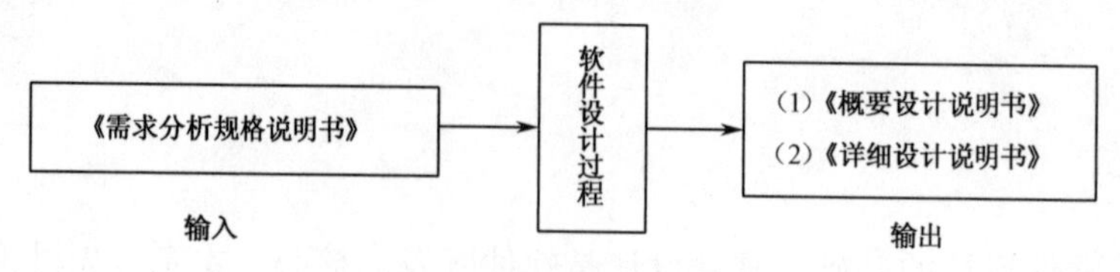

图 7-1　软件设计示意图

《需求分析规格说明书》评审通过后，项目组就开始进行软件设计，以便产生《概要设计说明书》和《详细设计说明书》。概要设计（架构设计）的主要目的是，按某种设计方法将软件系统分解为多个子系统，再将子系统分解为多个模块或部件，并将系统所有的功能合理地分配到模块或部件中去。详细设计是面向程序员的，它的主要目的是，按某种设计方法将软件系统的模块或部件，进行编程实现设计，用以指导程序人员编写代码，形成模块或部件的实现蓝图。对于简单或熟悉的系统，概要设计（架构设计）和详细设计可以合二为一，形成一份文档（称为设计说明书），进行一次评审，实现一个里程碑，确立一条基线。对于复杂或生疏的系统，概要设计和详细设计必须分开，形成两份文档，进行两次评审，实现两个里程碑，确立两条基线。

在设计之前，首先要确定命名规范。它包括：系统命名规范、模块命名规范、构件命名规范、变量命名规范，以及数据库中的表名、字段名、索引名、视图名、存储过程名、触发器的命名规范等。

设计软件时，一方面要善于将《需求分析规格说明书》中的冗余去掉，将公用功能提炼出来，并将它设计为构件，标准化后加入到公司构件库中，由构件库管理，作为公共资源。另一方面，还要尽量调用公司构件库中已有的构件。构件的实现和调用是一个面向对象的编程技术问题。

按照“五个面向”的实践理论，软件设计主要是面向元数据设计，软件编程主要是面向对象实现。这里的元数据，是泛指一切组织数据的数据，如类的名称、属性和方法，实体的名称、属性和关联，数据结构中存储数据的框架等，它们都是元数据。

所有的设计都是面向模块的，或者说是面向部件的，不是面向组织结构或部门岗位的。一个组织或单位，根据角色的不同授权，可以挂上不同的模块或部件。因此，一个优秀的软件，不会因企事业单位内部的组织结构变动，而导致软件不能使用。

2. 三层结构设计

三层体系结构（Three-Layer Framework）通常被划分为表示层、中间层和数据层三层，各个分层之间通过对外接口互相访问。分层结构的主要目的是，允许各层可以随着需求或技术的变化而独立地升级或替换，如当替换数据库时只需要变化数据层。

其实，所谓的三层结构，就是在原来两层结构（Client/Server）的客户层与数据层之间，加入了一个中间层（也叫业务层），并将应用程序的业务规则、数据访问、合法性校验等工作放到了中间层进行处理，这样就变成了三层结构（Browser/Application/Server）。这里所说的三层，不一定指物理上的三层，不是简单地放置三台机器就是三层结构，也不仅仅有 B/S 应用才是三层结构，三层是指逻辑上的三层，即使这三层都放置到一台机器上。当然，这三层也可以放在两台或三台机器上。

（1）表示层（浏览层）

表示层（Presentation Tier）也称浏览层（Browser），它通常采用图形化用户界面，在客户端 PC 或工作站上运行。站在“三个模型”建模思想上看，系统内部支持表示层的模型是“功能模型”，尽管“功能模型”中的功能实现组件都存放在业务层上，但是功能组件的表现方式却在表示层上。该层的主要功能是：

① 接受用户请求，将这些请求反馈给业务逻辑层，等待业务逻辑层的应答信息。

② 对业务逻辑层的应答信息，进行显示（不进行任何加工）。

③ 有时也会兼做业务逻辑层的一些小功能，比如对用户输入数据的验证，以及操作合法性的检验。

（2）中间层（业务层）

中间层（Business Tier）也称业务层，有时又称应用层（Application），它由许多构件或组件组成，它们完全体现了用户的业务逻辑或业务规则。站在“三个模型”建模思想上看，系统内部支持业务层的模型是“业务模型”。尽管 Java EE 与.NET 在实现业务层上的方法略有差异，但是，业务层本质上在表示层与数据层之间起桥梁作用。有时，业务层被划分成两个子层：业务逻辑层（Business Logic Layer，BLL）和数据访问层（Data Access Layers，DAL）。

业务层的主要功能是：

① 接受从表示层传来的用户请求信息。

② 根据用户的请求信息生成 SQL 语句。

③ 利用生成的 SQL 语句从数据层取数据、修改数据、删除数据。

④ 将结果返回给表示层。

业务层除了实现上述功能之外，还提高了系统的性能，增加了系统的安全性，使系统更具有可扩充性。

（3）数据层

数据层（Data Tier）是数据库服务器上的数据库层，它包括数据库管理系统 DBMS 和数据库 DB 两部分。站在“三个模型”建模思想上看，系统内部支持数据层的模型是“数据模型”。该层的主要功能是：

① 接受业务层数据处理请求的 SQL 语句或存储过程。

② 利用 SQL 语句或存储过程，对数据库服务器上数据库的相关表进行存储或检索。

③ 将存储或检索的结果信息，传递给业务层。

（4）三层协调工作

三层之间，通过各自提供的接口来访问，比如用户想登录并操作系统，在表示层输入用户名和密码，表示层会收集相关的数据传递给业务层，业务层将数据经过一些处理和封装之后，再传递给数据层，数据层执行相应数据库中表的操作，并将结果返回业务层，业务层再返回表示层，表示层再显示给用户看。对登录信息和操作信息，都是这样分层处理、协调工作的。业务层与数据层的信息交换采取“批发方式”，业务层与表示层的信息交换采取“零售方式”。

（5）三层结构的优点

① 三层之间的低耦合，互不干扰，哪一层出了问题就去找哪一层解决。同时，由于同一层内的各个类之间，也是低耦合，所以不会出现 Bug 现象。

② 三层结构减少了客户机的工作量，提高了网络系统的运行效率。

③ 三层结构有利于系统的维护和升级，各个层的维护，互不影响。例如，修改表示层，不会影响用业务层；修改业务层，也不会影响用数据层。而且，所有层的维护与修改，都是在服务器上进行，不需要到用户现场出差。

（6）三层与多层的关系

若将中间层按照应用逻辑进一步划分，三层体系结构就变成了多层体系结构，其示意图如图 7-2 所示。

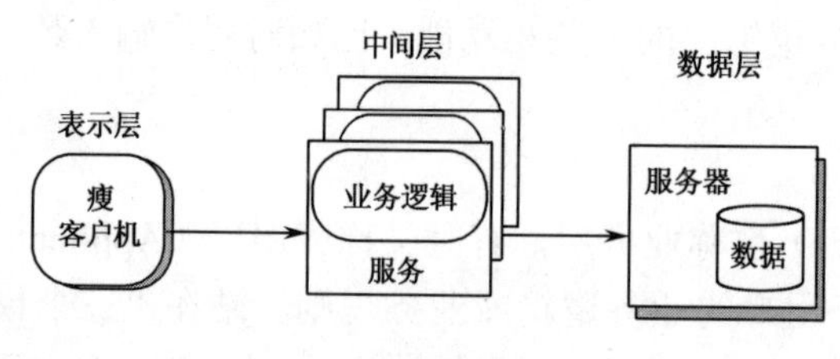

图 7-2　多层结构示意图

7.2　软件设计原理

“设计”在 IEEE 中的定义是：“定义一个系统或部件的架构、组成、接口或其他特征的过程”，或者是“该过程的结果”。

软件设计是一个过程，它是软件生命周期的一部分，是对软件需求分析后产生软件内部结构的一种描述。软件设计的结果，应能描述软件的架构，即软件中各个部件是如何分解并组合在一起的，这些描述将作为软件构建的基础。软件设计是整个软件开发过程中非常重要的一环，它通常在软件需求分析之后、编码之前进行。在此过程中，软件设计师产生各种各样的设计模型，为待实现的系统提供一个设计蓝图。

设计过程是一个非确定性过程，经常是摸着石头过河。不同的设计人员对相同的问题，可以得到不同的设计方案。软件设计原理，就是各种软件设计方法都应该遵守的共同基本原理。这些设计原理包括：抽象、模块化、信息隐藏、模块独立性、封装、接口和实现分离。

1. 抽象

在每个阶段中，抽象的层次逐步降低，在软件结构设计中的模块分层也是由抽象到具体分析和构造出来的。抽象是将几个有区别的物体的共同性质或特性，形象地抽取出来，独立地进行考虑的过程。通过抽象忽略事物的细部特征，使开发人员同时只关注少数几个概念。在软件设计过程中常用的抽象技术有下列几种。

（1）控制抽象

计算机语言具备控制抽象的能力。计算机只理解一些低级的操作，例如，将字节从一个位置移动到另一个位置，对两个字节进行连接。从机器指令到汇编语言，再到高级语言，使程序员能在更高的层次上进行抽象，以便处理问题，并且屏蔽不同机器和指令集间的差异。

面向过程的设计通过清晰的控制流程和部件间的接口，实现对复杂软件的分解，达到降低软件复杂度的目的。面向对象的设计同时进行数据抽象和控制抽象，从而实现使数据和控制融为一体，构成一个完整的对象。

（2）过程抽象

将处理过程抽象成存储过程、函数或方法，通过提供不同的参数实现具体化。程序员可以观察到存储过程、函数或方法的最终执行结果，而不必关心它们内部的实现步骤。

（3）数据抽象

在数据库建模和面向对象建模时，使用数据抽象，能够设计出数据库表及表字段，或设计出类及类的属性。

2．模块化

模块指程序中的数据说明、可执行语句等程序对象的集合，或者单独命名和编程的元素。如高级语言中的过程、函数、子程序等。每个模块可以完成一个特定的子功能，各个模块可以按一定方法组装起来成为一个整体，从而实现整个系统的功能。

模块化，就是解决一个复杂问题时，自顶向下、逐步求精地把软件系统划分成若干模块的过程。为了解决复杂问题，在软件设计中必须把整个问题分解来降低复杂性，以减小开发工作量，降低开发成本，提高软件生产率。但是划分模块时并不是越多越好，因为这会增加模块之间接口的工作量。所以划分模块的层次和数量应该避免过多或过少。

3．信息隐藏

信息隐藏，指在设计和确定模块时，使一个模块内包含的信息（过程或数据），对于不需要这些信息的其他模块来说是不能访问的。

例如，假设“我”是程序中的一个模块，“电话机”是另一个模块，“我”在使用“电话机”时，对“电话机”的控制是通过几个按键来确定的，输入的数据是“我”的语音，输出的数据是对方的语音，而这些输入、输出的数据变换以及控制，在“电话机”内部是怎么实现的，“我”不需要知道，同时也不能直接控制。这样，如果“电话机”坏了，修复或更换后对“我”的使用没有任何影响。所以说，“电话机”这个模块的信息隐蔽十分完善。同理，在软件设计中，模块的划分也要采取措施，实现信息隐蔽。

4．模块独立性

模块独立性指每个模块只完成系统要求的独立的子功能，并且与其他模块的联系最少，且接口简单。这个概念是上面说的三个基本原理的直接产物，在概要设计过程中，就是要设计出具有良好模块独立性的软件结构。那么，如何来衡量软件的模块独立性呢？这里有“高内聚、低耦合”两个定性的度量标准。

（1）耦合性

耦合是对不同模块之间相互依赖程度的度量。**紧密耦合**指两个模块之间存在着很强的依赖关系；**松散耦合**指两个模块之间存在一些较弱的依赖关系；**无耦合**指模块之间根本没有任何连接与依赖关系。模块之间联系越紧密，其耦合性越强，其独立性就越差。模块间的耦合性从低到高可分为以下 7 种类型，如图 7-3 所示。

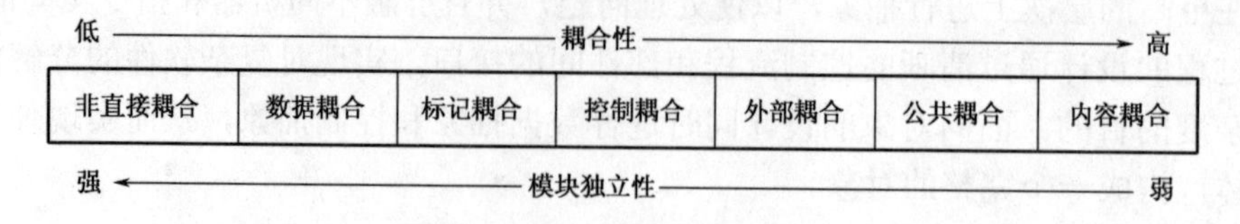

图 7-3　模块间耦合性排序图

① 非直接耦合：就是没有耦合，井水不犯河水。

② 数据耦合：就是参数传递耦合，它属于低级别耦合。例如，模块间通过参数传递或数据结构来访问。一个模块访问另一个模块时，彼此之间是通过简单数据参数（不是控制参数、公共数据结构或外部变量）来交换输入、输出信息的。这些参数一般称为入口参数和出口参数。

③ 标记耦合：标记耦合指两个模块之间传递的是数据结构，如高级语言的数组名、记录名、文件名，这些名字即为标记，表示传递的信息是这个数据结构的地址。例如，一组模块通过参数表传递记录信息，那么它们之间就是标记耦合。

④ 控制耦合：它属于中级别耦合。例如，操作系统中的进程调度程序，通过就绪进程的优先级，来调度进程运行。那么调度程序与进程之间的耦合，就是控制耦合。

⑤ 外部耦合：它属于高级别耦合。例如，模块间共享全局变量，或共同访问全局数据区中的数据项，就是外部耦合。

⑥ 公共耦合：公共耦合指通过一个公共数据环境相互作用的那些模块间的耦合。公共数据环境可以是全程变量或数据结构、共享的通信、内存的公共覆盖区，以及任何存储介质上的文件和物理设备等。

⑦ 内容耦合：它属于最高级别耦合。例如，一个模块利用分支或跳转技术，转入到另一个模块中去执行，就是内容耦合。

耦合可能发生在软件设计或软件编程之中。对于高级别的耦合，应尽量避免或消除。在软件设计中，提高模块的独立性，建立模块间尽可能松散的耦合度，是模块化设计的目标。为此可以采取以下措施：

- 在耦合方式上，降低模块间接口的复杂性。
- 在传递信息类型上，尽量采用数据耦合，避免使用控制耦合，慎用或有控制地使用公共耦合。在实践中要根据实际情况综合考虑。

对于低内聚的模块，则通过重新分解来实现模块的修改与优化，提高模块内部的紧凑性，降低块间联系，确保从整体上提高模块的独立性。

（2）内聚性

内聚是对同一模块内部各个元素之间彼此结合紧密程度的度量。内聚性越高，则模块内部的结合紧密程度越好。由此可见，在研究内聚性之前，必须明确，一个模块是由若干处理元素组成的。根据内聚性从低到高排列，可分为以下 7 种不同类型的内聚，如图 7-4 所示。

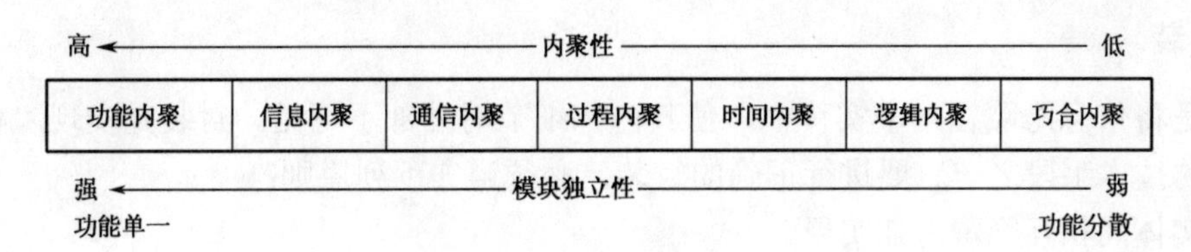

图 7-4　模块内聚性排序图

① 巧合内聚：一个模块内的各处理元素之间没有任何联系。

② 逻辑内聚：一个模块由几个逻辑上具有相似功能的处理元素组成，它们通过参数来决定由处理元素完成的处理功能。

③ 时间内聚：把需要同时执行动作的处理元素组合在一起，形成一个模块，称为时间内聚模块。

④ 过程内聚：其构件或操作的组合方式是，允许在调用前面的构件或操作之后，马上调用后面的构件或操作，即使两者之间没有数据传递。如果一个模块内处理元素是相关的，而且必须按固定的次序执行，那么这种内聚就称为过程内聚。它在模块内往往体现为有次序的流程。

⑤ 通信内聚：指模块内所有处理元素都在同一个数据结构上操作，或者指各处理元素使用相同的输入数据或产生相同的输出数据。

⑥ 信息内聚：指一个模块内处理元素都密切相关于同一功能且必须顺序执行，前一个处理元素的输出，是下一个处理元素的输入。

⑦ 功能内聚：这是最强的内聚，指模块内所有处理元素共同完成一个功能，缺一不可，模块已不可再分割，即模块在功能上具有原子性。

耦合性与内聚性是模块独立性的两个定性度量标准。将软件系统划分为模块时，要尽量做到高内聚、低耦合，以提高模块的独立性。在内聚性与耦合性发生矛盾的时候，最好优先考虑耦合性，也就是先保证耦合性低一些。

对于高耦合度的模块，则通过功能重组，将联系紧密的部分组成新的模块，这样可以防止系统僵化，提高模块的可维护性。也就是说，用分解来降低模块之间的耦合度。

然而，过度地分解会使模块数量增加，集成成本和错误数量也会随之增加。在 Hatton 的报告中指出，错误密度与模块大小呈开口向上的 U 形曲线关系。根据 Hatton 的测算，一个模块中代码行在 200～400 之间是错误密度最小的区域，如图 7-5 所示。

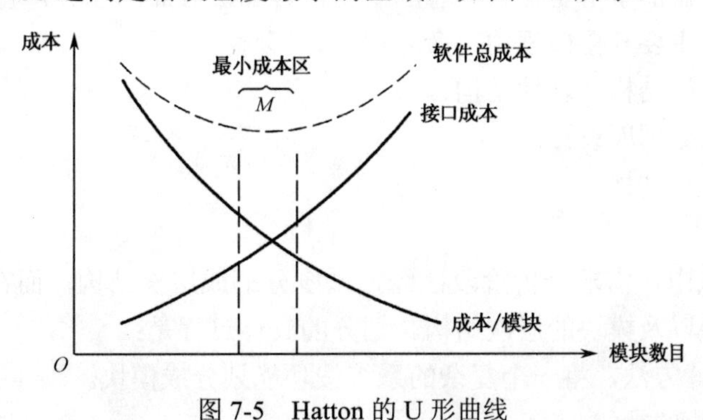

图 7-5　Hatton 的 U 形曲线

5. 封装

封装是将信息隐藏在一个实体中，使其内部细节对外部不可见。封装是实现“低耦合、高内聚”的技术手段之一。要进行正确的封装，必须遵守下列原则：

（1）实体间相互隐藏内部实现。

（2）尽量减少全局的共享数据。

6. 接口和实现分离

接口和实现分离的思想起源很早。20世纪50年代，就出现了“子程序和函数”的概念，人们在实现和调用它们的时候，运用了这种思想。将接口和实现分离开来，对外只提供接口，隐藏具体实现。接口与实现的分离，保证了实现的独立变化，降低了模块间的耦合。

以上软件设计原理，都来自于软件工程实践，反过来又指导软件工程实践。随着软件工程实践的发展，软件设计原理还会进一步发展。

7. 软件设计与软件需求的区别

需求分析阶段的主要任务是确定系统必须“做什么”，形成软件的《需求分析规格说明书》，软件设计阶段的主要任务是确定系统“怎么做”，从软件《需求规格分析说明书》出发，形成软件的具体设计方案。软件设计可以采用多种方法，如面向过程设计、面向元数据设计、面向对象设计，下面分别介绍这三种设计方法。

7.3 面向过程设计

面向过程设计，又称结构化设计，或面向功能设计。该设计方法已经盛行半个世纪，因此非常成熟，尤其是那些过程特征明显的应用系统，至今尚离不开它。由于面向过程设计可以明显地分为概要设计和详细设计两个阶段，而且两个阶段的描述工具也不相同，所以将分别介绍这两个阶段的设计。

7.3.1 面向过程概要设计

1. 面向过程概要设计的主要任务

软件概要设计要做的事情是什么？总的来看，有5个方面的任务，它们是：

（1）制定规范，主要是接口规约、命名规则。

（2）设计软件系统结构（软件结构）。

（3）数据结构及数据库设计。

（4）编写概要设计文档。

（5）评审。

在面向过程方法中，需求分析阶段已经把系统分解成层次结构，而在概要设计阶段，需要进一步划分为模块以及模块的层次结构。划分的具体过程是：

① 采用某种设计方法，将一个复杂的系统按功能划分成模块。

② 确定每个模块的功能。

③ 确定模块之间的调用关系。

④ 确定模块之间的接口，即模块之间传递的信息。

⑤ 评价模块结构的质量。

对于大型数据处理的软件系统，要专门对数据结构及数据库进行设计。

在概要设计阶段，还要编写概要设计文档。初学者有一个不好的做法，就是在编写程序时，不注意文档的编写，导致以后软件修改和升级很不方便，用户使用时也得不到帮助。在概要设计阶段，主要有以下文档需要编写：

①《概要设计说明书》。

②《数据库设计说明书》。

③《用户手册》。

④《测试计划》。

最后一个任务就是评审，在概要设计中，对设计部分是否完整地实现了需求中规定的功能、性能等要求，设计方案的可行性，关键的处理及内外部接口定义正确性、有效性，各部分之间的一致性等都要进行评审，以免在以后的设计中发现大的问题而返工。

2. 面向过程概要设计的主要内容

（1）画出软件系统的层次结构图。

概要设计阶段的主要内容，是把系统的功能需求分配给软件结构，形成软件的层次结构图，在图7-6中，矩形表示功能单元，称为“模块”，此时每个模块还处于黑盒子级，一个模块作用范围的宽度与深度要适度，一般其深度与宽度都不要超过7层。同理，一个模块的扇入与扇出，也都不要超过7个，如图7-6所示。

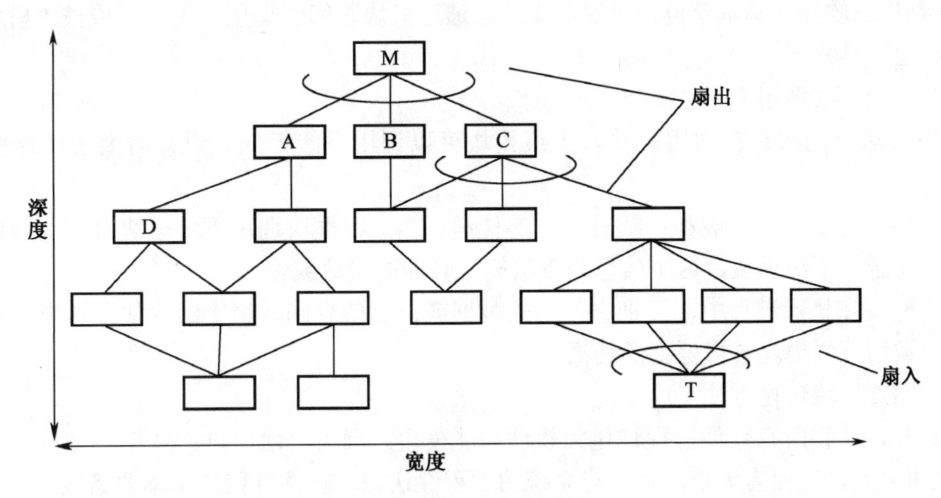

图7-6 软件系统层次结构图

对层次结构图的两点解释：

① 层次结构图是软件概要设计阶段最常使用的表示形式之一，描绘软件的层次结构，图中每个方框代表一个模块，方框间的连线表示模块的调用关系，层次结构图适合于在“自顶向下、逐步求精”面向过程设计中使用。

② HIPO（Hierarchy plus Input-Process-Output）图是由美国IBM公司发明的“层次图+输入/处理/输出图”的英文缩写，它是层次结构图的变种，是对层次结构图的补充。HIPO图

实际上由 H 图和 IPO 图组成。H 图就是上面提到的层次结构图，为了使 HIPO 图有可跟踪性，在 H 图里除了最顶层的方框之外，每个方框都增加了编号。

（2）对层次结构图中内容进一步说明。

① 功能模块说明。每个功能用那些小模块实现，以保证每个功能都有相应的小模块来实现。

② 模块层次结构说明。可以用视图从多个角度来表示与说明层次结构。

③ 模块间的调用关系。模块间的接口的总体描述。

④ 模块间的接口说明。传递的信息及其结构。

⑤ 处理方式设计说明。满足功能和性能的算法，用户界面设计。

（3）数据结构设计说明。详细的表、索引、文件数据结构；与算法相关的逻辑数据结构及其操作。

（4）运行设计说明。运行时模块的组合、控制、时序。

（5）出错设计说明。出错信息、出错处理。

（6）其他设计说明。授权、保密、维护。

3．面向过程概要设计的主要方法

（1）功能模块分解方法

从面向过程方法来看，软件是功能的集合，功能可以分解为模块，功能是通过模块以及模块之间的分层调用关系来实现的；按功能可以把软件系统分解成若干“子系统”。“子系统”再按功能分解，可得到若干功能模块，直到每一个功能模块都相对具体、明确时，分解结束。“模块”是构成软件的基本单位。分解结束后，通过模块之间的调用关系，形成按“模块”搭建的软件层次结构图。

（2）功能模块调用方法

模块与模块之间存在调用关系，上级模块可以调用下级模块。设计时要说明这些调用关系。

模块调用过程中，一般都伴随着信息的传递。当上级模块调用下级模块时，上级模块把数据信息传送给下级模块，这个信息是下级模块必需的参数或输入。

下级模块在执行过程中，又把它产生的数据或控制信息回送给上级模块，这个信息就是上级模块调用下级模块希望得到的结果。

（3）功能模块转化方法

设计时，要将所有软件过程转化为软件功能模块。因为“面向过程软件＝过程＋数据结构”，说明它是以过程为中心，基于对系统的过程性认识。软件过程的基本要素包括：输入、处理、输出。而软件过程也是可以分解的，因为一个过程就相当于一个模块。

（4）数据流图转换为层次结构图方法

从面向过程方法来看，分析阶段和设计阶段采取了两种断然不同的描述方式，即数据流图方式和层次结构图方式。因此，需要把分析阶段的数据流图 DFD，转换为设计阶段的层次结构图。

通过以上 4 种方法的灵活运用，就能完成面向过程概要设计的任务，实现面向过程概要设计的内容。

7.3.2　面向过程详细设计

软件详细设计，又称软件实现设计。若在概要设计中将软件系统划分为各个不同的模块，则详细设计就是各个模块的实现设计。

面向过程详细设计，实质上就是面向算法分析设计。即使采用其他的设计方法，如面向对象设计方法，其方法本身的实现仍然是面向过程的。因此，面向过程详细设计，是其他各种详细设计的基础。

面向过程程序设计技术，采用“自顶向下、逐步求精”的设计方法和”单入口、单出口”的控制结构，并且只包含顺序、选择和循环三种结构，设计目标之一是使程序的控制流程线性化，即程序的动态执行顺序符合静态书写结构。

详细设计的任务是给出软件模块结构中各个模块的内部过程描述，也就是模块内部的算法设计，详细设计的工具分为图形、表格、语言三种，包括程序流程图、盒图（N-S 图）、程序设计语言 PDL、PAD 图。一般而言，面向过程详细设计的描述工具有下列 5 种。

1. 程序流程图

程序流程图（Flowchart）是用图形化的方式，表示程序中一系列的操作以及执行的顺序，其表示元素如表 7-2 所示。

表 7-2　程序流程图的图标说明

名　称	图　例	说　明
终结符		表示流程的开始和结束
处理		表示程序的计算步骤或处理过程，在方框内填写处理的名称或程序语句
判断		表示逻辑判断或分支，用于决定执行后续的路径，在菱形框内填写判断的条件
输入/输出		获取待处理的信息（输入），记录或显示已处理的信息（输出）
连线		连接其他的符号，表示执行顺序或数据流向

程序流程图中使用的符号主要包括顺序、选择、循环结构。它的主要缺点是，程序流程图本质上不是逐步求精的好工具，它诱使程序员过早地考虑程序的控制流程，而不去考虑程序的全局结构，程序流程图中用箭头代表控制流，因此程序员不受任何约束，可以完全不顾结构程序设计的精神，随意转移控制，程序流程图不易表示数据结构。

常见的程序流程图结构有三种，如图 7-7 所示。

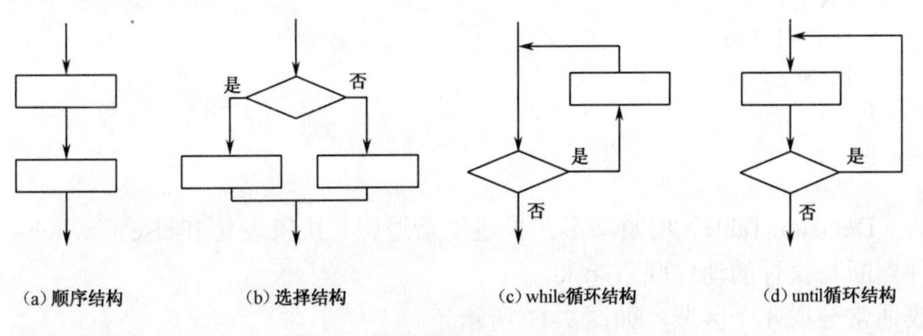

图 7-7　程序流程图的三种结构

【例 7-1】　使用程序流程图，描述并打印求 $N!$，如图 7-8 所示。

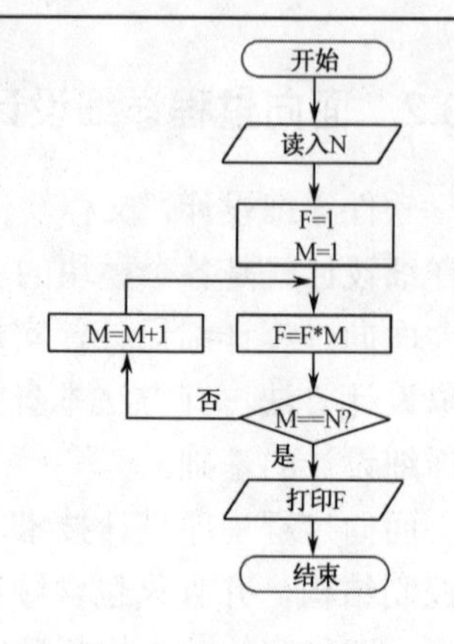

图 7-8　求 $N!$ 流程图

2. N-S 图

N-S 图（Nassi-Schneiderman Diagram）是流程图的另一种表达形式，由 Nassi 和 Schneiderman 提出，简称 N-S 图。与流程图对应的三种结构，如图 7-9 所示。

【例 7-2】　使用 N-S 图，描述并打印求 $N!$，如图 7-10 所示。

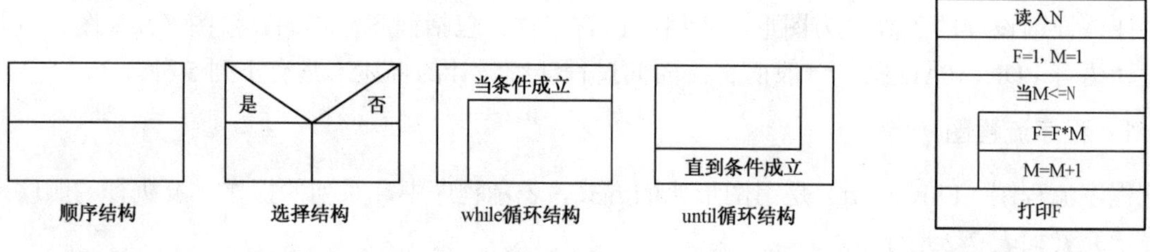

图 7-9　N-S 图的三种结构

图 7-10　求 $N!$ N-S 图

3. 程序设计语言 PDL

程序设计语言 PDL（Program Design Language）也称伪码，是用文本形式表示数据结构和处理过程的设计工具，PDL 具有以下特点：关键字的固定语法，提供了结构化控制结构、数据说明和模块化的手段；自然语言的自由语法，用于描述处理过程和判定条件；数据说明的手段，既包括简单的数据结构，又包括复杂的数据结构；模块定义和调用技术，提供各种接口描述模式。

程序设计语言又称结构化英语，它使用结构化编程语言的风格描述程序算法，但不遵循特定编程语言的语法。程序设计语言允许程序员在比源代码更高的层次上进行设计，通常省略与算法无关的细节。例如，交换两个变量的操作。PDL 的缺点是，不如图形工具形象直观，描述复杂的条件组合与动作间的对应关系时，不如判定表或判定树清晰简单。

【例 7-3】　使用程序设计语言描述打印求 $N!$。

```
读入 N
置 F 的值为 1，置 M 的值为 1
当 M <= N 时，执行：
        使 F = F * M
        使 M = M + 1
打印 F
```

4. 决策表

决策表（Decision Table）用紧凑形式描述复杂逻辑。决策表与 if-else、switch-case 语句类似，将条件判断与执行的动作联系起来。

决策表通常分成 4 个区域，如图 7-11 所示。

【例 7-4】 一个决策表实例。其中条件对应于一个变量、关系或预测，其可能的组合在条件选择中列出。动作是一个函数或操作。动作选择描述当条件满足时所执行的动作，如图 7-12 所示。

条件	条件选择
动作	动作选择

图 7-11 决策表

条件	不能打印	√	√	√	√			
	红灯闪	√	√			√	√	
	不能识别打印机	√		√		√		√
动作	检查电源线			√				
	检查打印机数据线	√		√				
	检查是否安装驱动程序	√		√		√		√
	检查墨盒	√	√			√	√	
	检查是否卡纸		√		√			

图 7-12 决策表实例

5. PAD

自 1973 年由日本日立公司发明 PAD（Problem Analysis Diagram，问题分析图）以来，已经在日本国内及中国的软件外包公司得到一定程度的推广。PAD 用二维树形结构的图表示程序的控制流，将这种图转换为程序代码比较容易，如图 7-13 所示。

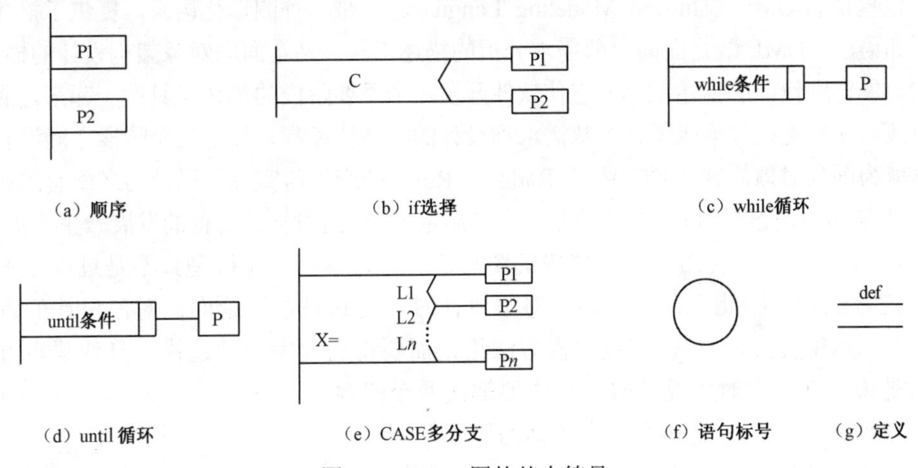

图 7-13 PAD 图的基本符号

PAD 图形具有如下优点：

（1）使用结构优化控制结构的 PAD 符号，所设计出来的程序必然是结构化程序。

（2）PAD 图中最左边的竖线是程序的主线，即第一层控制结构。随着程序层次的增加，PAD 图逐层向右延伸，每增加一个层次，图形向右扩展一条竖线。PAD 图中竖线的总条数就是程序的层次数。

（3）用 PAD 图表现程序逻辑，易读、易懂、易记。PAD 图是二维树形结构的图形，程序从图中最左边上端的节点开始执行，自上而下，从左到右顺序执行。

（4）很容易将 PDA 图转换成高级程序语言源程序，有利于提高软件可靠性和软件生产率。

（5）既可表示程序逻辑，也可描述数据结构。

（6）PAD 图的符号支持"自顶向下、逐步求精"方法的使用。开始时，设计者可以定义一个抽象程序，随着设计工作的深入而使用"def"符号逐步增加细节，直至完成详细设计。

由此可见，PAD 是一种程序结构可见性好、结构唯一、易于编制、易于检查、易于修改的详细设计表现方法。

【例 7-5】 使用 PAD 图，描述和打印求 $N!$，如图 7-14 所示。

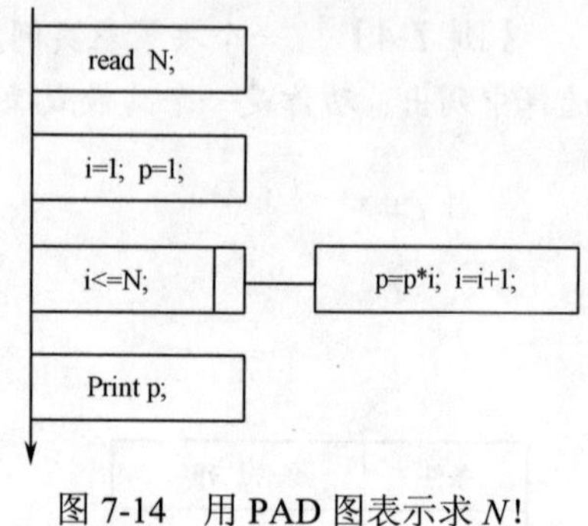

图 7-14　用 PAD 图表示求 $N!$

当详细设计文档完成之后，每个软件模块的算法设计都详尽实现了。剩下的问题，就是将模块的算法转化为面向过程的源程序。之后就是单元测试、集成测试、验收测试。

以上介绍的面向过程详细设计方法，从 20 世纪 70 年代开始流行，至今仍然具有强大的生命力。

7.4　面向对象设计

当对象、类、构件、组件、部件等概念出现之后，传统意义上的软件概要设计（有时又称软件总体设计或软件系统设计），就逐渐改名为软件架构设计。所以说，架构设计就是面向对象中的概要设计，架构中的部件就是模块，而部件实现设计就是面向对象中的详细设计。

统一建模语言 UML（Unified Modeling Language），是一种图形化语言，提供了描述软件系统的图形和语法。UML 既是面向对象需求分析的描述工具，又是面向对象架构设计的描述工具，更是面向对象详细设计的描述工具，它使软件开发三个重要阶段的描述工具统一起来，而且实现了平滑过渡与无缝连接，形成了一个从需求到设计的一体化流程，使这三个阶段之间没有明显的界线。这就为面向对象的软件开发环境 Rational Rose 的产生与实现，以及与之配套的迭代模型 RUP 的产生与实现，提供了可靠的理论基础和实施依据，进而对软件工程的发展产生了重大影响。

但是，UML 只是一种面向对象建模的图形语言，它本身不是模型，不是过程，不是元数据，更不是方法论。因此，在讨论面向对象设计时，尤其是在讨论面向对象设计的步骤时，千万不要将 UML 视为一种模型或建模方法论，而要将它视为一种建模工具或建模方法论工具。也就是说，在面向对象设计时，首先要解决两个问题：

（1）在设计中，决定建立哪几个具体的模型？

（2）决定在 UML 中挑选哪几种图形语言，来描述这几个模型？

UML 并不难，难的是在什么时候去建立什么样的模型。只有这样，你才能决定具体的设计步骤，以及在每个步骤中使用 UML 中的哪几种图形工具来描述模型。本节首先介绍 UML 中的几种常用图形，然后介绍面向对象设计中需要建立哪几个种模型，最后介绍面向对象设计的具体步骤。

7.4.1　面向对象设计描述工具

UML 只是目前最常用的一种面向对象建模语言，主要包括 7 种常用的图形，即用例图、类图、顺序图、状态图、活动图、部件图和部署图，分别用于不同的建模用途。另外，虽然 UML 不包括界面图，但界面图对界面设计很重要，所以也在这里加以介绍，这样总共就有 8 种图。这 8 种图分为如下两大类。

第 1 类：系统静态建模图（结构图）

（1）类图，可以将一组类及类之间的关系表示出来，通常分为逻辑类和实现类。在项目的不同开发阶段，应该使用不同的观点来画类图。如果处于分析阶段，则应该画出概念层面的类图。当开始着手软件设计时，则应该画出说明层面的类图。当针对某个特定的技术实现时，则应该画出实现层的类图。

（2）部件图，又称组件图，以可视化方式提供系统的物理视图，显示系统中组件的依赖关系。组件图提供了将要建立的系统的高层次的架构视图，这将帮助开发者开始建立实现的路标，并决定任务分配。系统管理员会发现，组件图是有用的，因为他们可以获得将运行于他们系统上的逻辑软件组件的早期视图。虽然系统管理员无法从图上确定物理设备或物理的可执行程序，但是他们仍然钟情于组件图，因为它较早地提供了关于组件及其关系的信息。

（3）部署图，显示系统如何物理部署到硬件环境之中，它是节点和连线的集合。部署图显示了系统的硬件，安装在硬件上的软件，以及用于连接异构机器的中间件。

（4）界面图，专门用于屏幕界面的设计。

第2类：系统动态建模（行为图）

（1）用例图，描述系统的功能单元，它以图形化方式表示系统内部的用例，系统外部的参考者，以及它们之间的交互。用例建模可分为用例图和用例描述。用例图由参与者（Actor）、用例（Use Case）、系统边界、箭头组成，用画图的方法来完成。用例描述用来详细描述用例图中每个用例，用文本文档来完成。

（2）顺序图，强调时间顺序，显示特定用例的详细流程。顺序图有两个维度：垂直方向是以时间顺序显示消息/调用序列；水平方向显示消息发送到的对象实例。顺序图的主要用途之一，是把用例表达的需求，转化为进一步、更加正式的层次精细表达。用例常常被细化为一个或者更多的顺序图。顺序图的主要目的是定义事件序列，产生一些希望的输出。这里的重点不是消息本身，而是消息产生的顺序。

（3）状态图，描述系统动态特征，包括状态、转换、事件以及活动等。

（4）活动图，描述系统在处理某项活动时，两个或多个对象之间的活动流程。

在系统分析阶段，一般有用例图、状态图、类图、活动图、顺序图等，但主要是用例图。

在系统设计阶段，主要有类图、活动图、状态图、顺序图、部件图、部署图等，但主要是类图和顺序图。在面向对象方法中，从某种意义上说，设计阶段与需求阶段是捆绑在一起的。下面分别介绍这8种图的使用方法。

1. 用例图的使用方法

因为在需求分析描述工具中，对用例图的使用方法已经进行过详细介绍，所以在此不再论述。但是，要特别注意，用例和用例图是两个概念，它们既有联系，又有区别。用例一般用文本详细描述（也可以用活动图进行说明），而用例图用图形来表示。另外，需要补充一点，软件系统测试计划、用户验收测试计划，都是根据用例图设计出来的。

2. 类图的使用方法

类图是系统的静态设计视图，描述包、接口、类以及它们之间的关系。类是面向对象设计的主要构建模块，类和类之间的关系形成了面向对象模型的基本结构。一个类定义应用程序中的一个概念，如实物（图书）、业务对象（借阅记录）、业务逻辑或行为。类实际上是对象的模板，是对象的"型"，而对象是类的实例，是类的"值"。面向对象的需求分析、设计与编程，都是面向“类”的，只有程序运行时才是面向“对象”的。只有懂得“型”与“值”的关系，才能真正懂得面对象方法。类中定义了属性和操作，类图的图标说明如表 7-3 所示。

表 7-3　类图的图标说明

名　称	图　例	说　明
类 class	类名 – 属性 + 操作()	类是对具有类似结构和行为的对象集合的描述，这些对象共享相同的属性、操作和语义。类用方框表示，分为三部分：依次为类名、属性、操作。 属性：类的命名属性描述类的特征。 操作：类的可执行接口
接口 Interface	O– 接口 + 属性 + 操作()	接口用于定义行为的规格说明，一个类可以实现多个接口。 属性：接口的属性通常是命名常量。 操作：指定操作的签名，但没有实现
关联 association	————	关联表示类和类之间、类和接口之间的结构关系。关联上可以标注关联名称、类的角色
聚合 aggregation	◇———→	聚合是关联的一种特殊形式，表示一个元素（整体）由其他元素（部分）组成。聚合关系常称为“has-a”关系
组合 composition	◆———→	组合是聚合的一种特殊形式， 也反映了整体和部分的关系。区别是部分只有在整体存在的情况下才有意义，即由整体负责部分的创建和销毁
派生 generalization	———▷	派生表示通用元素（父类）和特殊元素（子类）之间的关系。子类继承父类全部的属性和操作，并提供额外的属性和操作
实现 realization	- - - - -▷	实现表示类和接口之间的关系。一个类可以实现多个接口中规定的操作

【例 7-6】　“图书馆信息系统”的用户管理类图，如图 7-15 所示。

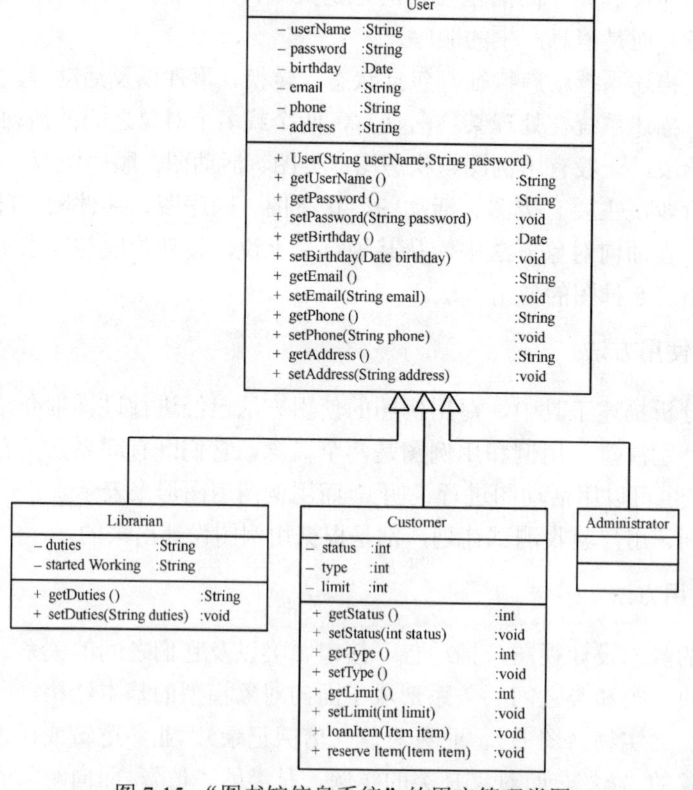

图 7-15　“图书馆信息系统”的用户管理类图

类图是类之间关系的具体描述，是数据库模型设计的基础。

3. 顺序图的使用方法

顺序图是系统的动态视图，表示系统基于时间序列的操作。在顺序图中可以包含与系统交互的角色。顺序图以一个二维视图展现交互过程，垂直方向上是时间轴，水平方向上是参与交互的对象或角色。

顺序图是类图的补充，类图是系统的静态视图，顺序图反映了系统的动态视图。通常先绘制用例图，接着根据用例图中涉及的实体绘制类图，再绘制顺序图来展现用例的交互过程，顺序图的图标说明如表 7-4 所示。

表 7-4 顺序图的图标说明

名 称	图 例	说 明
角色 actor	角色	表示与系统进行交互的角色。这里的角色与用例图中的角色一致，表示外部用户或用户集合。角色下面的生命线表示角色的生命周期。如果角色是一次交互的发起者，应该画在顺序图的最左边。如果有多个角色，通常画在最左边和最右边，体现出角色是系统的外部实体
对象 object	对象: 类	对象是类的一个实例。对象下面的虚线是该对象的生命线，时间沿生命线向下延伸。如果图中显示对象的创建和销毁，那么生命线将与之相对应
消息 message	消息	消息表示对象间的通信，消息传递信息并引发相应的活动。消息有一个发送者、一个接收者和一个动作。发送者是发送消息的对象或角色。接收者是接收消息的对象或角色。矩形框表示消息接收时执行动作的激活状态

【例 7-7】 “用户预定图书”的顺序图，如图 7-16 所示。

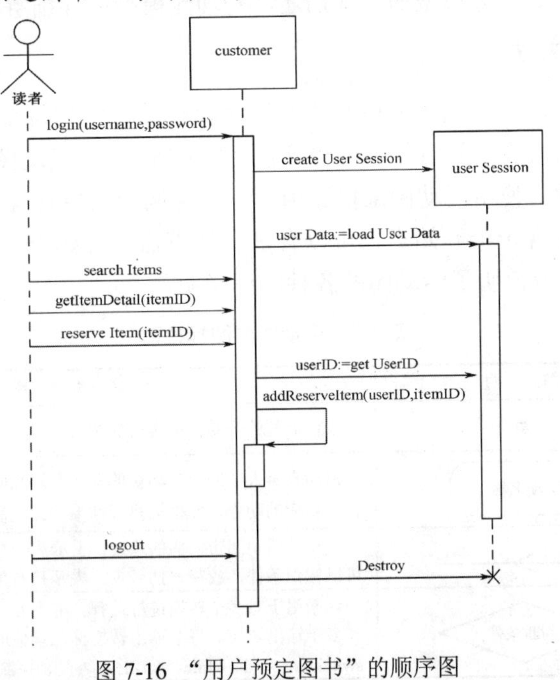

图 7-16 “用户预定图书”的顺序图

由此可见，顺序图是业务模型的具体描述，是功能模型的详细解释。

4．状态图的使用方法

状态图是状态机图形化的表现，用于描述用例、部件或类的行为。状态图对实体的有限状态、事件和状态间的转换进行建模，状态图的图标说明如表 7-5 所示。

表 7-5　状态图的图标说明

名　称	图　例	说　明
开始 start	●	表示状态图过程的开始，用实心圆表示。一个状态图中只能包含一个开始符
状态 state	状态 事件()/动作	表示实体在生命周期中所处的状态。稳定性和持续性是状态的两个特征。当某个内部事件发生时将触发相应的动作，事件不引起状态的转换
转换 transition	事件[条件]/动作	转换是状态间的有向连接，表示当某个事件发生时，实体从一个状态转换到另一个状态。如果指定了动作，状态转换时将执行指定的动作
结束 end	◉	表示流程的结束。在一个状态图中可以有零个或多个结束符

【例 7-8】“图书馆信息系统”中“图书”的状态图，如图 7-17 所示。

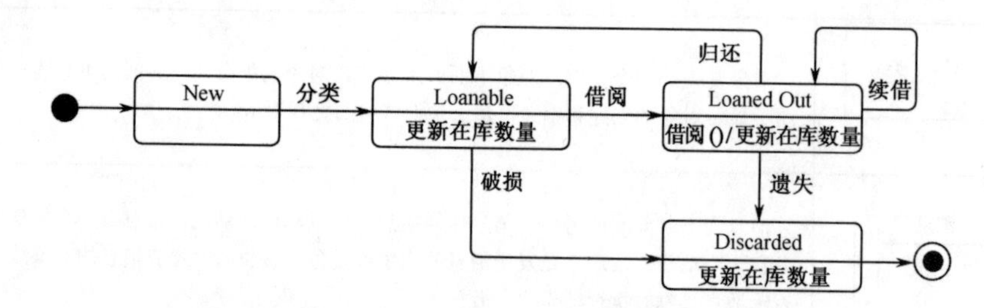

图 7-17　“图书馆信息系统”中“图书”的状态图

由此可见，状态图是业务模型的具体描述，是功能模型的详细解释。

5．活动图的使用方法

在程序设计过程中，曾使用流程图来表达程序执行过程中的每个步骤。程序流程图对于程序设计者以及程序阅读者都具有很强的可读性。在 UML 中，活动图类似于流程图，它描述了执行某个功能的活动。使用活动图来描述用例，比用例规约更直观。

一个活动图只能包含一个开始点，可以有多个结束点。开始点、活动、结束点之间通过转换连接。表 7-6 详细地说明了活动图的各种图标说明。

表 7-6　活动图的图标说明

名　称	图　例	说　明
开始 start	●	表示流程的开始。用实心的圆表示。一个活动图中只包含一个开始点
活动 activity	活动名称	活动表示人工的或自动化的动作。用长圆表示。当活动获得控制权时，执行相应的动作，并根据执行结果选择控制流转换到其他活动
转换 transition	[是]	转换是活动间带箭头的连线，表示从一个活动转换到另一个活动。转换可以标识条件，放在方括号中，表示只有条件满足时，才执行该转换
判断 decision	判断条件	判断用于对多个转换进行选择。用菱形表示。判断可以有多个输入转换和多个输出转换。每个输出转换标识排他的条件。判断可以表示 if-else、switch-case、do-while、for-next 等复杂控制流

续表

名 称	图 例	说 明
同步 synchronization	——	表示两个或多个并发活动间的同步。用粗实线表示
泳道 swimline	参与者	泳道用于表示参与者，可以代表一个组织、系统、服务、用户或角色。与参与者相关的活动在泳道中画出
结束 end	◉	表示流程的结束。以实心圆加上空心圆表示。一个活动图中可以有零个或多个结束点

作为活动图的例子，图 7-18 表示一个“订单处理”的活动图。

图 7-19 是带泳道的活动图，描述“还书登记”用例。

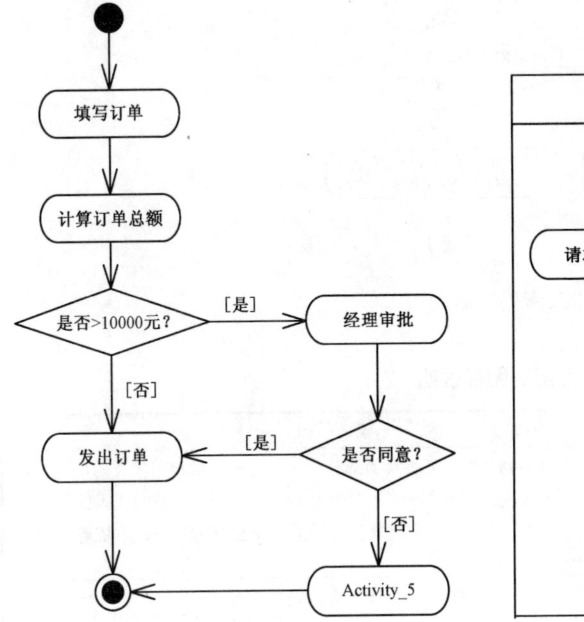

图 7-18 “订单处理”的活动图

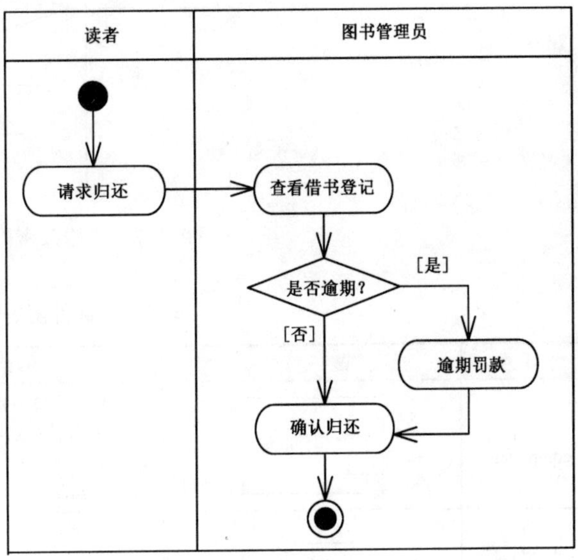

图 7-19 图书馆的带泳道的活动图

【例 7-9】 信息系统中的“修改密码”活动图，如图 7-20 所示。该活动图是以另一种风格出现的，但基本意思是相通的。

将活动图的活动状态分组，每一组表示负责哪些活动的业务组织。在活动图里泳道区分了谁（Who）或者什么（What）执行哪些活动和状态职责。图 7-19 中有两个泳道，左边为第一泳道，右边为第二泳道。由此可见，活动图是业务模型的具体描述，是功能模型的详细解释。

6．部件图的使用方法

部件图是系统的静态视图，部件图比类图在更高层次上体现了系统中部件、部件接口以及部件间的关系，部件图的图标说明如表 7-7 所示，部件图的使用方法如图 7-20 所示。用户可以使用部件图对软件的结构、源代码与可执行部件之间的依赖关系进行建模，从而可以对变更的影响进行评估。

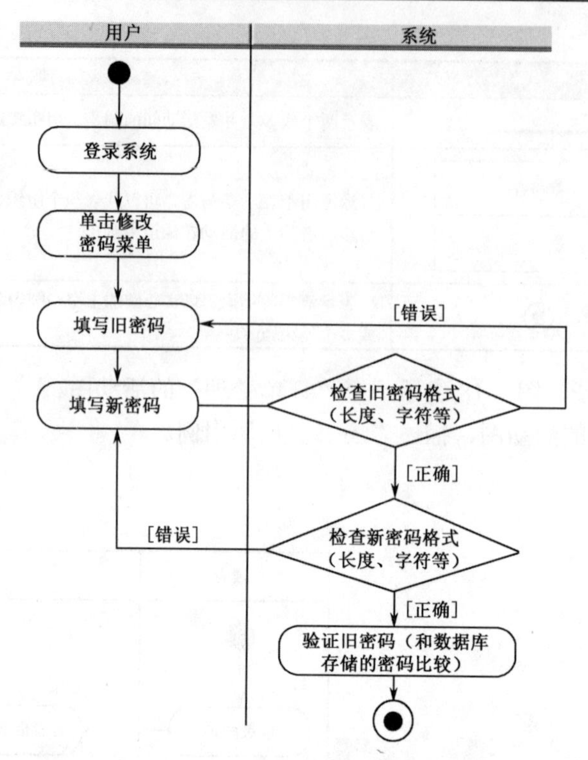

图 7-20 “修改密码”活动图

表 7-7 部件图的图标说明

名　称	图　例	说　明
部件 component	部件名称	部件是系统中物理的、可替换的部分，其中封装了对接口集合的实现。它可以表示系统实现的物理部分，如软件代码（源代码、二进制代码或可执行程序）、脚本或命令文件，它是软件开发的一个独立的部分，不依赖于特定的应用程序
接口 interface	—○	每个部件具有一个或多个接口，接口是对其他部件或类可见的入口点和服务

【例 7-10】 “图书馆信息系统”的部件图，如图 7-21 所示。

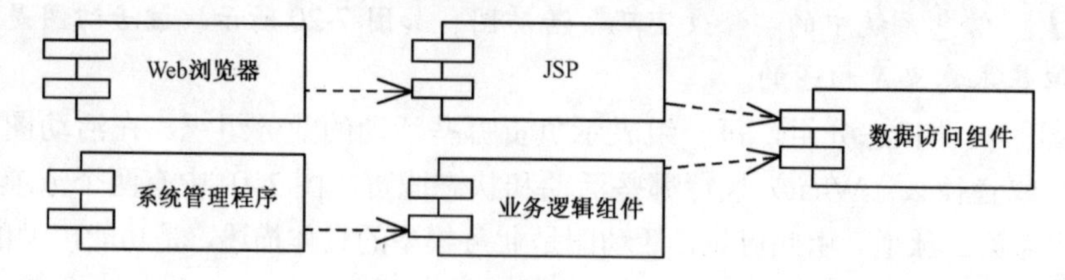

图 7-21 “图书馆信息系统”的部件图

7．部署图的使用方法

部署图表示运行时处理元素（节点）的物理配置情况。部署图的图标说明如表 7-8 所示，部署图的使用方法如图 7-22 所示。节点包含了部件的实例，这些部件的实例将被部署在数据库服务器、应用服务器或 Web 服务器上。部署图还反映出节点间的物理连接及通信情况，对系统的网络拓扑结构进行了设计。

表 7-8 部署图的图标说明

名 称	图 例	说 明
节点 node	节点	节点描述系统中部件的物理配置情况，包含布置于数据库服务器、应用服务器和 Web 服务器上的部件的实例
部件 component	部件名称	与部件图中的部件相同，将被部署到相应的节点上

【例 7-11】 “图书馆信息系统”的部署图，如图 7-22 所示。

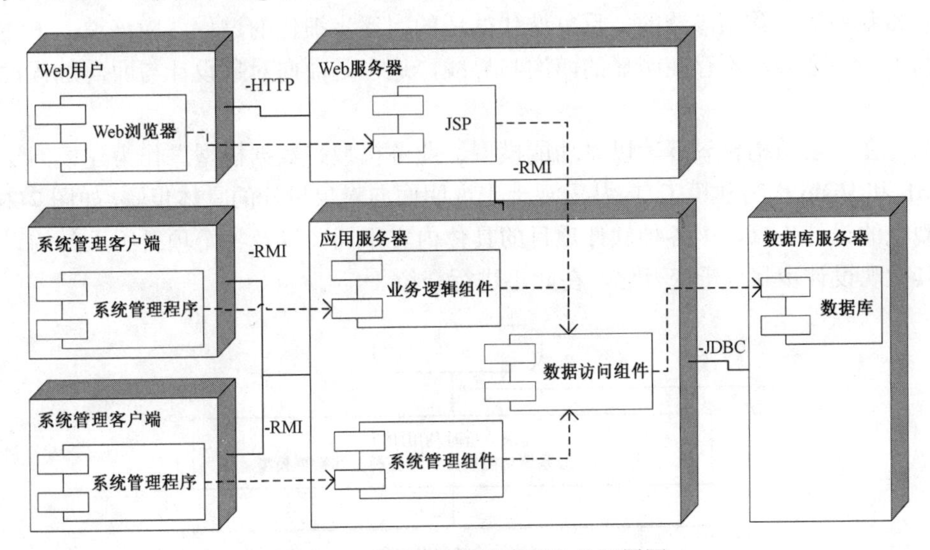

图 7-22 “图书馆信息系统”的部署图

熟悉并掌握了 UML 中的用例图、类图、顺序图、状态图、活动图、部件图和部署图之后，面向对象详细设计就能顺利实现。

8．界面图的使用方法

由于 UML 中没有界面图，所以界面设计图不属于 UML 的范畴。此处讲述的界面图设计，主要指 B/S 架构中的浏览层上用户的操作界面设计，就是将各种控件按照用户的习惯与软件企业的风格，整齐、简洁、合理地分布到屏幕界面上。例如，“图书馆信息系统”的读者信息界面设计，如图 7-23 所示。

读者类别：txt 读者类别
可借阅数量：txt 可借阅数量 【保存】（cmdsave）
可借阅天数：txt 可借阅天数 【清空】（cmdclean）
可续借次数：txt 可续借次数 【修改】（cmdmodify）
逾期后缓冲天数：txt 逾期后缓冲天数 【删除】（cmddel）
逾期后每天罚款金额：txt 罚款金额 【退出】（cmdexit）

读者类别	可借阅数量	可借阅天数	可续借次数	逾期后缓冲天数	逾期后每天罚款金额

图 7-23 “图书馆信息系统”的读者信息界面设计

因为 UML 对界面建模支持不够，所以使用微软的图表绘制软件 Visio，以建立界面图的原型，产生浏览层界面模型。Visio 的模具中提供了 Windows 界面元素和各种标注元素，能够使用户很方便地建立 Windows 用户界面模型。另外，Visio 还提供比较好的发布功能，允许我们将 Visio 文档发布为网页格式。

7.4.2　面向对象设计的步骤

由于在面向对象中，需求分析、架构设计（概要设计）、详细设计（部件实现设计）三个阶段使用的描述工具都是 UML，所以考虑面向对象设计的步骤或过程，就要将面向对象的需求分析、架构设计、详细设计融为一个整体，捆绑在一起考虑。事实上，这一过程是一个连续的、互相联系的、互相渗透的、反复迭代循环的、逐步细化的过程。应该说，上述三步，每一步与下一步之间，不存在明显的鸿沟与界线，这也是面向对象设计与面向过程设计的区别之一。

下面，在三层结构背景下，以“功能模型、业务模型、数据模型”作为建模方法论，作者以 UML 和 Visio 作为建模工具，从宏观上来说明面向对象设计的具体步骤，如图 7-24 所示。对于微观上的设计步骤，因各种软件项目的具体内容不同，以及各个项目组人员的设计风格不同，其微观设计步骤也千变万化，在此不进行介绍。

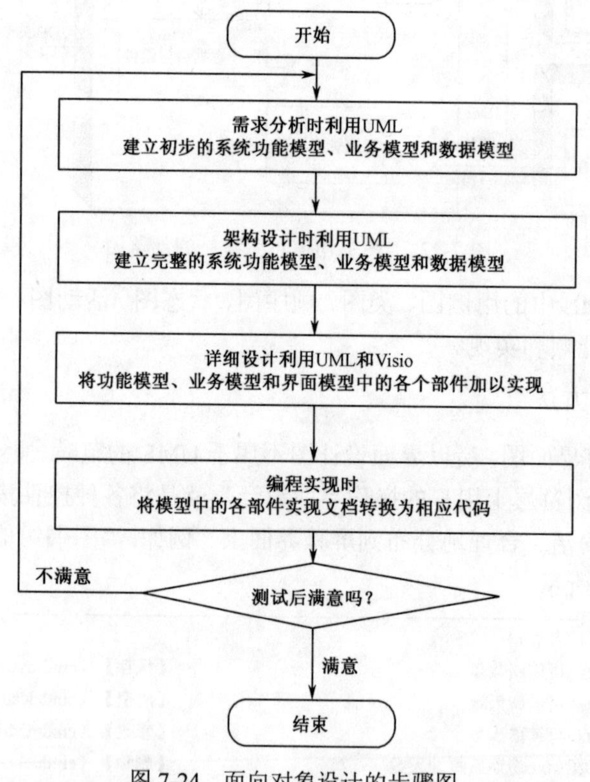

图 7-24　面向对象设计的步骤图

第 1 步，需求分析，建立系统初步的功能模型、业务模型和数据模型

（1）将一个较大而复杂的软件系统，划分为几个较小而简单的子系统。对每个子系统，使用用例图，以建立系统的功能模型。

（2）在建立子系统的功能模型时，顶层功能模型的粒度粗一些，给出子系统的概况功能。低层功能模型的粒度细一些，使其功能不可再分解。用例描述的方法是用例规约，用详尽的文字描述用例的执行流程。用例图和用例文档，是需求分析的主要产品，今后的设计、实现和测试都将围绕这两个产品进行。

（3）用活动图、状态图和顺序图，建立子系统的业务模型。业务模型也可以分层建立，顶层的粒度大一些，低层的粒度小一些。

（4）用类图建立子系统的数据模型。一般而言，不主张将数据模型分层建立，因为分层的数据模型不利于数据的系统集成。

（5）对产生的各个子系统的功能模型、业务模型和数据模型，进行分析与评审，若评审通过，则需求分析结束。反之，重复执行上述第（1）～（5）步。

下面附带介绍寻找对象及类的方法。

仔细阅读需求陈述，并逐一标出每个名词（或名词短语），然后对所有标出的词汇进行筛选，舍去与软件系统目标无关或已有相同含义的多余同义词。如果这个名词符合下列 5 条规则，那么它就是一个对象集合（或类）：

① 如果这个名词的信息需要被记忆，否则系统无法正常地工作。

② 如果这个名词应该具有一组确定的操作，否则它无法改变自己及系统的状态。

③ 能够定义一组适用于这个名词所有实例的公共属性。

④ 能够定义一组适用于这个名词所有实例的公共操作。

⑤ 这个名词属于基本需求的内容。

第 2 步，架构设计，建立系统完整的功能模型、业务模型和数据模型

（1）在架构设计阶段，按照需求分析划分的子系统，进一步精化每个子系统的功能模型、业务模型和数据模型。应保持各个子系统的相对独立，减少彼此间的依赖性，并使子系统应该具有良好的接口定义，通过接口与系统的其余部分进行通信。

（2）对每个子系统，若架构不能一步实现，就先设计该子系统的顶层架构，后设计底层架构，即系统架构分层实现，形成一个较好的分层体系架构。做到在每一层架构中，都有自己相应的功能模型和业务模型。但是，每个子系统的各层架构，共享该子系统的数据模型。

（3）将底层架构中的内容，进行精化并分类整理，逐步归约为部件，标明每个部件的名称、属性、方法，以及部件之间的接口。这些部件的名称、属性、方法和接口，都与这一层架构中的功能模型、业务模型和数据模型息息相关。

（4）分析并评审各个子系统的功能模型、业务模型和数据模型之间的关系，找到三者之间的不一致性，并加以修正。这一分析、评审、修正工作，一直持续到三个模型之间互相支持、互不矛盾、天衣无缝为止。至此，架构设计完成。

与此同时，在子系统内部的架构设计中，根据架构设计需要，使用类图，以建立精细的数据模型；使用活动图、状态图和顺序图，以建立精细的业务模型；使用部件图，以建立精细的部件之间接口以及部件间关系模型；使用部署图，以建立精细的运行时处理元素（节点）的物理配置图，使部件的实例被部署在数据库服务器、应用服务器或 Web 服务器上。部署图还反映了节点间的物理连接及通信情况，以及系统的网络拓扑结构。

第 3 步，详细设计，将功能模型、业务模型和界面模型中的各个部件加以实现

（1）详细设计又称实现设计，就是将功能模型、业务模型和界面模型中的部件，一个接一个地进行实现设计。重点在于为每个部件（或类）的属性和行为做出详细的设计，包括确定每个属性的数据结构和行为操作的实现算法。

（2）每个对象的协议描述和实现描述都要具体明确。协议描述了对象的接口，即定义对象可以接收的消息以及当对象接收到消息后完成的操作行为。实现描述了对象接收到某个消息后所执行的操作行为的实现细节，包括对象属性的数据结构细节及操作过程细节。

（3）对于数据模型中的类图，除了将其中的实体–关系图转换为持久性的数据库表设计之外，其他类图不存在转换问题，因为它们是相应类的私有数据结构，即私有属性，只能由该类的方法改变其属性。

（4）详细设计的主要工作，是对架构设计中描述功能模型和业务模型的活动图、状态图、顺序图进行加细，直到可以生成程序代码为止。这种加细工作，是以架构设计中的部件为单位进行的。而每个部件的描述，根据该部件的特点，可能用到 UML 中的不同图形工具，如活动图、状态图、顺序图、类图等。

（5）对于界面图，先用微软的 Visio 工具设计界面原型，将各种输入、输出、查询、运行屏幕界面绘制出来，并用文本将界面原型上的每个控件或控件组合进行说明，理清这些控件与功能模型和业务模型中的部件之间的关系。

软件建模的作用，就是要将用户的需求平滑地过渡到代码。模型应该可以生成代码，模型也应该与代码保持同步。很多的建模工具都支持将模型转化成代码。使用建模工具的一个好处是，它的正向工程可以产生模型对应的代码，而逆向工程可以根据代码更新模型。

第 4 步，编程实现，将模型中的各个部件实现文档转换为相应代码

编程实现时，就是按照详细设计文档，将功能模型、业务模型、数据模型、界面模型中的部件，用编程语言加以实现。所以，编程实现就是部件实现。

（1）数据模型中的部件，在数据库服务器上运行。

（2）业务模型中的部件，在应用服务器上运行。

（3）功能模型中的部件，有些是可见控件，这些可见控件在浏览器上运行。

（4）界面模型中的部件，在浏览器上运行。

进入 21 世纪，J2EE 平台和 .NET 平台，是面向对象实现的两种主要平台。由于每个部件的实现方法，在详细设计中已经形成实现文档，所以在编程实现时，只要按照部件的实现文档，翻译成源程序即可。后续工作就是部件测试（单元测试）、集成测试、系统测试、验收测试。在测试中发现了问题，就要将问题定位，进而修改相应的文档与源程序，再进行回归测试。

7.5　面向元数据设计

面向元数据设计的应用范围，是 B/S 架构的数据库服务器层，其设计工具是 Power Designer、Oracle Designer、ERWin 等。与面向对象设计相仿，面向元数据设计的概念设计阶段与物理设计阶段，两者之间不但不存在鸿沟，而且是紧紧相连、自动过渡、互相之间可转换，即由概念数据模型 CDM 可以自动产生物理数据模型 PDM，由物理数据模型 PDM 也可以自动产生概念数据模型 CDM。

面向元数据设计，以实体—关系模型为基础，按照一定的规则将概念数据模型 CDM 转换成能被某种数据库管理系统接受的物理数据模型 PDM，创建物理上的数据库表、索引和视图，并且用存储过程和触发器来实现各种业务规则。实践证明，凡是用存储过程能实现触发器功能的地方，就坚决用存储过程，而不用触发器，因为过多的触发器不但影响数据库的运行性能，而且可能导致数据库系统崩溃。

元数据是数据库和数据仓库中的重要概念，元数据是关于数据的数据，组织数据的数据，领导数据的数据，管理数据的数据。对于概念数据模型，实体名和属性名就是元数据。对于物理数据模型，数据库中的表名、字段名、索引名、视图名、存储过程名就是元数据。在详细设计时，对于这些元数据，都要用图形或文字进行详细描述。对存储过程中的算法，也要进行详细设计。因此，面向元数据详细设计的描述工具，主要是概念数据模型 CDM、物理数据模型 PDM 和存储过程。

下面仅以“图书馆信息系统”的概念数据模型和物理数据模型为例，简要地介绍面向元数据设计的方法。我们知道，不同的人使用同一版本的设计工具，或同一个人使用不同版本的设计工具，设计出来的概念数据模型和物理数据模型很可能是不相同的。或者说，同一个“图书馆信息系统”可能存在多种不同的设计方案，形成多种不同的概念数据模型和物理数据模型。因为软件是人类智慧与艺术的结晶，而智慧与艺术品是无标准答案的，它们只能按好坏、高雅、优胜来评估。

图 7-25 和图 7-26 是用 Power Designer V11.0 绘制出来的，它们是“图书馆信息系统”另外一种形式的概念数据模型和物理数据模型。

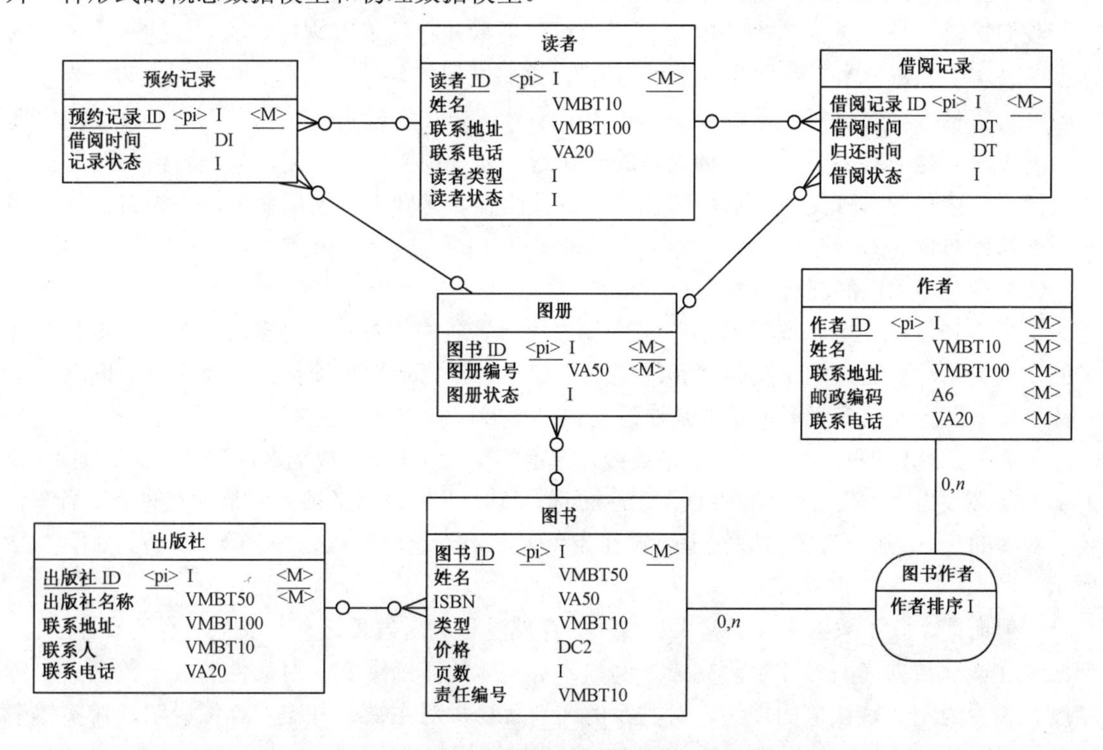

图 7-25　“图书馆信息系统”的概念数据模型 CDM

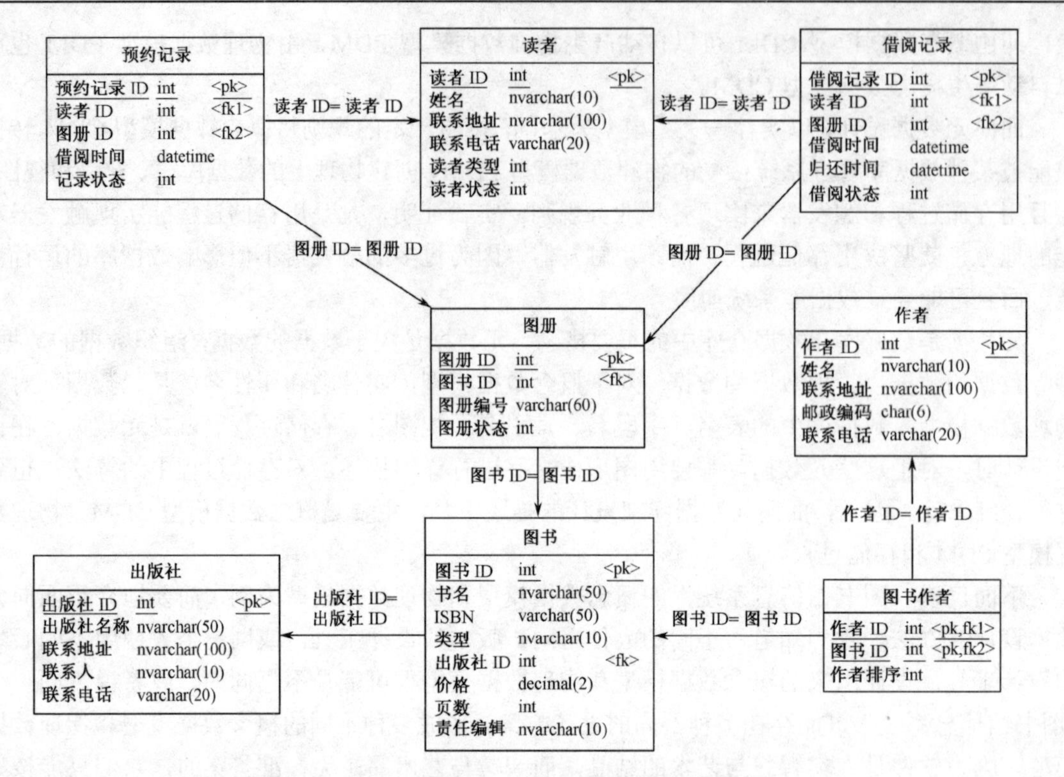

图 7-26 “图书馆信息系统”的物理数据模型 PDM

在图 7-25 中，需要说明三点。

（1）图书与图册关系的理解与处理。

我们知道，对于同一本“图书”，图书馆可以采购并存储多本物理上的书，这个“多本物理上的书”中的每一本，就称为一本“图册”，这些图册的共性是书名、作者、内容、单价、出版社等信息，特性是每一本的唯一标识图书编号各异。所以实体“图书”与实体“图册”之间的关系，是一对多关系。这种处理的好处是：读者预借或者借阅，只是直接与图册打交道，而不直接与图书打交道，从而防止了极少数读者，将别人的图册偷来，作为自己的图书去图书馆还书。

（2）多对多关系的理解与处理。

从图 7-25 中可见，实体“读者”与实体“图册”之间的关系，是多对多关系，这种多对多的复杂关系，是通过两个实体“预约记录”和“借阅记录”来简化的。而实体“图书”与实体“作者”之间的多对多关系，是通过实体“图书作者”来简化的。

（3）在 CDM 图中，一对多的关系连线，规定“多”那一端可以为“O”或“多”，而“一”的那一端必须为“|”。这里的“O”表示可选，而“|”表示必须。但是，有时为了省事，将一对多的“一”那一端关系联线上也设计为“O”，对于这种错误，常常给予允许，如图 7-25 所示。

一般而言，除了数据库表、索引、视图、存储过程和触发器之外，其他所有的设计工作，都应该在概念数据模型设计阶段完成。例如，对实体的详细定义，对属性的取值范围、取值精度、是否为空、默认值的规约，对关系的详细解释，对主键、外键的详细说明，对实体中实例数目（记录条数）的详细估计，……，都要详尽规定。

由于CASE工具Power Designer具有正向和逆向的双向功能，所以既可以从CDM生成PDM，又可以从PDM生成CDM。由此可见，数据模型设计，也可以从PDM开始进行。

在详细设计时，对于图7-26中物理数据模型中的表名和字段名，以及在此基础上产生的索引名、视图名、存储过程名都要进行详细定义与解释，对存储过程中的算法也要具体说明。同时，还要对数据库的表结构与系统的录入界面及输出报表之间的关系做出详尽的描述。

面向元数据设计的思想与方法，不但弥补了数据库原理与数据库应用之间的鸿沟，而且是建设数据库和数据仓库的基本方法。

7.6 软件设计方法学总结

通过对“面向过程、面向对象和面向元数据”三种设计方法的研究，我们初步得出以下结论。

（1）面向过程、面向对象和面向元数据三种设计方法，各有所长，又各有所短，分别适应于不同的场合。面向过程设计方法与面向过程的编程语言配套，非常适应于实时过程跟踪与控制系统，以及科学与工程计算领域；面向对象设计方法与面向对象的编程语言配套，非常适应于在互联网上开发的各类信息系统，以及其他的面向对象系统，例如游戏软件系统。当面向对象设计中的对象需要永久保存其状态时，通常会使用数据库进行保存；面向元数据设计方法与面向元数据的编程语言配套，非常适应于数据库与数据仓库系统，尤其是C/S结构与B/S结构的数据库服务器。

（2）面向过程设计方法，由于需求分析、概要设计、详细设计三个阶段所使用的描述工具不同，因此，三个阶段不但截然分开，而且三个阶段的文档不能实现自动转换；面向对象设计方法，由于需求分析、架构设计、详细设计三个阶段所使用的描述工具基本相同，因此，若使用高档CASE工具，三个阶段不但没有明显的分界线，而且三个阶段的文档可以实现半自动转换；面向元数据设计方法，由于需求分析、概要设计、详细设计三个阶段所使用的描述工具基本相同，因此，若使用高档CASE工具，三个阶段不但没有明显的分界线，而且三个阶段的文档可以实现自动转换。

（3）面向过程、面向对象和面向元数据这三种设计方法，在多层网络结构的应用系统中找到了共同点，发挥了各自的优势，实现了互相依存，达到了和平共处。面向元数据方法用在数据库服务器层次上系统的设计与实现，面向对象方法用在除数据库服务器层次之外的其他层次上系统的设计与实现，面向过程方法用在其他两种方法本身内部函数的设计与实现。从这个结论出发，我们得出如下的推论：所谓“面向过程方法是传统软件工程方法，面向对象方法是现代软件工程方法”的观点是肤浅的。

（4）由于在同一个软件系统的设计中，有时可以同时采用面向过程、面向对象、面向元数据这三种方法，所以在同一个软件设计文档中，有时会出现这三种方法的设计描述工具。

（5）由此可见，这三种方法不是互相孤立、毫无联系、彼此对立的，而是互相帮助、取长补短、彼此有关的。一般而言，一个大型信息系统的建设，由于其分析、设计、实现、测试、维护的重点是数据库服务器上的数据，所以在实施过程中，在宏观上仍然要遵守“五个面向”的实践论，即“面向流程分析、面向元数据设计、面向对象实现、面向功能测试、面向过程管理”。

（6）在面向对象方法中，有明显的“型”与“值”的概念，因为“类”与“对象”的关系，实质上是“型”与“值”的关系：类是对象的“型”，即“对象”的模板，对象是类的“值”，即“类”在某一时刻的具体表现。在面向元数据方法中，也有“型”与“值”的区分：由元数据构成的数据模型，就是它的“型”或模板，在数据模型中存放的记录，就是它的“值”。在面向过程方法中，实际上也隐含着“型”与“值”的概念。因此，在所有的软件方法学中，软件需求分析与软件设计，实质上都是为了解决软件的“型”，只有在软件编程与软件运行时，才触及软件的“值”。懂得“型”与“值”的关系，才能从本质上认清软件的实现方法，才能做一个头脑清醒的程序员、软件分析师、软件架构设计师、软件项目经理。

以上就是关于软件设计方法学的理论，这种理论来自于软件企业的实践，反过来又指导软件企业的实践。“实践—理论—实践”，人类的这种认识论，贯彻于整个自然界和社会，更表现在软件工程的需求分析、概要设计、详细设计与编程实现的实践与理论之中。

7.7 软件设计文档

软件设计包括概要设计和详细设计。有时将数据库设计单独作为一个设计文档，有时将数据库设计放在概要设计之中，通常采用后者的做法。有些人将详细设计划分到软件实现的范畴，我们仍然主张将详细设计与编程实现分开。本节介绍的软件设计文档包括《概要设计说明书》和《详细设计说明书》。

这里介绍的软件设计文档格式与内容，是以面向过程为主、面向对象和面向元数据为辅的文档，它是按照 CMMI 的要求，规范化处理后的格式与内容，它比较详细、全面，使用中可进行裁剪，灵活处理。

1. 概要设计说明书

《概要设计说明书》是按某种设计方法，将软件系统分解为多个子系统，再将子系统分解为多个模块或部件，并将系统所有的功能合理地分配到模块或部件中去。其主要内容为：软件系统架构设计、运行环境设计、模块功能分配、数据库与数据结构设计、接口设计。

2. 详细设计说明书

《详细设计说明书》是按某种设计方法，将软件系统的模块或部件，进行编程实现设计，用以指导程序员编写代码，形成模块或部件的实现蓝图。其主要内容为：共用模块实现设计、专用模块实现设计、存储过程与触发器实现设计、接口实现设计、界面实现设计。

3. 软件设计管理文档

软件设计管理文档有：

（1）《概要设计说明书评审记录表》。

（2）《详细设计说明书评审记录表》。

它的格式与内容，如表 7-9 所示。

《概要设计说明书评审记录表/详细设计说明书评审记录表》的特色是：突出了设计说明书评审中的不符合项的跟踪记录。这些不符合项主要是在系统功能、性能、接口的设计上存在的遗漏或缺陷。一旦在评审中发现，就要马上记录在案。只有当不符合项为零时，评审才能最后通过。因此，评审可能进行多次。评审意见可以指出设计说明书中的不符合项、强项和弱项。评审结论就是通过或不通过。

《设计说明书评审记录表》记录了设计过程中，软件企业对设计的管理过程。大量过程管理记录的积累，为软件企业的软件测量数据库获得了巨大的财富。这些财富信息既为软件企业的科学管理与决策提供了良好的基础，又为软件企业进行CMMI4级和5级的评估做好了充分准备。

表7-9 《概要设计说明书/详细设计说明书评审记录表》

（Review Table of Design）

项目名称					项目经理	
评审阶段	概要设计说明书/详细设计说明书				第 次评审	
评审组组长			评审时间		评审地点	
评审组成员						
不符合项跟踪记录						
不符合项名称	不符合项内容	限期改正时间	实际改正时间	测试合格时间	测试员签字	审计员签字
评审意见						
评审结论						

评审组长签字： 评审组成员签字：

在软件工程的“五个面向”实践论中，有一个是面向过程管理。通过以上的论述，再一次说明了软件管理确实是面向过程的。

7.8 本章小结

通过本章的学习，我们已经知道，面向对象设计的根本问题，首先是建立模型，其次才是在UML中挑选适当的图形语言来描述这些模型。面向过程设计的描述工具多种多样，我们应根据软件企业的行业特点与软件工程规范习惯，来选择一种或两种设计描述工具。面向元数据设计的描述工具，主要就是概念数据模型CDM和物理数据模型PDM。三个模型的建模思想，虽然是从面向元数据设计方法的实践中总结出来的，但它对面向过程设计方法、面向对象设计方法同样适用。

通过本章的学习，我们已经懂得，“面向元数据方法用在数据库服务器层次上系统的设计与实现，面向对象方法用在除数据库服务器层次之外的其他层次上系统的设计与实现，面向过程方法用在其他两种方法本身内部函数的设计与实现”。不管任何设计方法，都要遵守“抽象、分解与模块化，低耦合、高内聚，封装，接口和实现分离”的设计原理。

通过本章的学习，我们已经明白，对于一个大型信息系统的建设，要灵活运用“三层结构、三个模型、三种设计方法”的思想。但是，由于其分析、设计、实现、测试、维护的重点是数据库服务器上的数据，所以在软件生存周期的任何开发模型中，在宏观上仍然要遵守“五个面向”实践论，即“面向流程分析、面向元数据设计、面向对象实现、面向功能测试、面向过程管理”。

通过本章的学习，我们要深刻理解软件中“型”与“值”的关系，“型”是“值”的模板，“值”是“型”的具体表现。软件需求分析、设计与编程，重点是“型”，不是“值”。

软件设计的重点是数据建模，这是因为：信息系统的软件建设，核心问题是数据库建设。由于历史的原因，高校计算机教育中对“数据结构”很重视，并且积累了丰富的教学经验，而对“数据库设计”这门课，重视程度不够，因而积累的经验也不如“数据结构”那么多。数据结构的作用主要表现在系统软件的开发中，如操作系统、编译系统、解释系统、工具系统等。数据库的作用主要表现在应用软件的信息系统开发中，如各种数字化系统、ERP 系统等。由于在今后相当长的一段时期内，信息化仍然是一个长期的热点。因此，学好大型数据库设计技术，掌握面向对象编程语言，养成书写文档的良好习惯，重视软件过程管理，对从事 IT 行业工作的读者来说，非常重要。

当详细设计文档通过评审之后，接下来的工作就是程序员编程实现。对于 B/A/S 三层结构来说，第一层 B 和第二层 A 的编程开发平台，目前主要是.NET 平台和 J2EE 平台，第三层 S 的编程开发平台，目前仍然是关系数据库管理系统提供的语言，这是一种面向元数据的编程方法，重点是编写存储过程。

习　题　7

7.1　软件设计的输入与输出是什么？

7.2　为什么说“软件设计以面向元数据为主，以面向功能和面向对象为辅；而软件的编程实现则以面向对象为主，以面向元数据和面向功能为辅”？

7.3　《概要设计说明书》和《详细设计说明书》有何区别？

7.4　怎么理解“软件概要设计是系统总体结构设计或系统架构设计”？

7.5　怎么理解“软件详细设计是子系统和模块实现设计”？

7.6　请用面向过程详细设计中的程序流程图，描述求 $\sqrt{1}+\sqrt{2}+\cdots+\sqrt{N}(N\geqslant 1)$，以及求 $1^2+2^2+\cdots+N^2$ 。

7.7　请用面向过程详细设计中的程序设计语言 PDL 和 PAD 图两种方法，来描述求 $1^3+2^3+\cdots+N^3$（$N\geqslant 1$）。

7.8　请说明“三层结构”与“三个模型”之间的关系。

7.9　请说明“三层结构”的工作原理。

7.10　请说明“三层结构”的优点。

7.11　模块实现设计包括哪些内容？

7.12　怎么理解“详细设计是面向模块的，不是面向组织结构或部门单位的”？

7.13　为什么软件设计要遵守“抽象、分解与模块化，低耦合、高内聚，封装，接口和实现分离”的设计原理？

7.14　你怎样理解面向对象设计步骤？

7.15　你怎样理解“面向元数据方法用在数据库服务器层次上系统的设计与实现，面向对象方法用在除数据库服务器层次之外的其他层次上系统的设计与实现，面向过程方法用在其他两种方法本身内部函数的设计与实现”？

7.16　评审记录表设计合理吗？你有何改进意见？

7.17　完成“图书馆信息系统”的《概要设计说明书》和《详细设计说明书》。

第8章 软件实现

本章导读

从宏观上讲，软件实现包括详细设计、编程实现、单元测试和集成测试。从微观上讲，软件实现是指编程实现和单元测试。详细设计在前面已经讲过了，测试将在第 9 章讲解，所以本章只讲 IT 企业的编程实现方法，包括软件实现概论、编码技术、软件实现管理。表 8-1 列出了读者在本章学习中需要了解、理解和掌握的主要内容。有关软件实现的详细资料，请见参考文献［4］。

表 8-1　本章对读者的要求

要　求	具 体 内 容
了　解	（1）构件的实现及构件库的管理 （2）中间件的实现及中间件的管理 （3）面向图形处理器 GPU 编程
理　解	（1）软件实现管理 （2）.NET 编码平台、J2EE 编码平台 （3）编码风格、编程规范
掌　握	（1）软件实现的输入与输出 （2）软件实现原则

8.1　软件实现概论

软件实现的输入是《详细设计说明书》，输出是源程序、目标程序和用户指南，如图 8-1 所示。根据“五个面向理论”，编程实现的主要方法是“面向对象实现”。因为现在流行的编程语言基本上都是面向对象的语言，如 Delphi、Visual Basic、Visual C++、Java 等。

从宏观上讲，“面向对象实现”的目标是：按照《详细设计说明书》的要求，从软件公司的函数库、存储过程库、类库、构件库、中间件库中挑选有关的部件（当这些部件不够时，再增添一些新的部件，并将这些新的部件分别存入相应的部件库中），遵照软件公司的程序设计规范，按照《详细设计说明书》中对数据结构、算法分析和模块实现等方面的设计说明，用面向对象的语言，通过穿针引线的方法，将这些部件组装起来，分别实现各模块的功能，从而实现目标系统的功能、性能、接口、界面等要求。

从微观上讲，软件实现是指通过编码、调试、单元测试、集成测试等活动创建软件产品的过程。软件实现与软件设计、软件测试密不可分。软件设计为软件实现提供输入，软件实现的输出是软件测试的输入。尽管软件设计和软件测试是独立的过程，但软件实现本身也涉及设计和测试工作，它们之间的界限视具体项目而定。软件实现还会产生大量的软件配置项，如源文件、测试用例等，因此软件实现过程还涉及配置管理，如图 8-2 所示。

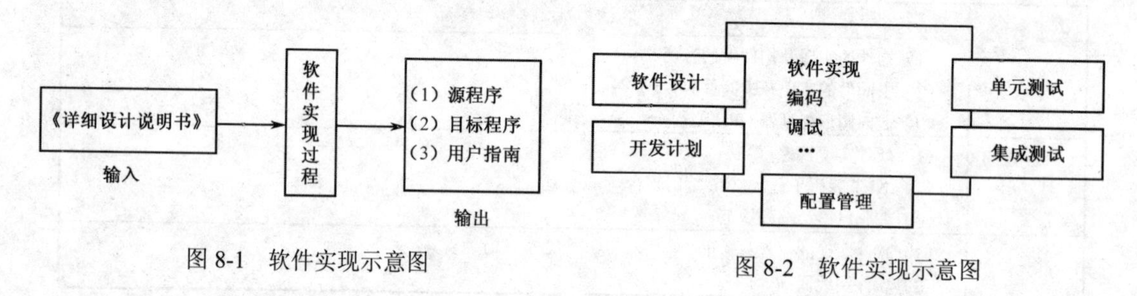

图 8-1　软件实现示意图　　　　图 8-2　软件实现示意图

需求分析和软件设计是为了使软件实现更有效，软件测试是为了保证软件实现的正确性，因此软件实现成为软件工程的核心任务之一。软件实现在开发过程中占据很大的比例，根据项目性质的不同，占 30%～80%。一般而言，软件企业越大越正规，软件实现所占的比重就越小，反之，软件实现所占的比重就越大。另外，只有软件实现是软件工程中唯一不可缺少的步骤，因为有个别特殊项目可能不经过需求分析和设计就直接进入编码实现阶段，有个别特殊项目会省略掉测试，但无论如何，软件实现过程是不可缺少的。

由于软件设计过程可能贯穿于整个开发过程，因此有时不应将它看成一个独立的阶段。某些小型的项目的设计过程通常在实现时完成；某些大型的项目会明确地划分架构设计（概要设计）和详细设计两个阶段，即使如此，有些详细设计工作仍会留在实现阶段完成。这就是迭代模型产生的背景之一。

大型软件企业在软件实现工作中还需要管理好如下问题。

1．建立公司的软件开发财富库

新增函数的实现及函数库的管理，新增存储过程的实现及存储过程库的管理，新增类的实现及类库的管理，新增构件的实现及构件库的管理，新增中间件的实现及中间件的管理。

如果读者所在的软件组织处在初创时期，函数库、类库、构件库都是空白，那么就只能利用面向对象语言自带的函数和基础类库，从头开始，一边对系统进行编程实现，一边在实践中积累函数、类和构件，逐步建立自己的函数库、类库和构件库，为日后的开发准备财富。

2．构件的实现及构件库的管理

【定义 8-1】 所谓构件（Component），就是被标识的且可被复用的软件制品（Artefact）。

构件与部件、组件基本上是一个意思，有时会认为部件和组件的粒度比构件大一些或范围广一些。上述定义有三个特点：第一个特点是构件要被明确标识，即有一个被调用的名字；第二个特点是构件应该可复用，不可复用的只能称为模块或子系统，第三个特点是构件是软件制品，在宏观上软件制品可以是项目计划、成本估计、体系结构、需求模型、设计模型、程序代码、窗口界面、文档、数据结构、测试用例等。

在微观上的构件，通常是指程序代码级的构件。这种构件在技术上的三个流派是 Sun 的 Java 平台、Microsoft 的 COM+平台、IBM 的 CORBA 平台。构件具有接口标准、通信协议、同步和异步操作。可执行的构件独立于编程语言，具有版本兼容性。构件库是组织管理构件的仓库，它提供构件的入库、出库、查询功能。构件有两种级别：可执行文件级和源代码级。可执行文件级别上的构件是已通过编译的构件，因而与语言无关。源代码级别上的构件实际上只是构件模板，可以用多种语言实现，当然与语言有关。构件还可以分成可见构件和非可见构件，可见构件是在屏幕上看得见、拖得动、可修改的控件，非可见构件是在系统内部运行的构件。在详细设计说明书中已对新增构件的功能和算法进行了详述，此处只要将详细设计翻译为源程序即可。

在大型软件企业内部，新增构件的实现及构件库的管理是软件实现的重要内容。构件库管理系统用于构件储存、构件检索、构件浏览和构件管理。因此，构件库管理系统的主要功能是：构件的分类入库与存储，按用户需求在构件库中浏览或检索构件，对不再使用的构件进行删除，对构件使用情况的统计与评价。

3．中间件的实现及中间件的管理

中间件是一个非常大的组件（构件），一般在网络上运行，完成批量数据的传递和通信工作，调用方式是通过一组事先约定的格式与参数进行的。常见的中间件为文件传输中间件，如 IBM 公司的消息队列中间件 MQ（Message Queue），在网络节点之间进行点对点的数据通信和传输。又如城市医疗保险系统中的中间件，它在市医保局节点和全市各家医院节点之间，进行点对点的数据通信和传输，病号每次划价计费，节点之间就交换一次信息。在详细设计说明书中已对新增中间件的功能和算法进行了详述，此处只要将详细设计翻译为源程序即可。

4．程序设计风格与编程规范的管理

在一些人眼里，今天的软件编程似乎已成为简单的事情：已有了不少很好的编程工具和软件库，软件编程人员训练有素，都强烈渴望去编写最酷的软件。但是，作为一个团队，没有一套程序设计风格和编程规范是控制不了局势的。为了提高编程实现的质量，不仅需要有良好的程序设计风格，而且需要有大家一致遵守的编程规范。

程序设计风格的内容包括：规范化的程序内部文档、数据结构的详细说明、清晰的语句层次结构、遵守某一编程规范。编程规范的内容包括：命名规范、界面规范、提示及帮助信息规范、热键定义规范等。

5. 软件实现原则

（1）尽可能简单。在软件实现过程中，应创建简单、容易阅读的代码；相同功能的代码只写一次；简单的代码易于维护；通过采用一些编码规范和标准，可以有效地降低代码的复杂度。

（2）易于验证。无论是在编码、测试还是实际操作中，软件工程师应很容易发现其中的错误；自动化的单元测试可产生易于验证的代码；写代码时，要限制使用复杂的难以理解的语言结构。

（3）适应变化。外部环境、软件需求和软件设计，在整个开发过程中可能会随时变化，因此要求软件实现时考虑适应这些变化。

（4）遵守某一编程规范。尽量使用标准库函数和公共函数。不要随意定义全局变量，尽量使用局部变量。使用括号以避免二义性。

（5）选择项目组成员最熟悉的工具或语言。软件实现工具或语言不是越时髦越好，而是越成熟与越熟练越好，这样可以避免技术风险和技能风险。

6. 软件实现平台

软件实现平台（或软件编码平台）一直发展较快，进入 21 世纪后，商业软件领域的实现平台主要是. NET 平台和 Java 平台。作为程序员或软件实现工程师，只要你熟练地掌握了. NET 平台和 Java 平台，你就能在任何大型软件企业找到适合你的工作。

在 20 世纪，由于计算机主要用于数字数据处理，所以程序员实质上都是面向中央处理器 CPU（Central Processing Unit）编程，也就是说，所有程序都在 CPU 上运行。

尽管 GPU 术语在 1999 年已经出现，但是只有进入 21 世纪，由于图形处理在计算机应用中逐步占据重要地位，所以计算机图形处理器 GPU（Graphics Processing Unit）才得到了迅速发展，一些程序员开始面向 GPU 编程，也就是说，图形的输入、计算、输出程序主要在 GPU 上运行，从而减轻了对主机 CPU 的压力。对于高性能的千万亿次计算机、万万亿次计算机而言，GPU 要分担整个计算机 30%以上的运算速度或运算工作量。

在宏观上看，GPU 仍然是 CPU 的一种外部设备，CPU 仍然是通过管理外部设备的方法来管理 GPU。但是从微观上看，GPU 除了行使外部设备的输入/输出功能之外，它还要行使 CPU 的部分计算功能，这就是 CPU 与 GPU 之间的关系。

【例 8-1】 CPU 和 GPU 的结合技术。在 2006 年以前，GPU 主要是用来读取图形和视频的，即图形和视频的输入/输出，至于 GPU 是否能实现计算功能，回答是肯定的，但是其计算效率，一般只能发挥 GPU 计算能力的 20%左右。能不能大幅度地提高 GPU 的计算效率呢？当时，人们认为理论上是可以提高的，但实际上做出来的东西却不行，达不到大幅度地提高的目的。直到 2010 年，中国人民解放军国防科技大学首次把 GPU 的计算效率由 30%提高到了 70%，使得生产 GPU 的国外厂商都感到很惊奇并且很受鼓舞，要求与国防科技大学联合开发与研究 GPU。该例子说明：国防科技大学走出了一条世界上全新的技术路子，把理论上成立但实际上走不通的路子走通了。

由此可见，软件编程语言、方法、概念、平台的发展速度如此之快，进一步说明了从事软件行业的劳动是重脑力劳动。但是，只要你爱好软件，在重脑力劳动中你就不会感到疲倦，而会感到兴奋与自豪。

7. 程序可读性第一，效率第二

任何程序必须遵守“可读性第一、效率第二”的实现原则，真正做到无私程序设计。为此，必须注意如下几点：

（1）保持注释与代码完全一致。

（2）每个源程序文件，都有文件头说明，说明规格见规范。

（3）每个函数，都有函数头说明，说明规格见规范。

（4）主要变量（结构、联合、类或对象）定义或引用时，注释能反映其含义。

（5）常量定义（DEFINE）有相应说明。

（6）处理过程的每个阶段都有相关注释说明。

（7）在典型算法前都有注释。

（8）利用缩进来显示程序的逻辑结构，缩进量一致并以 Tab 键为单位，定义 Tab 为 6 个字节。

（8）循环、分支层次不要超过五层。

（9）注释可以与语句在同一行，也可以在上行。

（10）空行和空白字符也是一种特殊注释。

（11）一目了然的语句不加注释。

（12）注释的作用范围可以为：定义、引用、条件分支以及一段代码。

（13）注释行数（不包括程序头和函数头说明部分）应占总行数的 1/5～1/3。

8.2 软件编码技术

1. 编码标准

遵循规范化的源代码布局和命名规范，可以创建可读性好、易于理解的代码。常见的编码规范如下：

（1）C

"Indian Hill Recommended C Style and Coding Standards" - Bell Labs（在线文档）

http://www.apocalypse.org/pub/u/paul/docs/cstyle/cstyle.htm

"Guidelines for the Use of the C Language in Vehicle Based Software" - MISRA

（2）C++

"Industrial Strength C++" - Mats Henricson, Erik Nyquist

"Effective C++" - Scott Meyers

"C++ Coding Standards" - Herbert Sutter, Andrei Alexandrescu

（3）Java

"Coding Conventions for the Java Programming Language" - Sun Microsystems （在线文档）http://java.sun.com/docs/codeconv/

"Elements of Java Style" - Alan Vermeulen (eds.)

（4）C#

"Design Guidelines for Class Library Developers" - Microsoft （在线文档）

http://www.msdn.microsoft.com/library/default.asp?url=/library/en-us/cpgenref/html/cpconnetframeworkdesignguidelines.asp

"Coding Standard: C#" - Philips Medical Systems

2. 代码布局

代码的布局不影响程序的执行速度、内存使用以及对用户可见的属性。但好的代码布局使代码更容易理解，维护性好。代码布局应遵循的基本原则：代码布局能够正确地反映程序的逻辑结构。

好的代码布局能加强程序的可读性。可读性好的代码，更易于理解，可以减少修改、调试以及审查的工作量。

通常程序员通过缩排和空格表示程序内部的逻辑。

以 Java 语言为例：

```
/**
 * 缩进
 */
class Example {
    int[] myArray = { 1, 2, 3, 4, 5, 6 };

    int theInt = 1;

    String someString = "Hello";

    double aDouble = 3.0;

    void foo(int a, int b, int c, int d, int e, int f) {
        switch (a) {
        case 0:
            Other.doFoo();
            break;
        default:
            Other.doBaz();
        }
    }

    void bar(List v) {
        for (int i = 0; i < 10; i++) {
            v.add(new Integer(i));
        }
    }
}
```

```
enum MyEnum {
    UNDEFINED(0) {
        void foo() {
        }
    }
}
```

以上程序的代码布局解释说明如下：

- 缩排。类体、方法体、语句块应缩排，每行缩进4个空格。
- 花括号。左花括号与类声明、构造函数声明、方法声明、数组初始化操作位于同一行。
- 空白行。在包声明的后面、导入语句的后面、类声明之间、字段声明的前面、方法声明的前面添加空白行。空白行也用来区分方法体内不同的逻辑结构。
- 空格。在变量声明之间、赋值操作符的左右、方法参数之间添加空格。

3．实体命名

代码中存在大量的实体命名，如变量名、方法名、类名、接口名、包名等。好的命名可以提高代码的可读性。在对一个实体进行命名时，最重要的一点是名称能够准确地反映实体的本质。先使用一句话来描述实体所代表的事物，然后抽取一个或几个单词作为实体的名称。例如，一个表示银行贷款类中，年利率可以使用 annualInterestRate，贷款年数可以使用 numberOfYears，这比使用 r 和 n 更直观。Benander 的研究表明，命名长度为10～16个字符，调试代码所需的工作量最少，过长或过短的命名不易于对代码的理解。

实体命名可遵循的规则如下：

- 区分类名和对象名——在 Java 和 C++中，通常类名的首字母大写，对象名的首字母小写。
- 全局变量——加上统一的前缀，如 g_表示所有在线人数可以使用 g_totalOnline。
- 成员变量——在类的成员变量前添加统计的前缀，如_或 m_，这样可以很容易地区分成员变量和局部变量。
- 常量——在 Java 和 C++中，通常以全部大写的单词表示常量，单词间以下画线分隔，如 MAX_VALUE 表示最大值。
- 单词分隔——如果名称由多个单词组成，可以使用每个单词首字母大写，其余字母小写的形式进行分隔，也可以使用下画线进行分隔，如 annualInterestRate，annual_interest_rate。Java 和 C++通常建议使用前一种形式。

4．错误处理

程序执行过程中，可能出现可以预测和不可预测的错误，系统的错误方式将影响到软件的正确性、稳定性以及其他的非功能属性。可以采取以下措施进行处理：

- 返回一个中性值——当错误发生时，程序继续执行，返回一个中性的值。例如，数值计算的方法返回0，字符串操作返回空字符串等。
- 取下一个有效值——当一次操作失败后，执行下一次操作。例如，从网络中读取数据失败后，取下一个有效值。
- 取前一个有效值——当一次操作失败时，返回上一次成功操作的值。例如，从网络中读取数据失败时，返回上一次读到的有效值。

- 取最相近的有效值——例如，一个方法计算应返回一个非负数，如果计算值小于 0，则返回 0。
- 记录日志——当错误发生时，记录日志文件，并继续执行。
- 返回错误代码——返回错误代码指示错误发生的原因，调用者可根据错误代码进行错误处理。
- 调用错误处理函数——用错误处理函数来统一地进行错误处理，这样做的好处是可以集中地对错误进行管理。
- 显示错误信息——当错误发生时，向用户提示错误信息。例如，用户输入了非法数据时，向用户提示正确的输入格式。
- 退出程序——这种方式对一些安全性要求较高的程序比较适合，防止继续操作可能带来的破坏。

5. 代码重构

代码重构是软件进化的重要手段，Martin Fowler 将重构定义为"对软件内部结构的修改，使之更易于理解和修改，但不改变软件的对外可见的行为"。软件中存在一些可能需要重构的地方，例如：

- 重复代码——重复的代码需要做重复的修改，即只要修改一个地方，就要平行地修改其他地方。
- 函数过长——在面向对象的编程中，很少需要超过一屏的函数。出现这种情况，暗示着用户使用了过程化编程方式，来进行面向对象的编程。
- 循环过长或嵌套过深——过长的循环体最好变成独立的函数，从而可有效地降低循环的复杂度。
- 类的内聚性差——如果发现一类是一些不相关的责任的集合，这个类应该分解成多个类，每个类负责一个逻辑相关的责任集合。
- 方法传递过多的参数——好的函数通常比较简短，不应有过多的参数。过多的参数通常表示方法没有很好地抽象。
- 平行修改类——对一个类的修改，导致其他类进行平行的修改，此时应该降低类间的耦合，隔离变化的传递。
- 平行修改 case 语句——如果 case 中存在平行修改，可以考虑用继承来代替 case 语句。
- 同时使用相关的数据项——如果发现总是同时使用相关的数据项，可以考虑将这些数据项组织到一个类中。
- 方法过多使用其他类的成员——如果一个类中的方法使用其他类的成员，比它所在类的要多，可以考虑将方法移动到其他类中。
- 公共的数据成员——一个类中包含公共的数据成员，使接口和实现之间的分界线变得模糊，破坏了封装性。建议将公共数据成员变为私有成员，通过方法进行访问。

重构是提高代码质量的有效手段，但也会引发一些问题。在进行重构前，应确保可以返回到初始的代码，可以使用源代码管理程序，或对原来的代码进行备份。执行已有的单元测试，确保代码的修改没有引入新的错误。

6. 成对编程

在敏捷方法中，成对（或结对）编程（pair programming）是极限编程（extreme programming）的实践之一。当进行成对编程时，一个程序员输入代码，另一个在旁边观察代码中是否存在错误，并思考下一步要进行的工作。

成对编程的优点如下：

- 可以提高代码的可读性和可理解性，产生高质量的代码。
- 提高编程效率，使编程速度更快，代码错误更少，后期测试和纠错的工作量就会大大降低。
- 成对编程可以提高开发团队的凝聚力和协作精神。

另外，成对编程的概念相对简单，但具体实施时应遵循如下一些规则：

- 编码标准——如果成对编程的两个人使用不同的编码标准，将会降低工作效率。成对编程的注意力应放在实质性任务上。
- 积极参与——在旁边观察的程序员不应只是观看，应当成为编程过程中的积极的参与者。他的工作是分析代码，提前思考下一步要写的代码，对设计进行评估，计划如何测试代码。
- 非强制性——有些程序员更喜欢独立编码，不应强制实施。可以在分析设计、代码互查时再安排与他人协作。
- 定期轮换——定期轮换可以使程序员与不同的人进行合作，互相取长补短，对系统的更多部分都有所了解。
- 速度匹配——如果成员中的一个速度过快，将影响另一个人的工作。速度快的人应该慢下来，或者与其他人重新配对。
- 新老搭配——避免成员中的两个人都是新手，成员中至少有一个人以前实践过成对编程。

8.3 软件实现管理

1. 过程模型

这里讲的过程模型是指软件开发模型。过程模型从其规范程度可分为两大类：重量级的软件开发模型和轻量级的敏捷软件开发模型。不同的软件开发模型，对软件实现的重视程度不同。

对于瀑布模型和RUP模型等重量级开发模型，实现阶段必须在前期工作（需求分析、架构设计、详细设计）的基础上才能进行。开发模型的线性关系越强，各阶段的分界越明显，对前期工作依赖性就越高。

对于敏捷开发过程等轻量级开发模型，如Extreme Programming和Scrum，实现阶段趋向于和其他软件开发活动（需求、设计、测试）同步执行。敏捷开发过程倾向于将编码、设计、测试混合在一起构成实现活动。

2. 开发计划

过程模型是影响开发计划的关键因素之一。不同的过程模型，其软件实现的先决条件不同。开发计划定义了系统部件创建和集成的顺序、软件质量管理过程、开发任务的分配等。

估计项目的大小和所需要的工作量，是软件项目管理中最具挑战性的问题。Boehm 提出对开发计划可量化的因素，如表 8-2 所示。

还有一些难以量化因素影响软件的开发计划，例如：

- 代码重用的数量。
- 与客户间的关系。
- 用户参与需求活动的程度。
- 客户对应用程序的了解程度。
- 开发人员参与需求活动的程度。
- 文档的数量。
- 计算机、程序、数据的安全等级。

准确的估计是保证软件项目按质、按量、按时完成的重要因素。一旦发布时间和产品规格说明书确定下来，剩下的问题是如何控制人力、技术资源以满足开发计划。大多数项目难以完全按时完成，如果出现延期，可以采取以下方式处理：

表 8-2　对开发计划可量化的因素

影响因素	有益影响	有害影响
同一地点开发与多地点开发	−14%	22%
数据库的大小	−10%	28%
文档满足项目的需求	−19%	23%
需求解释是否具有灵活性	−9%	10%
项目风险	−12%	14%
编程语言和开发工具方面的经验	−16%	20%
人员的持续性	−19%	29%
平台的稳定性	−13%	30%
开发过程的成熟性	−13%	15%
产品复杂度	−27%	74%
开发人员的能力	−24%	34%
可靠性方法的需求	−18%	26%
需求分析人员的能力	−29%	42%
需求的复用性	−5%	24%
达到最新技术发展水平的系统	−11%	12%
数据存储方面的限制	0%	46%
团队的凝聚力	−10%	11%
团队的应用领域的经验	−19%	22%
团队的技术平台的经验	−15%	19%
时间限制	0%	63%
使用软件工具	−22%	17%

（1）增加开发人员

根据 Brooks 的理论，向一个延期的项目添加人员，无异于火上浇油。新成员在参与到项目之前，需要对项目进行熟悉，这将占用原有成员的时间。增加开发人员数量，还会使项目交流的复杂性增加。Brooks 指出这样一个事实：一个女人在 9 个月里生出一个婴儿，但不意味着 9 个女人可以在一个月内生出一个婴儿。管理人员应当注意到，软件开发并不是简单的机械劳动，人数越多，产量就越大。但在某些情况下，增加开发人员的确实会加快速度，如项目分工明确、模块化程度较高时，新成员都是软件高手，可以完成一些比较独立的模块。

（2）减少项目的内容

减少项目的内容通常可以防止项目继续延期。与内容相关的设计、编码、调试、测试、文档都可以省略。在计划项目的初期，应当标识项目特征的优先级。优先级可以为“必须具有”、“最好具有”和“可选项”。这样，如果项目延期了，标识为“可选项”和“最好具有”的特征的内容，就可以考虑缩减掉。

（3）重新认识二八定律

作为项目经理以上的管理人员，要将二八定律作为制订开发计划的座右铭，将二八定律落实到工作量估计、进度估计和其他资源估计上去。

3．实现度量

实现软件度量，通常使用软件工具进行统计。常见的度量包括：

（1）大小

- 代码行数。
- 注释行数。
- 类或函数的数量。
- 数据声明的数量。

（2）缺陷跟踪

- 缺陷情况（严重程度、位置、来源、修正方式、修正人、影响代码行数、花费工时）。
- 发现缺陷的平均时间。
- 修正缺陷的平均时间。
- 修正缺陷引入新错误数量。

（3）生产力

- 项目总工时。
- 每个类或函数的工时。
- 项目花费。
- 每行代码花费。
- 每个缺陷花费。

（4）整体质量

- 缺陷总数量。
- 每个类或函数的缺陷数量。
- 每千行代码的缺陷数量。

（5）可维护性

- 每个类公共数据、公共方法、私有数据、私有方法、代码行、注释行的数量。
- 每个方法的参数、局部变量、调用其他方法、决策点、代码行、注释行的数量。

这些度量主要用于发现代码中的可疑信号，这样就可以快速定位到低质量的代码。开始的时候，不要试图收集所有的数据，可以从简单的度量集合开始，如代码数、缺陷数量、工时数、项目花费等。

8.4 本章小结

从宏观上讲，软件实现包括详细设计、编程实现、单元测试和集成测试。从微观上讲，软件实现是指编程实现和单元测试。本章的重点，是专门论述编程实现，至于单元测试，将在第9章中介绍。

通过本章的学习，我们已经知道，编程实现是一项艰苦细致、与时俱进的工作。这项工作是青年人的工作，它始于详细设计文档通过评审之后，终于系统测试结束之时。需要特别指出的是：软件工程的基本原则之一，是文档必须指导程序，而决不允许程序指导文档，并时刻保持文档与程序的一致性。只有坚持这一原则，才能提高软件的可维性。

习　题　8

8.1　软件实现的输入/输出是什么？

8.2　“面向对象实现”的目标是什么？

8.3　实现原则有哪几条？

8.4　面向对象程序设计的特点是什么？它与面向过程程序设计有何差异？

8.5　软件实现管理包括哪些内容？

8.6　软件实现的平台主要有哪几种？

8.7　程序员除了面向中央处理器 CPU 编程外，还面向什么编程？

第9章

软件测试

本章导读

软件产品在发布前，都需要进行大量的测试工作，而这些工作必须由拥有娴熟技术的专业测试人员来完成。

本章首先论述软件测试的相关概念，使读者了解软件测试的特点。接下来介绍软件测试模型，以帮助读者建立清晰的测试流程和思路。然后重点论述黑盒测试、白盒测试和灰盒测试，以及测试用例设计，使读者对实际测试工作有一个较深入的认识。测试工作者除了需要具备专业的测试技能之外，还应该了解测试计划和测试报告。表 9-1 列出了读者在本章学习中要了解、理解和掌握的主要内容。

表 9-1　本章对读者的要求

要　求	具体内容
了　解	（1）软件测试与其他测试的关系 （2）软件测试与软件调试的关系 （3）与软件测试相关的基本概念 （4）软件测试方法 （5）软件测试对象
理　解	（1）软件测试模型 （2）软件测试计划 （3）软件测试用例
掌　握	（1）黑盒测试 （2）白盒测试 （3）灰盒测试

9.1　软件测试概论

软件产品与其他产品最大的不同是其复杂性，从而导致发现并修正软件缺陷的成本特别高。发现软件缺陷的过程称为软件测试，修正软件缺陷的过程称为软件纠错或软件维护。在本节，主要讨论软件测试的几个重要概念。

1. 什么是测试

测试的英文单词为 Testing，即检验或考试之意。

所谓测试，就是通过一定的方法或工具，对被测试对象进行检验或考试，目的是发现被测试对象具有某种属性或者存在某些问题。

【例 9-1】 *对严重智障人的测试。初步测试一个人的智力是否存在严重障碍，可以出如下算术测试题：*

$$1+2=?\qquad 2+2=?\qquad 2\times 2=?\qquad 2\div 2=?$$

如果他的回答全部正确，就可以初步断定不是严重智力障碍；反之，可能是智力严重障碍。

若将上述设计过程写成文档就是**测试计划**，上述回答问题的人就是被**测试对象**，出算术题就是**测试方法**，其中“1+2=？”、“2+2=？”等就是**测试用例**，请他回答问题的过程就是**测试过程**，将测试结果和预期结果相比较就得出**测试结论**，将测试对象、测试目的、测试方法、测试用例、测试时间、测试场景和测试结论进行记录和分析就产生**测试报告**。

2. 什么是软件测试

软件测试是测试中的特例，因为其测试对象是软件产品，它是人的智力产品，表现异常复杂，所以软件测试有自身的特点与难度，并具有挑战性。

软件测试是按照规定的测试规程发现软件缺陷的过程。

为了理解这个定义，有如下解释：

（1）软件测试是一个过程，而且是一个发现软件缺陷，但不包括修复软件缺陷的过程。

（2）软件测试要按照规定的测试规程进行。这些规程包括制订测试计划，搭建测试环境，明确测试任务，规定测试时间、方法和步骤，记录测试数据和产生测试报告等。

（3）在测试规程中，测试计划最重要，它指导整个测试过程。

（4）在测试计划中，测试需求的定义最重要。如果没有列出明确的测试需求，那么就不会设计出正确的测试用例，最后必然导致盲目的测试。这样，隐藏的软件缺陷也就无法被发现。

（5）软件测试的目的是发现软件缺陷，软件测试的目标是尽可能早地发现软件缺陷，因为缺陷发现越早，其修复成本越低。

软件测试不仅仅局限于测试程序代码，还可以测试软件数据与软件文档。也就是说，软件生命周期中所产生的软件工作产品，都可以作为测试对象，因为它们都会影响最终软件产品的质量。

3. 什么是软件缺陷

什么是软件缺陷？Ron Patton 在《Software Testing》一书中定义如下：

（1）软件未实现产品说明书要求的功能。

（2）软件出现产品说明书指明不应该出现的错误。

（3）软件实现了产品说明书未说明的功能。

（4）软件未实现产品说明书虽未明确提及但应该实现的目标。

（5）软件难以理解，不易使用，运行速度慢，或者软件测试员、最终用户认为软件不好。

由于不同的理解方式和中英文翻译问题，软件缺陷的说法很多，如错误、失效、失败等，本书中统称为软件缺陷（Bug）。实际测试中，将软件缺陷定义为不同级别，代表不同程度的软件缺陷。

随着软件定义的变化，软件缺陷的定义也应随之更新。软件缺陷不仅仅局限于软件代码，还包括文档缺陷（不符合规范或者不详细，有错误和有歧义等）、测试缺陷（测试不充分，或者测试方法本身的局限等）、过程缺陷（软件生命周期的流程问题造成的产品质量问题）和管理缺陷（由于管理本身不到位导致的产品质量问题）等。

4．软件测试与软件调试

前面讨论了什么是软件测试，有开发经验的人一定会联想到软件调试。那么，软件测试与软件调试的区别是什么？表面上理解似乎都是为了找到软件中存在的问题。

软件调试是在有问题的程序中设置断点，通过观察断点处的程序运行状态，来缩小问题代码的范围，进而捕获到问题的准确位置，并加以修正，最终解决问题。

测试与调试的区别，表现在如下5个方面：

（1）软件测试从一个侧面证明程序员的“失败”；而调试是为了找到程序员“失败”的准确位置。

（2）测试是以已知条件开始，使用预先定义的测试用例，且有预知的正确结果，不可预见的仅是程序是否通过测试；而调试一般是以不可知的内部条件开始，结果是不可预见的。

（3）测试是有计划的，要进行测试用例设计；而调试是无计划的，不受时间约束。

（4）测试是发现错误，相关人员修改后，验证错误是否被修复的过程；而调试是一个推理判断过程。

（5）测试的执行是有规程的；而调试的执行往往靠灵感的产生。

5．软件测试的输入和输出

这里我们要讨论，对软件代码进行测试时，软件测试的输入和输出是什么？狭义地理解，软件测试的输入是测试用例（测试数据），输出是测试结果（测试用例是否通过），如图9-1所示。广义地理解，软件测试输入还应包括测试计划、测试设计、测试环境和测试步骤等测试前期计划和准备阶段。软件测试输出还应包括缺陷的描述和复现、与相关人员沟通和测试报告等。

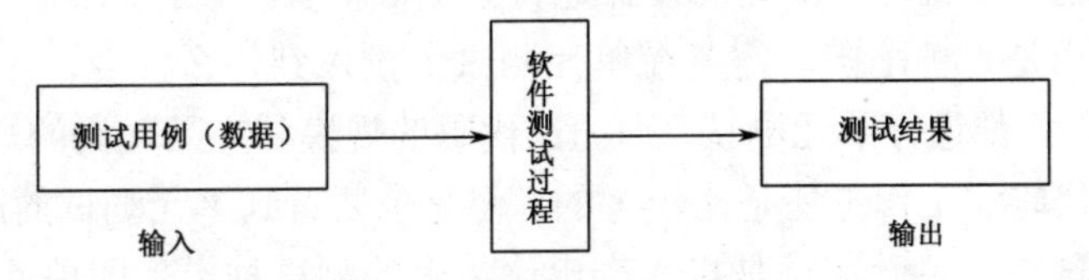

图9-1　软件测试的输入和输出

6．软件测试方法

读者一定在查阅资料时，看过很多关于测试方法的专业术语，在没有亲自使用一种方法开展实际测试工作之前，对其理解往往是片面的与不深入的。为此，不妨先请读者在宏观上理解不同测试方法的测试思路，以及各种思路之间的融合性、灵活性的和多变性，而不要局限于太多的微观细节。

（1）测试方法的一种分类，在宏观上讲，有黑盒测试方法、白盒测试方法、灰盒测试（黑加白测试）方法。也有时将上述三种测试方法归为功能测试方法，这是相对于性能测试方法、兼容性测试方法和易用性测试方法等非功能性测试方法而言的。

（2）测试方法的另一种分类，是静态测试和动态测试。静态测试主要指不运行代码进行测试（如代码走读），动态测试则是指在运行代码中进行测试。

测试专业在发展，测试技术在更新。读者在学习时要抓住方法的思考方式，结合自己项目的实际情况，灵活运用各种有关的测试方法。

7．软件测试对象

软件测试对象小到一个函数，大到一个软件系统。软件测试对象大致可分为 6 种，它们是：单元测试、集成测试、压力测试、回归测试、Alpha 测试、Beta 测试。

1）单元测试

第一个问题是，应该明确单元的含义。单元在面向对象的程序中是一个类，在结构化的方法中是一个函数。

在传统的结构化编程语言中，比如C语言，要进行测试的单元一般是函数或子过程。在像C++这样的面向对象的语言中，要进行测试的基本单元是类。对 Ada 语言来说，开发人员可以选择是独立的过程和函数，或是在 Ada 包的级别上进行单元测试。单元测试的原则同样被扩展到第四代语言（4GL）的开发中，在这里基本单元被划分为一个菜单或显示界面。

经常与单元测试联系起来的另外一些开发活动包括代码走读（Code review）、静态分析（Static analysis）和动态分析（Dynamic analysis）。静态分析就是对软件的源代码进行研读，查找错误或收集一些度量数据，并不需要对代码进行编译和执行。动态分析就是通过观察软件运行时的动作，来提供执行跟踪、时间分析，以及测试覆盖度方面的信息。

第二个问题是，应该明确单元的测试方法。单元测试的常用方法包括：

（1）静态检查。采用静态代码检查工具对程序进行内部逻辑分析，以分析程序中可能的错误或坏味道。

（2）动态测试。通过编写单元测试程序，设计单元测试用例，测试每个函数或每个类的逻辑正确性。

如果一个类或一个函数对其他的类或环境依赖性很强，需要编写大量的桩程序或驱动程序，那恰恰说明了这个类或这个函数的设计违背了“低耦合”设计原则。

质量的投入产出是一种平衡，需要在单元测试上投入到什么程度，首先是公司的一个管理方针。如果每个单元都进行单元测试，则测试代码的规模和产品代码的规模能够达到 1∶1，也就是说编写测试代码的工作量还是比较大的，但是也要看到单元测试的产出。在单元测试、集成测试、系统测试中，单元测试是投入产出比最大的测试种类，即单元测试在单位时间内发现的缺陷个数大于集成测试与系统测试。原则上是单元测试的投入最大，找到的缺陷最多，集成测试与系统测试依次递减。

第三个问题是，在实践中推广单元测试时，建议采用如下的方法：

（1）加大静态检查力度。通过静态检查工具，快速地识别程序中的错误、警告、坏味道。软件公司可以规定对检查出的错误、警告、坏味道必须进行修改。静态检查是一种投入产出比很高的单元测试方法。在 Java 语言中，可以采用 CheckStyle、Source monitor、PMD、Find Bugs、JSlink 等技术。

（2）通过测试策略的选择，减少测试程序的工作量。单元测试一般有以下三种策略。

策略1：自底向上的策略：先测底层的函数或类，再测上层的函数或类，此时只需要编写驱动程序，不需要编写桩程序。

策略2：自顶向下的策略：先测上层的函数或类，再测试底层的函数类，此时只需要编写桩程序，不需要或很少需要编写驱动程序。

策略3：混合策略：综合上述的2种策略，需要综合编写桩程序与驱动程序。

如果被测的单元需要调用很多其他的单元，则可以采用自底向上的策略，以减少驱动程序的编写量。如果被测的单元需要很多外围的环境准备，则可以采用自顶向下的策略。

（3）在软件组织中，可以规定执行单元测试的时机，比如：

① 系统中最核心的、最关键的功能模块。

② 算法复杂的功能模块。

③ 出错最多的功能模块。

④ 客户最常使用的功能模块。

⑤ 复用的底层代码。

2）集成测试

集成测试（也叫组装测试）是单元测试的逻辑扩展。最简单的形式是把两个已经测试过的单元组合成一个组件，测试它们之间的接口。从这一层意义上讲，组件是指多个单元的集成聚合。

一个有效的集成测试，有助于解决相关的软件与其他系统的兼容性和可操作性。集成测试是在单元测试的基础上，测试在将所有的软件单元按照概要设计规格说明的要求，组装成模块、子系统或系统的过程中各部分工作是否达到或实现相应技术指标及要求。也就是说，在集成测试之前，单元测试应该已经完成，集成测试中所使用的对象应该是已经过单元测试的软件单元。

集成测试是单元测试的逻辑扩展。在现实方案中，集成是指多个单元的聚合，许多单元组合成模块，而这些模块又聚合成程序的更大部分，如分系统或系统。集成测试采用的方法是测试软件单元的组合能否正常工作，以及与其他模块能否集成起来工作。最后，还要测试构成系统的所有模块组合能否正常工作。集成测试所持的主要标准，是《软件概要设计规格说明》，任何不符合该说明的程序模块行为都应该加以记载并上报。

所有的软件项目都不能摆脱系统集成这个阶段。不管采用什么开发模式，具体的开发工作总得从一个一个的软件单元做起，软件单元只有经过集成才能形成一个有机的整体。具体的集成过程可能是显性的，也可能是隐性的。

3）压力测试

一方面，可以通过减少软件需要的资源（内存、磁盘空间、网络资源等），来测试出软件运行的最低配置或最低资源需求；另一方面，可以正常提供软件需要的资源，通过不断加重软件要处理的任务，来测试软件在正常配置下能够具有的能力指标。

4）回归测试

在软件发生修改后，重新执行原有已经执行过的测试用例，以保证修改的正确性，称为回归测试。

理论上，任何时候更改软件后，都可以进行回归测试，验证以前发现和修复的错误是否在新软件版本上再现，但是实际测试过程中，只有软件版本相对稳定后，执行回归测试的可行性和效率才最高。

逐渐形成规模的公司，或者正在发展的公司，都希望自己的产品在某一行业或者领域，占有一部分市场，这就是做产品，而不是随机地做项目。那么一旦公司的产品走向市场，对于产品的版本升级和维护是不可怠慢的。版本发布后的第一次升级，通常都是修复一些遗漏的 Bug，测试工作也集中在验证现有 Bug 都修复了。这样经过几个小版本的升级后，开发商感觉产品似乎稳定了。但是根据经验，为了修正旧 Bug 而引入的新 Bug 还没有被发现，对处于这个阶段的产品，需要进行更仔细、更全面的测试，而不是修修补补了。这时，对产品进行的全面、彻底的测试称为回归测试，因为其中一部分测试工作是用以前的测试环境与测试用例，对同一个被测试的对象（该对象已被修改）实施一次新的测试，所以用“回归”一词命名。这里还要建议，对执行回归测试的测试人员进行调整，不一定全部更新（安排他们测试其他的项目，而不是炒他们鱿鱼），但至少应该有新测试人员加入，以保证测试思路的开阔性。

5）Alpha 测试（系统测试）

有开发人员或者测试人员在场，客户在开发环境下使用软件，称为 Alpha 测试。

实际工作中，客户也可以是公司内部的员工，但不能是程序员或者测试人员。进行 Alpha 测试，主要是保证软件发布之前，从客户（非软件专业人员）的角度再试图发现一些潜在的 Bug。

α 测试是指软件开发公司组织内部人员模拟各类用户行对即将面市软件产品（称为 α 版本）进行测试，试图发现错误并修正。α 测试的关键在于尽可能逼真地模拟实际运行环境和用户对软件产品的操作，尽最大努力涵盖所有可能的用户操作方式。经过 α 测试调整的软件产品称为 β 版本。

α 测试的特点是：

（1）它是在开发环境下进行的（不对外发布）。

（2）它不需要测试用例评价软件使用质量。

（3）用户往往没有相关经验，可以是兼职人员、开发者或测试者坐在用户旁边。

（4）目的主要评价软件产品的功能、局域化、可用性、可靠性、性能和技术支持。

6）Beta 测试（交付测试）

β 测试的英文是 Beta testing。所谓 Beta 测试，就是将软件的 Beta 版本交给大量典型客户（通常是让客户通过网络自由下载），由他们从客户的角度出发，在实际环境中使用软件（没有开发人员和测试人员做指导）。软件开发商收集客户的反馈信息后，对 Beta 版本进行改进，改进后再由测试部门进行回归测试，通过后对外发布正式版本。

Beta 测试是一种验收测试。所谓验收测试是软件产品完成功能测试和系统测试之后，在产品发布之前所进行的软件测试活动，它是技术测试的最后一个阶段，通过验收测试，产品就会进入发布阶段。验收测试一般根据产品规格说明书严格检查产品，逐行逐字地对照说明书上对软件产品所做出的各方面要求，确保所开发的软件产品符合用户的各项要求。通过综合测试之后，软件已完全组装起来，接口方面的错误也已被排除，软件测试的最后一步，验收测试即可开始。验收测试应检查软件能否按合同要求进行工作，即是否满足软件需求说明书中的确认标准。

β 测试是软件的多个用户在一个或多个用户的实际使用环境下进行的测试。开发者通常不在测试现场，Beta 测试不能由程序员或测试员完成。

9.2 软件测试模型

软件开发有开发模型，软件测试也有测试模型，最典型的测试模型是 V 模型。除此之外，还有 X 模型、H 模型、W 模型、前置模型和测试驱动模型等。模型是理论研究的成果，是指导实际测试工作的依据，但是不能完全照搬。在学习各种模型时，应重点体会模型阐述的思想，结合自己实际工作，有选择性地运用。

1. 早期的软件测试 V 模型

早期的 V 模型，如图 9-2 所示。

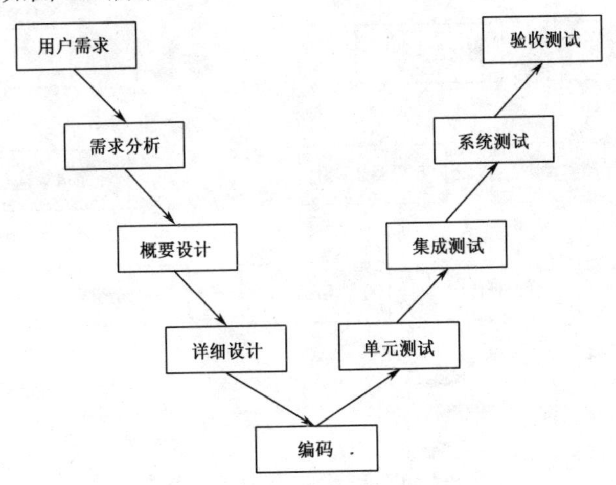

图 9-2 早期的软件测试 V 模型示意图

模型的左侧是开发阶段，右侧是测试阶段。开发阶段从了解并定义软件需求开始，然后要把需求转换到概要设计和详细设计，最后形成程序代码。测试阶段是在代码编写完成以后，先做单元测试，然后做集成测试、系统测试和验收测试。

（1）单元测试，主要检测代码的编写是否符合详细设计中单个模块或组件的要求。

（2）集成测试，主要检测此前测试过的单个模块或组件，能否正确地集成到系统，与其他模块或组件一起运行，是否符合概要设计和详细设计说明书的要求。

（3）系统测试，以集成后的完整系统作为测试对象，主要检测其是否符合需求说明书、概要设计说明书和详细设计说明书的要求。

（4）验收测试，主要检测软件产品是否符合用户需求、用户合同和需求说明书中的要求，需要得到用户认可并签字确认。

在接触 V 模型思想后，我们就不会简单地认为：测试工作只是开发过程的一个收尾工作，时间来不及就可以随意裁减。测试工作也要分步骤、分阶段地进行。

由此可见，V 模型的最大贡献是提高了软件测试的地位，它将软件测试过程作为一个与开发过程同样重要的过程，两者平分秋色。

现在的问题是：开发过程包括分析（需求分析）、设计（概要设计和详细设计）和实现（编码）三个主要部分，而早期的 V 模型右侧的测试阶段似乎都是测试的实际执行阶段，相当于左侧开发中的实现部分。难道测试工作不需要分析和设计吗？显然不是。所以，测试工作也同样需要有分析和设计阶段，这一点在早期的测试 V 模型中没有反映出来，需要加以完善。回顾软件测试的定义，其中一条是“尽早地发现软件缺陷”。那么测试工作是否一定要在编码工作结束后才能进行呢？如何体现“尽早地发现软件缺陷”中的“尽早”呢？能否在编码之前就开展测试工作呢？于是就产生了改进的 V 模型。

2. 改进的软件测试 V 模型

改进的 V 模型，如图 9-3 中实线部分所示。

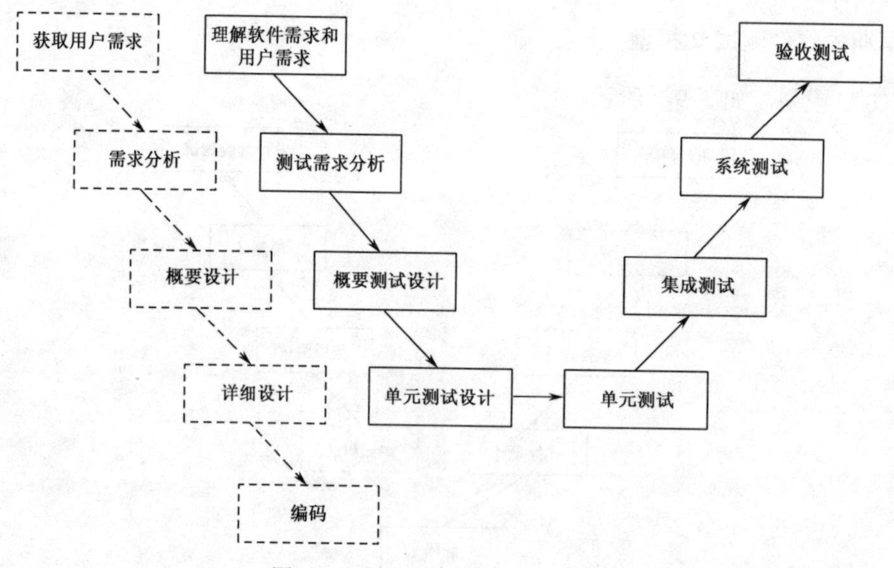

图 9-3　改进后的软件测试 V 模型

改进后的 V 模型，一是加入软件测试分析和测试设计阶段，二是体现“尽早”的思想。改进后的 V 模型，形成了一个没有软件开发过程的、单独的软件测试 V 模型。它的左边是软件测试需求分析和测试设计，右边是软件测试执行。虽然测试执行过程同样集中在软件编码之后，但是测试需求分析和测试设计已经提前，一直提前到与开发阶段并行开展。一方面可以为后期的测试执行过程做计划和准备，另一方面可以对软件的阶段性产品（软件工作产品）进行测试。前期的软件工作产品主要是文档，如测试需求分析阶段，就是测试软件需求分析过程的工作产品（《需求规格说明书》），进而提炼出测试需求。

按照改进后的 V 模型开展测试工作，才能真正地发挥软件测试的作用。

3. X 模型

在开发模型的瀑布模型出现之后，又涌现了迭代模型、增量模型和原型模型等。同样，在测试模型中的 V 模型之后，也出现了 X 模型、H 模型和 W 模型等新模型。下面讨论 X 模型的测试思路。

X模型的基本思想是由Marick提出的，Robin F. Goldsmith引用了一些Marick的想法，并且重新经过组织，形成了现在的X模型。

X模型，如图9-4所示。

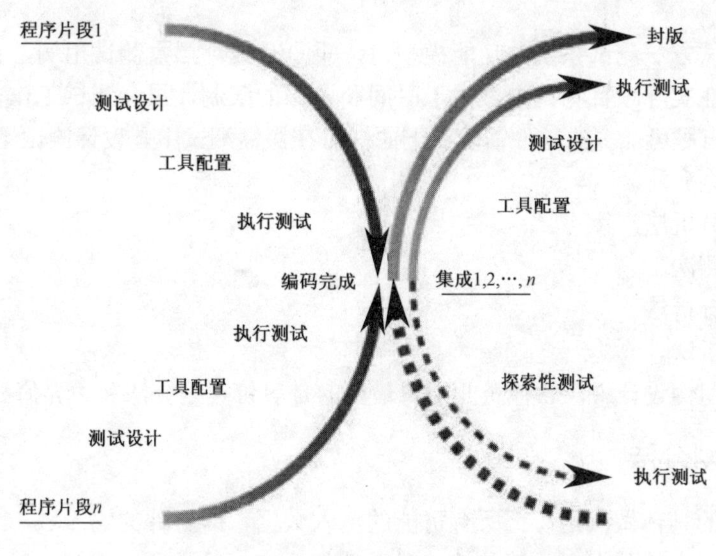

图9-4　X模型

在X模型中，模型的左边描述的是针对单独程序片段所进行的相互分离的编码和测试，通过进行频繁的交接，最终集成为可执行的程序，并将可执行的程序移到图中的右上半部分，这些可执行程序还需要进行集成测试。已通过集成测试的程序可以提交给用户，也可以作为更大规模和范围内集成的一部分。图9-4中右上方多根并行的曲线，表示变更可以在各个部分发生。

从图9-4的右下方还可知，X模型提出的探索性测试（Exploratory Testing）是一个亮点。这种测试不进行事先计划，是一种特殊类型的探索性测试，它往往能帮助有经验的测试人员在测试计划之外发现更多的软件错误。X模型克服了V模型基于严格排列顺序的测试步骤，体现了测试中的任务交接、频繁重复集成等现象，更贴近实际测试工作。

H模型、W模型、前置模型和测试驱动模型等，都是从不同角度试图更真实地描述测试过程。如果读者有新的思路，也可以提出一个更新、更能真实地描述测试工作的测试模型。

9.3　黑盒测试方法

黑盒测试（Black-box Testing）、白盒测试（White-box Testing）是最主要的两种软件测试方法。黑盒测试是面向功能模型的测试，白盒测试是面向程序执行路径的测试。

黑盒测试也称不透明盒测试，它给我们的更多启示是它的思考方式，即不考虑（主观上屏蔽）或者不需要（客观条件限制）知道被测对象的内部实现细节，只关心输入和输出。在运用黑盒测试方法进行软件测试时，它不关心软件的内部逻辑结构和实现方法，而是站在使用者的角度，主要测试软件的功能指标，即测试系统的功能模型。黑盒测试的依据是软件的行为描述（主要参考《产品说明书》、《业务说明书》或者《需求规格说明书》等），是面向功能的穷举输入测试。从理论上讲，只有把所有可能的行为都作为测试用例（Test Case）输入，才能完成黑盒测试工作。黑盒测试的对象可以是软件单元、软件模块、软件组件、软件子系统和软件系统，也可以是发散思维到软件文档、软件管理文档等软件生命周期中的任何可测试对象。

在用黑盒测试方法测试系统的功能模型时，重点是设计黑盒测试用例，包括输入条件和预期输出结果。在实际项目测试中，由于时间和资源的限制，黑盒测试工作要用尽可能少的测试用例，测试出尽可能多的软件需求。下面探讨在黑盒测试中，设计测试用例的 5 种方法：

（1）等价类划分法。

（2）边界值分析法。

（3）错误推测法。

（4）因果图分析法。

（5）场景分析法。

在上述测试用例设计中，软件企业用得最多的是等价类划分法和边界值分析法。

9.3.1　等价类划分法

等价类划分的具体做法是：把所有可能的输入数据，即软件的输入域，划分成若干部分（子集），使每部分内的数据都是等效的（对于软件而言，等效可以理解为对数据的处理过程以及处理结果都完全一致），然后从每一个子集中选取少数具有代表性的数据，作为测试用例。

1．有效等价类和无效等价类

每一个等价类又可以分为两种不同的类别：有效等价类和无效等价类。有效等价类，指对于软件的《需求规格说明书》来说是合理的、有意义的输入数据构成的集合。利用有效等价类，可检验软件是否实现了《需求规格说明书》中所规定的需求。无效等价类与有效等价类的定义恰好相反，主要是验证程序是否对非法输入数据进行处理（如给出有建议性的提示），非法数据一旦被系统接受，不仅仅是浪费存储空间，更重要的是对数据的查询和处理带来无法预料的结果。

用黑盒测试法方法设计测试用例时，其任务之一是划分等价类，区分两种等价类别；其任务之二是在每个等价类中，选取一个代表数据作为测试用例。软件不仅要能处理合理的数据，也要能经受不合理数据的考验，这样的测试才能确保软件具有更高的可靠性。

2．划分等价类并设计测试用例

下面给出 6 条确定等价类的参考原则。

（1）在输入条件中规定了取值范围时，可以确立一个有效等价类和两个无效等价类。

【例 9-2】 如果输入值的范围是 1～999，则一个有效等价类为 1<= 输入值<=999，两个无效等价类为输入值小于 1 和大于 999。如果是手工输入数据，还要考虑不输入数据，或者输入非法数据（如非数值）等特殊情况。

（2）当输入条件规定了具体数值，如个数（或次数）时，可以确立一个有效等价类，两个无效等价类。

【例 9-3】 若用户登录时连续输入错误次数达到 3 次，则锁定账号。有效等价类为连续 3 次输入错误，两个无效等价类为连续输入错误次数小于 3 次和大于 3 次。

（3）当输入条件是一个布尔量，且限制为单选方式时，可确定两个有效等价类。

【例 9-4】 网络购书时，选择开发票或者不开发票，就可以确定两个等价类；如果是手工输入，如输入一个人的性别，则可以把男性和女性作为两个等价类，不输入数据和输入非法数据（非男非女）等也是常见的无效等价类。

（4）当输入条件是一组数据（假设有 N 个），且限制是以单选方式输入时，可确定 N 个有效等价类。

【例 9-5】 在用户的注册信息中，学历的选择包括初中、高中、专科、本科等，可以确定有 N 个学历有效等价类，同样，如果是手工输入数据，则还应该包含不输入数据、输入非学历数据等无效等价类。

（5）当输入条件是一组数据（假设是 N 个），并且允许多选方式输入时，则除了将每个选项作为一个单独的有效等价类外，还应补充选任意两个，选任意 N 个，作为有效等价类。

【例 9-6】 用户选择自己的兴趣爱好类别，如音乐、体育、绘画时，则有效等价类为所有选项的组合。

（6）在规定了输入数据必须遵守的规则的情况下，可确立一个有效等价类（符合规则）和若干个无效等价类（从不同角度违反规则）。

【例 9-7】 用户名必须是由 26 个大小写英文字母、数字和下画线组成，长度为 6～16 位，则有效等价类为符合规则的用户名；还包括不符合规则的若干无效等价类，如长度不满足规则，包含的字符不满足规则，不输入任何字符等。

9.3.2 边界值分析法

边界值分析方法是对等价类划分方法的补充。

1．边界值分析方法的考虑

测试工作者已经总结出经验：大量的错误常常发生在输入或输出范围的边界上。因此针对各种边界情况设计测试用例，可以查出更多的错误。

使用边界值分析方法设计测试用例时，首先参考等价类划分法确定边界情况，除了在等价类中选取典型代表数据外，通常还要着重测试边界值情况，应当选取正好等于、刚刚大于或刚刚小于边界的值作为测试数据。

2．基于边界值分析方法选择测试用例的原则

（1）如果输入条件规定了值的范围，则应取刚刚达到这个范围的边界的值，以及刚刚超越这个范围的边界值作为测试输入数据。

（2）如果输入条件规定了值的个数，则用最大个数、最小个数、比最小个数少 1、比最大个数多 1 的数，作为测试数据。

（3）根据规格说明的每个输入条件，使用前面的原则（1）。

（4）根据规格说明的每个输入条件，应用前面的原则（2）。

（5）如果程序的规格说明给出的输入域或输出域是有序集合，则应选取集合的第一个元素和最后一个元素作为测试用例。

（6）在确定边界值时，还要参考 ASCII/Unicode 编码表。

9.3.3　错误推测法

设计测试用例时，要使用正向思维和逆向思维两种方式互相补充。

错误推测法属于逆向思维方式，它是基于经验和直觉，推测软件中所有可能存在的各种错误，从而有针对性地设计测试用例的方法。

错误推测方法的基本思想是：列举出软件中所有可能的错误和容易发生错误的情况，并有针对性地设计测试用例。

例如，没有获取到输入，系统如何处理。测试工作者总结的常见软件错误，以前产品测试中曾经发现的错误等。

还有输入数据和输出数据为 0 的情况。输入表格的值为空格，或输入表格只有一行，这些都是容易发生错误的情况。可选择这些情况设计测试用例。

像“愚笨”的用户那样做，随便点点鼠标，测试一下；借助二八原则，在已经找到缺陷的地方再找找；凭直觉、经验和预感猜测一下。这些思路都可以帮助我们找到更多的软件缺陷。

9.3.4　因果图分析法

等价类划分方法和边界值分析方法，都是着重考虑输入条件，但未考虑输入条件之间的联系和组合等。考虑输入条件之间的相互组合，可能会产生一些新的情况。但是，要检查输入条件的组合不是一件容易的事情，即使把所有输入条件划分成等价类，它们之间的组合情况也相当多。因此，必须考虑采用一种适合于描述多种条件组合，相应产生多个动作的测试用例，这就需要利用因果图分析法。

1．因果图分析法实施步骤

（1）分析需求，找出原因、结果、中间状态和约束条件。

（2）画出因果图。

（3）转换为判定表：即将原因结果作为行（假设有 N 行），原因结果的组合作为列（2^N），用 0，1 填充表格。

（4）为判定表的每一列设计一个测试用例。

从因果图生成的测试用例，包括了所有输入数据取 True 或 False 的情况，构成的测试用例数目达到最少，且测试用例数目随输入数据数目的增加而线性地增加。

因果图分析法看似简单，做起来复杂，在软件企业不常用。有兴趣的读者，可以参考我们熟悉的“自动饮料售卖机”系统，练习使用该方法。

2．因果图分析法举例——中国象棋中马的走法

以中国象棋中马的走法为例子，具体说明：

（1）如果落点在棋盘外，则不移动棋子。

（2）如果落点与起点不构成日字形，则不移动棋子。

（3）如果落点处有己方棋子，则不移动棋子。

（4）如果在落点方向的邻近交叉点有棋子（绊马腿），则不移动棋子。

（5）如果不属于第（1）～（4）条，且落点处无棋子，则移动棋子。

（6）如果不属于第（1）～（4）条，且落点处为对方棋子（非老将），则移动棋子并除去对方棋子。

（7）如果不属于第（1）～（4）条，且落点处为对方老将，则移动棋子，并提示战胜对方，游戏结束。

9.3.5 场景分析法

1．场景分析法的由来

很多软件都是用事件触发的思想来控制程序运行流程。例如，GUI（图形用户界面 Graphical User Interface，又称图形用户接口）软件、游戏软件等。事件触发形成场景，而同一事件不同的触发顺序和处理结果就形成了事件流。这种在软件设计时常用的思想，可以引入到软件测试中，生动地描绘事件触发时的情景，有利于设计测试用例，同时使测试用例更容易理解和执行。

2．基本流和备选流

在利用场景法测试一个软件时，如果软件按照正确的事件流而实现了一个流程，则称该流程为该软件的“基本流”。如果出现故障，不能用基本流来表示，那么就要用一个所谓的“备选流”来替代。一个“备选流”可从“基本流”开始，在某个特定条件下执行，执行完后重新加入到“基本流”中。例如，如果你从“ATM 机取款系统”中顺利地取出一笔钱，那么“ATM 机取款系统”就执行了一个“基本流”。反之，“ATM 机取款系统”就要执行一个“备选流”。

3．场景分析法中设计测试用例的参考步骤

（1）根据说明书，描述出程序的基本流及各项备选流。

（2）根据基本流和各项备选流生成不同的场景。

（3）对每一个场景设计相应的测试用例。

（4）对生成的所有测试用例重新复审，去掉多余的测试用例。测试用例确定后，对每一个测试用例确定测试数据，进行测试。

有兴趣的读者，可以参考我们熟悉的“ATM 机取款系统”、“网上购物系统”，练习使用该方法。

9.3.6 黑盒测试用例设计

1．测试中的需求覆盖率

测试报告中有一项测试指标，称为需求覆盖率，显示测试用例覆盖软件需求的百分比数。这个指标与黑盒测试方法的运用关系密切。

在改进的测试 V 模型中，第一个明显的测试阶段是测试需求分析，测试人员理解软件需求，将软件需求转化为测试需求。这里，读者需要清楚地理解几个概念：用户需求、客户需求、软件需求、测试需求和需求覆盖率。

（1）用户需求。它指软件实际使用者的需求，是最原始和标准的需求，但用户不善于描述需求，更不知道如何和软件需求分析者沟通。

（2）客户需求。它指和软件开发公司签订合同的甲方，它扮演着帮助用户实施信息化的角色，代表用户向软件公司提出需求。但是，客户需求通常不能完全代表用户需求。

（3）软件需求。它指软件开发人员和用户或者客户接触后，通过一定过程与方式获取的需求，并由需求分析人员重新编写，作为开发团队的需求技术文档。

（4）测试需求。它指软件测试员站在与用户相同角度上理解的需求，主要是确保需求的可测试性。同时找出软件需求和用户需求的偏差，并确保认可的偏差修改后体现在软件需求中，因为测试工作以《软件需求说明书》为基准，测试人员需要尽量保证《软件需求说明书》可以满足测试工作。

2．将软件需求转换为测试用例

在提炼测试需求后，再采用黑盒测试方法设计测试用例。那么，如何将软件需求转换到测试需求，再将测试需求转换到测试用例？

转换的一般原则是：每一项软件需求都会分解为多个测试需求，每个测试需求都会设计出多个测试用例。这种分解或转换关系，如图 9-5 所示。

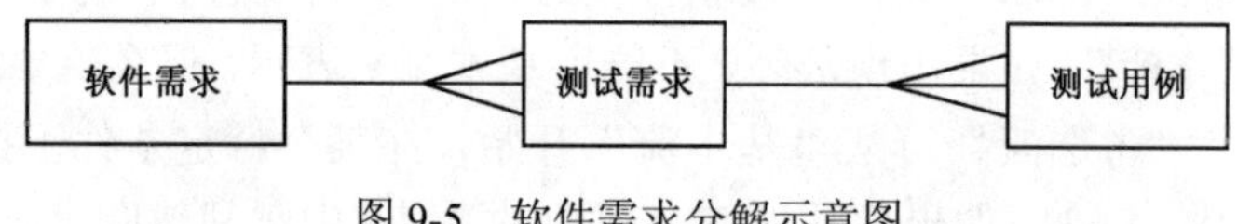

图 9-5　软件需求分解示意图

【例 9-6】　以“图书管理信息系统”为例，说明如何将一个软件需求分解为多个测试需求。对于“图书管理信息系统”中“读者网上登录”这个功能点，在《需求说明书》中描述为“登录功能（编号为 XXV1-01-001）：验证用户名和密码的正确性，登录成功显示系统主页面，登录失败给出提示信息。”现在要问：应该怎样分解需求或转换需求呢？

答：首先理解需求，考虑是否具有可测性，对于有疑问和有问题的地方，要在需求评审会议中提出。针对如上需求，提出以下疑问和问题：

（1）成功登录系统的主页面包含什么具体内容？

（2）登录失败的失败信息是什么？

（3）对于登录失败提示信息的详略程度，是粗略地说“登录失败”，还是提示“用户名不存在”，或者“密码不正确”？粗略信息对用户没有指导性建议，但是提供详细信息也存在风险，这会给恶意破解带来方便。

（4）是否考虑登录时输入验证码的新技术？

（5）对登录的用户名长度是否有限制？

（6）登录时，遇到系统繁忙或者网络引起的超时，应如何处理？

（7）对登录错误次数是否有限制，是否可以防止暴力破解等攻击方式？

……

读者还可以根据自己的经验进行补充，这些问题不能在需求阶段确定也没关系（实际工程中，通常在需求阶段很匆忙），但是测试人员一定要去思考。

现在分解软件需求，如表 9-2 所示。

表 9-2　测试功能点列表

需求功能点序号	测试功能点序号	测试功能点描述
……	……	……
XXV1-01-001	XXV1-T09-T001	登录成功，显示系统主页面
	XXV1-T09-T002	正常登录失败（用户名、密码错误或者不匹配，或者包含非法字符），提示失败信息
	XXV1-T09-T003	系统异常登录失败（系统忙、网络超时等）的提示信息
	XXV1-T09-T004	非正常登录方式（非法入侵、暴力破解等）处理办法
……	……	……

分解后的测试功能点集合，就是测试需求清单，也是下一步设计测试用例的依据。凡是没有出现在清单里的测试需求，都排除在测试任务的范围之外。这样对测试执行人员非常有利，万一有一天，在一个没有被列入测试需求部分发现了问题，测试执行人员应该庆幸有测试需求清单和测试报告可查，以证明他测试了什么，没测试什么，不至于替测试设计人员或者测试经理背黑锅。工作压力已经很大了，希望大家都能开心地工作。

接下来设计测试用例，如表 9-3 所示。

表 9-3　测试用例列表

测试功能点序号	测试用例序号	测试用例描述
……	……	……
XXV1-T09-T001	XXV1-T09-T001-TC001	输入正确的用户名和密码，系统主页面正确显示
XXV1-T09-T002	XXV1-T09-T002-TC001	输入正确的用户名和错误的密码，出现登录失败的提示信息
	XXV1-T09-T002-TC002	输入错误的用户名和正确的密码，出现登录失败的提示信息
	XXV1-T09-T002-TC003	用户名包含非法字符，屏蔽非法字符造成的攻击，登录失败，出现登录失败的提示信息和非法输入的提示
	XXV1-T09-T002-TC004	密码包含非法字符，屏蔽非法字符造成的攻击，登录失败，出现登录失败的提示信息和非法输入的提示
XXV1-T09-T003	XXV1-T09-T003-TC001	模拟系统忙或者网络超时造成登录失败的情况，登录失败，提示失败信息和大致原因，有别于用户名和密码错误的提示信息，希望信息对用户有参考价值
	XXV1-T09-T003-TC002	系统异常登录失败（系统忙、网络超时等）的提示信息
XXV1-T09-T004	XXV1-T09-T004-TC001	输入用户名，尝试输入多次错误密码，测试系统如何处理
	XXV1-T09-T004-TC002	尝试用工具实现密码暴力破解，测试系统如何处理
	XXV1-T09-T004-TC003	尝试用基本的脚本注入漏洞攻击，测试系统如何处理
……	……	……

测试用例设计不是一次就可以完成的。通常针对一个测试功能点，先用黑盒测试方法设计测试用例，随着项目进度，测试人员对功能点了解越来越深入，根据自己已有的测试经验，再补充一些黑盒测试用例，使整个用例清单更完善。

对于每个测试用例，有些时候，测试设计人员还会编写详细的测试用例执行说明；有些时候，会直接交给测试执行人员，让测试人员自己设计测试用例执行说明。这样，测试人员就兼具设计和执行双重身份了。

9.3.7 黑盒测试的优缺点

1. 黑盒测试的优点

（1）应用面广。产品应至少经过黑盒测试后才能发布，能够胜任黑盒测试工作的人员相对充足，黑盒测试方法的成本低、见效快，几乎所有测试部门、测试人员，在产品（功能块、集成模块、系统）第一轮测试时，都会首选黑盒测试方法，该方法最符合企业实际开展测试工作的需要。

（2）黑盒测试方法，不需要测试人员知道软件内部的逻辑结构和实现方法，熟悉《软件需求分析规格说明书》或《用户需求报告》相对容易些，准备工作时间相对短，同时对于一些不提供源代码的项目也同样适用。

（3）可以借助自动化测试工具提高测试效率。黑盒测试的工作量很大，但是在产品（功能块、集成模块、系统）第二轮测试中，可以利用工具回放第一轮测试过程中录制的测试脚本，以进行自动化测试。典型的测试工具，如 MI 公司的 QTP。自动测试工具可以帮助完成大量重复的测试工作，这是很多人最初盲目热衷的理由，但是应该提醒读者，任何工具都有自己的优势和局限，不要在实际工作中草率地采用自动化测试工具，否则你会发现，它总是让你失望，因为往往学习使用工具，维护脚本就占用了你很多时间，测试时间快结束了，你可能还没开始执行任何有实际意义的测试工作。一般建议，做产品的公司、做行业项目的公司，以及在经常要做第二轮功能测试的情况下，可以考虑采用适用的自动化测试工具。

2. 黑盒测试的缺点

（1）很难做到测试技能与各种业务熟悉度紧密结合。黑盒测试工作质量的好坏，取决于测试用例设计的质量。测试用例设计的质量，一部分取决于测试者的测试技能和经验，但主要取决于测试者对行业业务的熟悉程度，很难要求测试人员对各种行业的业务都精通，很多时候都是具有计算机专业背景的人员，根据测试需要接受业务培训，然后进行测试，但是他们对业务的理解是很有限的，因此限制了黑盒测试工作的质量。目前，很多测试机构或者测试部门选择招聘专业业务人员做黑盒测试，如聘用报关员做海关相关软件产品的测试，这也是一种探索思路，但是专业的业务员还需要掌握专业的测试技能，才能做一名合格的黑盒测试人员，这一点同样不能忽略。

（2）缺陷的定位有时不够准确，甚至误导开发人员。进行黑盒测试发现软件缺陷后，测试人员需要描述缺陷的各种属性，接下来开发人员复现缺陷，定位问题。但是，如果测试人员对软件功能的实现一点都不清楚，缺陷的描述经常对开发人员没有参考性，或者误导开发人员或者误报缺陷。

IT 界专职的软件测试中心、软件测试部门、软件测试人员，是软件测试队伍的主体，目前情况下，他们绝大多数的测试工作都集中在黑盒测试部分。“五个面向”实践论中的“面向功能测试”，即指实际工程中，软件测试工作主要是用黑盒方法进行功能测试。

9.4 白盒测试方法

白盒测试又称透明盒测试，要求测试人员必须清楚被测试对象的内部实现细节。白盒测试方法的测定依据是《详细设计说明书》。理论上讲，面向程序执行路径进行穷举代码测试，直至覆盖所有路径，才算完成了白盒测试。白盒测试的测试对象，侧重于软件单元、模块和构件等小规模对象，绝对不适合软件项目或产品等大规模测试对象。

实用的白盒测试覆盖技术有 4 种，即语句覆盖、条件覆盖、分支覆盖和组合覆盖。覆盖技术的主要思想，是从不同角度尽可能提高代码的测试覆盖率。为了减少测试工作量，应该使每一个测试用例尽可能满足多个覆盖条件。为了通俗易懂地说明这 4 种覆盖技术，请看如下案例。

【例 9-7】 假定测试人员通过阅读分析其软件模块的代码后，得出如图 9-6 (a) 所示的程序流程图。为了说明覆盖技术，图 9-6 (b) 给出了对等的语句块简化流程图。下面通过这个案例，具体解释语句覆盖、判定覆盖、条件覆盖和组合覆盖。

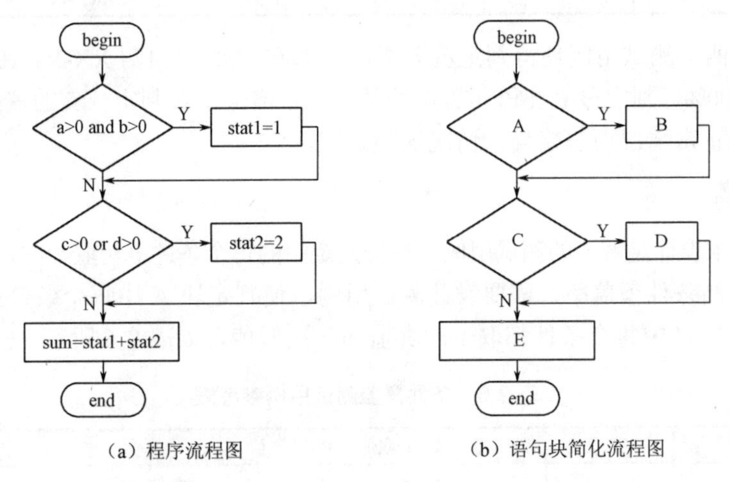

（a）程序流程图　　（b）语句块简化流程图

图 9-6　程序流程图和语句块简化流程图

1. 语句覆盖

语句覆盖是最基本的覆盖，它要求设计足够多的测试用例，使程序中每条语句至少被执行一次。

若达到最高语句覆盖率，只要设计的测试用例能够保证 ABCDE 代码块全都被执行一遍即可，如表 9-4 所示。其中 XX-V1-103-001 代表一种测试用例的命名方式，它用“项目编号—项目版本号—模块号—测试用例编号”来表示用例序号。

表 9-4　语句覆盖测试用例参考表

测试用例序号 （项目编号—项目版本号—模块号—测试用例编号）	a 取值	b 取值	c 取值	d 取值	说　明
XX-V1-103-001	1	1	1	1	覆盖 ABCDE

从表 9-4 中可以看出，一个测试用例就可以使语句覆盖率达到 100%。此时，我们是否可以认为，白盒测试的任务完成了呢？很显然不可以，C 判定中的两个条件“是/或”的关系，设计测试用例时只要满足判定为真即可，那么如果 c 的值取真，d 的值可以是真也可以是假，假如 d 为零会引起系统异常，那么 d 取值的任意性就容易忽略这种情况，所以，100%的语句覆盖率也不能将 C 语句块进行彻底测试。

2．判定覆盖

判定覆盖又称分支覆盖，它要求设计足够多的测试用例，使程序中每个判定至少取一次真值和一次假值。

为了达到最高判定覆盖率，我们需要设计测试用例，使判定块 A 取一次真值和一次假值，判定块 C 取一次真值和一次假值。如表 9-5 所示。

表 9-5　判定覆盖测试用例参考表

测试用例序号	a 取值	b 取值	c 取值	d 取值	说　明
XX-V1-103-001	1	1	1	1	判定 A 为真，判定 C 为真,覆盖 ABCDE
XX-V1-103-002	0	0	0	0	判定 A 为假，判定 C 为假，覆盖 ACE

表 9-5 中的两个测试用例使得判定覆盖率达到 100%，其中用例 XX-V1-103-001 使得语句覆盖率也达到 100%。判定覆盖在语句覆盖的基础上，增加了对判定分支的覆盖，特别适合发现程序中只处理正常情况而忽略异常情况这类缺陷。

3．条件覆盖

条件覆盖要求设计足够多的测试用例，使得判定中的每个条件语句取一次真值和一次假值。

为了达到最高条件覆盖率，需要设计测试用例，使判定块 A 中每个条件都取一次真值和一次假值，判定块 C 中每个条件都取一次真值和一次假值，如表 9-6 所示。

表 9-6　条件覆盖测试用例参考表

测试用例序号	a 取值	b 取值	c 取值	d 取值	说　明
XX-V1-103-001	1	1	1	1	条件 a 为真，条件 b 为真，条件 c 为真，条件 d 为真，覆盖 ABCDE
XX-V1-103-002	0	0	0	0	条件 a 为假，条件 b 为假，条件 c 为假，条件 d 为假，覆盖 ACE

表 9-6 中的条件覆盖测试用例和表 9-5 中的判定覆盖测试用例虽然一样，但是设计的思路是不一样的，说明列中有描述。用同样的测试用例是想告诉读者，设计尽量少的测试用例，来达到更多的测试覆盖目的。条件覆盖弥补了语句覆盖和分支覆盖对条件语句测试不足的缺点，测试覆盖率比较高。

4．判定/条件覆盖

判定/条件覆盖，是将判定覆盖和条件覆盖结合起来，设计足够多的测试用例，使判定语句被取一次真值和假值的同时，每个条件语句也同时被取一次真值和假值，如表 9-7 所示。

表 9-7　判定/条件覆盖测试用例参考表

测试用例序号	a 取值	b 取值	c 取值	d 取值	说　明
XX-V1-103-001	1	1	1	1	条件 a 为真，条件 b 为真，条件 c 为真，条件 d 为真；判定 A 为真，判定 C 为真。覆盖 ABCDE
XX-V1-103-002	0	0	0	0	条件 a 为假，条件 b 为假，条件 c 为假，条件 d 为假；判定 A 为假，判定 C 为假。覆盖 ACE

判定/条件覆盖同时考虑判定覆盖和条件覆盖，进一步提高了测试覆盖率，但是仍有未覆盖到的地方，就是条件的组合。

5. 组合覆盖

要求设计足够多的测试用例，使每个判定中条件结果的所有组合至少出现一次。如表9-8所示。

表9-8 组合覆盖测试用例参考表

测试用例序号	a取值	b取值	c取值	d取值	说　明
XX-V1-103-001	1	1	1	1	A为真，C为真，覆盖ABCDE
XX-V1-103-002	1	1	1	0	A为真，C为真，覆盖ABCDE
XX-V1-103-003	1	1	0	1	A为真，C为真，覆盖ABCDE
XX-V1-103-004	1	1	0	0	A为真，C为假，覆盖ABCE
XX-V1-103-005	1	0	1	1	A为假，C为真，覆盖ACDE
XX-V1-103-006	1	0	1	0	A为假，C为真，覆盖ACDE
XX-V1-103-007	1	0	0	1	A为假，C为真，覆盖ACDE
XX-V1-103-008	1	0	0	0	A为假，C为假，覆盖ACE
XX-V1-103-009	0	1	1	1	A为假，C为真，覆盖ACDE
XX-V1-103-010	0	1	1	0	A为假，C为真，覆盖ACDE
XX-V1-103-011	0	1	0	1	A为假，C为真，覆盖ACDE
XX-V1-103-012	0	1	0	0	A为假，C为假，覆盖ACE
XX-V1-103-013	0	0	1	1	A为假，C为真，覆盖ACDE
XX-V1-103-014	0	0	1	0	A为假，C为真，覆盖ACDE
XX-V1-103-015	0	0	0	1	A为假，C为真，覆盖ACDE
XX-V1-103-016	0	0	0	0	A为假，C为假，覆盖ACE

组合覆盖同时满足语句覆盖、判定覆盖、条件覆盖和判定/条件覆盖，覆盖率最高。但从另一个方面看，该方法的测试用例也最多，测试成本也最高。

对于不同语言中的for、while、until和switch等语句结构，上述白盒测试方法思路同样适用，这里就不重复说明了。

6. 白盒测试的优点

（1）白盒测试方法深入到了程序内部，测试粒度到达某个模块、某个函数甚至某条语句，能从程序具体实现的角度发现问题。

（2）白盒测试方法是对黑盒测试方法的有力补充，通过前面的讲解，我们清楚地了解了黑盒测试和白盒测试的思路，只有将二者结合才能将软件测试工作做到相对到位。

7. 白盒测试的缺点

（1）白盒测试方法侧重于检查代码的内部实现，实际测试工作中一旦进入了程序的“迷宫”，就很难同时再站在一个布局“迷宫”者的角度去思考问题。也就是说，白盒测试使测试人员集中关注程序是否正确执行，却很难同时考虑是否完全满足设计说明书、需求说明书或者用户实际需求，也较难查出程序中遗漏的路径。

（2）白盒测试方法的高覆盖率要求，使测试工作量大，远远超过黑盒测试的工作量，常被称为天文数字测试。在IT企业的实际测试过程中，要考虑测试工作的投入/产出比。因此，完全的白盒测试是有困难的、不可能的。

（3）需要测试人员有丰富的开发经验，能够用尽量短的时间理解开发人员编写的代码，这在实际工作中很难实现。尤其是在目前国内软件行业现状中，有开发经验的人，很少愿意去做白盒测试。

（4）测试人员在读懂代码（思维进入程序）后，才能站在一定的高度（思维跳出程序）上设计测试用例和开展测试工作。这对测试人员的要求太高，要他们兼具开发、测试甚至需求分析、系统设计和系统维护等多项能力，同样在目前软件行业状态下，很难找到满足要求的人才。

9.5　灰盒测试方法

灰盒测试，即白加黑测试，它兼具黑盒测试和白盒测试的优点，更符合实际工程中测试工作。

一般而言，测试人员在软件生命周期的前期，即需求分析阶段，通过《需求说明书》了解用户需求，针对需求利用黑盒测试的思路设计测试用例，然后根据已有的编程和测试经验，补充一些白盒测试用例。在开发阶段，测试人员拿到代码后，一种方法是直接人工阅读代码（也称静态测试），进行白盒测试。另一种方法是借助于白盒测试工具，实现各种覆盖测试。

IT 企业软件测试的基本方法是：宏观上用黑盒测试，微观上用白盒测试；全局用黑盒测试，局部用白盒测试；绝大部分测试人员用黑盒测试，极少数程序人员用白盒测试；以黑盒测试为主，以白盒测试为辅。

9.6　测试过程与测试文档

测试团队由测试经理、测试设计人员、测试执行人员三部分人组成。他们之间应合理分工，互相配合，共同完成测试任务。测试经理负责测试组织与规划，搭建测试环境，监督测试过程。测试设计人员负责将软件需求转化为测试需求，将测试需求转化为测试用例，并且在必要时设计与实现一些小的测试工具。测试执行人员，按照测试设计文档，负责具体的测试用例的实施与执行，并记录测试结果，书写测试报告。

在讨论测试计划之前，请读者把握一个关键思想。测试计划的关键在于如何策划（动词），而不是流于形式随便产生一个测试计划（名词）文档。应保证测试计划的可行性，否则计划没有任何意义。经过策划这个思考动作，自然就会产生测试计划的内容，接下来就是找个测试模板，完成填空而已。测试计划的编写时间，开始于需求分析阶段之初，结束于软件设计阶段之时。

产生一个合格的测试计划，应包括 5 个基本步骤：①熟悉项目情况；②确定和排序测试需求；③定义测试策略；④估计测试工作量；⑤配置测试资源。

测试计划完成后，就是执行测试和书写测试报告。因此，软件测试过程，应该包括如下 8 项流程。

1. 熟悉项目情况

测试经理必须充分了解被测试项目的情况，如何体现“充分”呢？可以不断积累问题列表，衡量自己是否真正了解被测项目，例如，有如下问题列表可供参考：

（1）产品的运行平台和应用领域。

（2）产品使用者的特点。

（3）产品主要的功能模块。

（4）测试的目的和侧重点。

（5）被测软件的数据是如何传递、存储的。

（6）产品采用的实现技术。

（7）同类型产品有哪些，各自的特点和不足。

（8）该产品的发布，是否被公司看成一项非常重要而关键的事情。

（9）产品的前期设计和开发工作，是否有资深技术人员主导或参与。

（10）项目开发负责人是谁，主要开发人员都有谁，各负责哪些部分，如何联系。

（11）项目计划中安排的测试时间有多少。

（12）开发团队工作进展如何。

（13）各测试人员目前的工作量如何。

2. 对测试需求排序

在测试设计人员的协助下，重点确定测试需求并赋予其优先级。理论上，测试需求要覆盖所有的软件需求，但在实际工作中，由于时间、人力、物力、财力的限制，需要将测试需求归类，按照其重要性和紧迫性排序，以便于测试执行人员在不能完成全部测试任务的时候，优先执行一些测试任务，保证测试工作的性价比更高。

对如何排序测试需求，定义其优先级别，没有严格标准。可以将需求对客户的重要性作为一个排序标准，客户最关心的、重点强调的是必须测试的，即使时间来不及，也要想办法和客户协调争取测试时间，因为若没有充分测试关键需求，会影响公司在客户心目中的形象，则比推迟提交软件付出的代价更惨重。表9-9给出了“图书馆信息系统”14个功能点的测试优先级排序，以供参考。

表9-9 软件测试功能点排序

编 号	功能名称	功能描述	供参考的测试优先级
1	图书入库信息录入	给图书分类编号，并录入系统	1
2	读者信息录入	录入读者基础信息	2
3	图书借阅信息录入	录入读者借阅图书信息	3
4	图书归还信息录入	录入读者归还图书信息	4
5	图书罚款信息录入	录入读者罚款图书信息	11
6	图书注销信息录入	录入注销图书信息	12
7	查询读者信息	录入查询读者信息	5
8	查询图书信息	录入查询图书信息	6
9	读者网上注册	录入读者网上注册信息	8
10	读者网上登录	录入读者网上登录信息	9
11	读者网上查询图书信息	录入读者网上查询图书信息	10
12	图书订购	录入订购图书信息	13
13	图书借还统计	统计图书资源的利用情况	7
14	补办借书卡	作废原借书卡并补办新借书卡	14

3. 定义测试策略

需要考虑模块、功能、性能、接口、版本、配置和工具等各个因素的影响。根据实际工作的开展情况，如果负责编写测试计划的是测试经理，那么这部分可以粗略一些，详细的测试设计（比如测试方法、测试步骤、测试通过标准和测试用例等）由后期的测试设计人员来完成。如果测试计划由测试设计人员独立完成，那么测试计划中就要包括详细内容。通常采用后者，这样测试计划的可行性会更高一些。读者可根据实际工作的开展，抽出测试设计部分，由单独的测试设计人员来完成。无论将本部分放在测试计划中，还是单独抽出作为测试设计文档，都要尽可能地考虑细节，为即将开始的测试执行工作做好准备。

测试策略主要包括：测试目的、测试用例、测试方法、测试通过标准和特殊考虑。

一个测试功能点，要定义一种测试策略，可以称为一个测试策略项。测试策略项中包括详细的测试信息，测试执行人员参照它，就可以进行实际测试了。表 9-10 是“图书管理系统”“验证登录”界面的输入框设置是否合理的测试策略项定义举例。

表 9-10　测试策略项定义举例

测试功能点编号	XXV1.0-011-018
测试目的	测试读者网上登录界面的输入框（用户名和密码），大小设置是否合理
测试阶段	系统测试
测试类型	功能测试
测试方法	手工测试
测试用例	输入允许的最长用户名和密码； 输入比允许的最长用户名和密码多一位的字符
通过标准	小于等于允许的用户名和密码长度时，输入框能够完全显示内容； 大于允许的用户名和密码长度时，输入框不予显示
特殊考虑	无

4. 设计测试用例

对应一个测试策略项，可能需要设计多个测试用例。设计测试用例，可以采用如下一些技术。

（1）对输入数据进行等价分配。

分步骤地把过多（无限）的测试案例，减少到同样有效的小范围的过程，称为等价分配。等价类或者等价区间，是指具有相同测试目标或者暴露相同软件问题的一组测试案例。在寻找等价区间时，先想办法把软件相似的输入、输出和操作分成小组，这些小组就是等价类或等价区间。

（2）为每一个等价类，分别设计出通过测试用例和失败测试用例。

（3）绘制状态转换图，分析状态测试，设计状态测试用例。例如，分析出可能的状态，以及从一种状态转入另一种状态所需的输入、条件、状态变量及输出结果。

（4）从压力条件、重负条件两个方面考虑，设计测试用例，寻找存在的竞争条件。

（5）坚持二八定律，测试工作绝对不能安排得前松后紧。

（6）积累经验，凭借直觉，设计测试用例。

最后，还要考虑一个测试覆盖率的问题，有些测试工作还可以借助工具来实现。

5. 估计测试工作量

众所周知，软件开发工作量难以准确估计，一位美国的行业咨询顾问曾经这样比喻软件开发：以建房为例，一种是有样板房，过程可复制的，可预测建造过程；另一种是像建造悉尼歌剧院（估计 4 年完工，实际 16 年完工）这样的设计型建筑，是不可预测的制造过程。软件开发是两种情况的结合，所以估计工作量有一定难度。一个项目结束后，项目开发经理编写的项目开发计划和实际开发工作开展情况有差距，有时差距还非常大，这是正常的，不能完全说项目经理能力不行，而是被估计的项目本身有很多不确定因素。

软件测试工作量更难于准确估计，因为其本身工作的估计，在很大程度上依赖于软件开发的质量。尽管如此，仍需要进行粗略估计。下面介绍一种从三个方面来估计软件测试工作量的方法，供大家参考。

（1）确定一个测试项目的测试需求点的数量。

（2）验证一个测试需求点包括几个关键测试动作。

（3）确定执行一个关键测试动作所需的时间（执行步骤可以用平均时间粗略计算）。

最后，依次累计求和，就可以粗略估计出一个测试项目（或者估计出几个测试需求点的测试工作量）。一个测试项目工作量的粗略估算方法为：

$$\sum_{j=1}^{n}\sum_{i=1}^{m}\text{测试动作}_{ij}\text{所需的时间}$$

式中，i，j 均为下标，并且规定：

i 代表一个测试需求点中的一个测试动作；

j 代表测试项目中的一个测试需求点；

m 代表一个测试需求点有 m 个测试动作；

n 代表测试项目有 n 个测试需求点。

此外，对软件项目工作量进行估计的 Delphi 法、类比法、功能点估计法、无礼估计法，在某种程度上也适用于软件测试工作量的估计。

6. 配置测试资源

主要是将测试任务和需要的测试资源，分配给具体的测试执行人员。避免出现如下情况：

（1）A 说“我测试过了。”B 说“我以为没有测试，我也测试了。”

（2）A 说“你没有测试吗？”B 说“我以为你测试过了。”

最终，测试经理将思考结果记录下来，填写测试计划模板，到此并不代表测试计划编写完成。前面我们一直强调要编写具有可行性的测试计划，如何验证可行性，主要是测试任务分配部分。因此，要将测试计划在测试团队内进行评审，当然有开发部门人员参与更好，他们能从开发角度分析测试计划的可行性。总之，只有通过评审的测试计划，才能得到执行。

7. 执行测试

当上述 6 项程序完成后，软件测试人员对项目组提交的软件工作产品或软件最终产品，执行软件测试。执行的基本方法是，按照设计好的测试用例，一个用例接着一个用例地进行测试，记录每个用例的执行结果，并将执行结果与预期结果比较，一旦发现偏差，就必须进行分析，找出偏差原因，确定该偏差是否由软件缺陷所致。若是由软件缺陷所致，则应尽量确定该缺陷的名称、类型、位置、场景、发现时间、产生原因、危害后果。

8. 书写《测试报告》

《测试报告》用来对测试结果进行分析说明，经过测试后，证实了软件具有的能力，以及它的缺陷和限制，并给出结论性意见。这些意见既是对软件质量的评价，又是决定该软件能否交付客户使用的依据。《测试报告》至少要包括 5 个方面的内容：

（1）测试任务描述与测试环境说明。

（2）测试版本比较和测试方法。

（3）功能测试描述、性能测试描述和确认性测试描述。

（4）遗留问题描述。

（5）测试总结。

9.7 本章小结

软件测试是一项与软件开发同步并行的工作，是 IT 行业一个新兴产业，尽管这个产业目前还不很成熟，正处在摸着石头过河或摸着扶手上楼梯的阶段，但是已经引起行业界的足够重视，并处在迅速发展之中。

对于微软这样的软件巨头，它也承认软件测试工作尚无固定模式可循。微软主要开发系统软件产品，它的系统软件测试计划和测试报告并不强调用户需求报告中的功能、性能、接口和界面，而是强调 Bug 报告。该报告包括 Bug 名称、Bug 发现场景、Bug 分类、Bug 排序、Bug 重现、Bug 入库、Bug 修复、Bug 统计等内容。Bug 报告都存放在一个 Bug 数据库中，该 Bug 数据库在微软产品的开发中占有核心地位。具体地说，Bug 数据库至少要包括以下 6 个数据项（字段）：

（1）Bug 名称。

（2）被测试的软件产品版本号。

（3）Bug 的优先级及严重性。

（4）Bug 出现的测试操作步骤。

（5）Bug 造成的后果。

（6）备注或说明。

不管是系统软件还是应用软件，不论是采用何种软件测试模型和测试方法，因为软件产品是人类智慧与艺术的结晶，所以软件测试任重道远……

习 题 9

9.1 软件测试的目的和目标是什么？

9.2 什么是软件缺陷？

9.3 试举例说明软件测试的原则。

9.4 试阐述软件测试 V 模型的思想、不足之处和改进方法。

9.5 试说出几种软件测试的分类方法。

9.6 试说出黑盒测试和白盒测试的区别和联系。

9.7 黑盒测试和白盒测试各自的依据是什么？

9.8 软件测试工作中的关键问题是测试用例设计，这种说法对吗？为什么？

9.9 简述实用软件测试的流程。

9.10 小组分工，分解“图书管理系统”其他功能点，编写测试功能点列表。

9.11 分组，分配各种软件测试角色，利用现有资源，拟编写一份“图书管理系统”的测试计划。

9.12 如果条件允许，针对“图书管理系统”的一个功能点编写代码，进行测试，编写测试报告。

9.13 评估自己是否适合从事软件测试工作。如何进一步提高自己的职业素质和专业素质？给自己制定一个成长目标。

9.14 解释下列名词：调试、测试、纠错、单元测试、集成测试、系统测试、验收测试、静态测试、动态测试、第三方测试、压力测试、回归测试、测试经理、测试设计人员、测试执行人员、软件需求、测试需求、测试用例。

第10章 软件实施与维护

本章导读

从研发成果到产品有一个过程，这个过程就是“产品化”。从产品到市场有一个过程，这个过程就是市场运作。从市场到客户有一个过程，这个过程就是产品实施。从产品实施之后到产品淘汰之前，还有一个过程，这个过程就是产品维护。

传统意义上的软件维护，是一项“擦屁股”的臭工作。如何将“擦屁股”的工作变为一件美差事，这是本章研究的问题之一。软件维护是软件交付之后的一项重要的日常工作，随着软件开发技术、软件管理技术和软件支持工具的发展，维护成本和维护工作量也在逐步下降。表10-1列出了读者在本章学习中要了解、理解和掌握的主要内容。

表10-1　本章对读者的要求

要　求	具体内容
了　解	（1）软件产品的分类方法 （2）“客户化”和“初始化”的含义 （3）做项目和做产品的联系与区别 （4）软件维护活动的工作流程
理　解	（1）产品的发布时机与方式 （2）面向缺陷维护与面向功能维护 （3）RUP与CMMI对软件维护的影响 （4）软件维护文档和维护管理文档 （5）结构化维护和非结构化维护
掌　握	（1）软件实施方法 （2）软件维护的最新方法 （3）软件维护与软件产品版本升级的关系

10.1　软件产品的分类

软件企业开发的软件可以分为软件项目和软件产品。软件产品是指不局限于特定业务领域、能被广大用户直接使用的软件系统，如操作系统、编译系统、工具系统、通用财务系统等。软件项目是指针对特定业务领域、需要提供业务流程重组与优化的软件系统，如 MIS、ERP（Enterprise Resource Planning）、自动跟踪控制系统等，它们一般称为软件项目，最多也只能称为“需要客户化的软件产品”。但是，不管是软件项目或软件产品，一旦开发成功，都有一个软件发布和实施问题。

不同的软件产品，其发布与实施的方法有所不同，所以首先要讨论软件产品的分类。从软件产品是否需要客户化，以及客户化的工作量有多少的角度来看，世界上所有的软件产品共分为三类，如表 10-2 所示。

表 10-2　软件产品的分类

类　别	产 品 特 点	举　例
1	不需要客户化的软件产品	系统软件
2	只需要少量客户化工作的产品	专业性特强的应用软件产品
3	需要重新做业务流程规范和需求规格定义的软件产品	分行业的 ERP

1．“客户化”和“初始化”不一样

在介绍产品分类之前，先解释“客户化”和“初始化”两个名词。

客户化是指按照客户的实际需求，对软件产品的功能、性能、接口做适当的改动。

初始化是指按照客户的实际情况，对软件产品的代码表（又称数据字典）进行初始化，即将客户的各种信息编码录入到相应的代码表中，如单位代码、部门代码、物资代码、设备代码、商品代码、科目代码、岗位代码等。此外，初始化还包括数据库中所有基本表的数据加载，即所有基本表中必要记录的录入工作。所以，初始化就是给软件正式运行提供一个必要的条件。

由此可见，初始化工作简单，客户化工作复杂。客户化之后的软件，仍然需要初始化，因为只有初始化后的软件才能正式运行。

2．不需要客户化的软件产品

第一类是不需要客户化的软件产品，如系统软件中的操作系统、编译系统、数据库管理系统、CASE 工具，以及应用软件中的杀病毒工具、游戏系统等。这些软件产品的通用性强，用户买来安装之后，直接使用即可。所以用户群大，几乎覆盖全球所有客户。

3．只需要少量客户化工作的软件产品

第二类是只需要少量客户化工作的软件产品，如财务系统、保险系统、金融证券系统、税务系统、海关系统、政府办公系统、公检法系统、电力控制系统、电信计费系统等。因为这些行业专业性强，各种法规制度健全，业务流程规范，信息标准化工作基础扎实。这些软件产品尽管也需要适当的客户化，如报表与查询格式的调整，但全局性的数据库和数据结构不会改变，所以这种客户化的工作，仅仅是程序代码级的，不是数据库和数据结构级的。

4. 需要重新做业务流程规范和需求规格定义的软件产品

第三类是需要重新做业务流程规范和需求规格定义的软件产品，这种软件产品的客户化工作量大，工期也较长，例如，分行业的管理信息系统 MIS、分行业的企业资源规划系统 ERP、分行业的客户关系管理系统 CRM 等。严格地讲，第三类软件产品实质上不算一种真正意义上的软件产品，只算一种行业应用软件框架，或行业应用软件解决方案。有了这种软件框架或软件解决方案，软件厂商就能通过快速原型法，在较短的时间内完成客户化工作。随着软件厂商经验和技术的日积月累，尤其是分行业的类库、构件库和中间件的日积月累，以及企业内部管理规范化的发展趋势，第三类软件产品的实施周期也会日益缩短。

5. 小型 ERP 产品已经产品化

民营经济正在发展，我国的中小型企业正在增加，小型 ERP 的市场潜力巨大。对于小型 ERP 产品的研发，社会上已有一些公司正在努力使它真正产品化，其努力的目标是：

（1）突出产品的采购、销售、库存和财务功能，淡化其他功能，在功能上实现“有所为，有所不为”。

（2）突出采购、销售、库存和财务数据的系统集成，从设计上解决 ERP 的产品化问题。

（3）突出操作简单、实惠够用的原则，使客户按照 ERP 产品的“用户指南”，就能自行安装、初始化、试运行和正式运行，如同微软的 Office 产品一样。

这种努力的条件是：研发人员对企业的内部管理了如指掌，对数据库设计的理论和技巧十分精通。如今，这种努力已获初步成功，小型 ERP 产品开始普及。目前，它已经由第三类产品变成了第二类产品。

6. 项目与产品的区别与联系

除了上述三类软件产品之外，其他软件一般称为软件项目，不能叫软件产品。软件项目就是为用户定制的软件系统，它的专用性强，通用性差，从需求分析、设计、编码、测试，到安装、试运行、正式运行，直至验收交付，整个开发流程一步也不能省。

软件项目的特点是，业务领域知识所占的比重大，工程性强，因此用 CMMI 模型实现规范化管理和量化控制比较合适。IT 企业做软件项目的目的，一般都是为了将软件项目逐步产品化，如同做财务项目是为了做财务产品一样。一方面，只有产品化了才能赚取最大的利润；另一方面，只有拥有自己的软件产品，才能在投标活动中获得更大更好的项目。例如，中国银行业、证券业和石油天然气行业的大型软件管理项目，大多被国内少数几家做财务产品的软件公司所获得，就是因为这些公司有软件产品。

项目和产品既有显著的不同，又有紧密的关系。这种关系是：做软件项目是手段，做软件产品是目的，软件项目做多了，软件项目就慢慢地变成了软件产品。正如一位名人所说：其实地上本没有路，走的人多了，便成了路。

10.2 软件产品的发布

1. 产品发布策略

产品的发布时机，是由市场利润、开发进度、产品功能与质量、客户可接受程度等多方面因素决定的。微软“基于版本发布”的指导原则中的第一项内容，就是“Trade-of Decision”，即“折中决定”。该决定的指导思想是：当产品的“可靠性”介于“最优”与“客户可以接受”两者之间时，就可以发布了。微软“基于版本发布”的指导原则中的第二项内容，是项目管理团队、开发团队和测试团队都签字确认终结产品的开发，冻结该产品的版本，该产品才能发布。

2. 发布前的准备工作

当一个软件产品的Beta版本经过测试合格，并且项目管理团队、开发团队和测试团队都签字确认终结该产品的开发后，软件企业的高层管理人员就应向市场与销售中心下达《产品发布通知单》，接到该通知单后，市场与销售中心须做如下准备：

（1）编写培训教材。

（2）设计产品包装。

（3）制作产品母盘。

（4）刻录产品光盘。

（5）印刷软件资料。

（6）培训销售人员。

（7）发布产品检验。

（8）发布产品交付。

（9）确定发布方式。

3. 产品发布方式

软件企业市场与销售中心要通过各种媒体进行产品发布，以扩大影响、吸引客户、占领市场。不管是哪一类软件产品，其产品发布的方式有下面三种：

（1）聘请各有关领导、新闻媒体记者和大客户代表，召开新闻发布会，宣布新产品的优点，描述其市场前景，现场演示介绍，厂商给嘉宾和客人送产品资料和纪念品。

（2）在报纸、刊物、电视台、电台上做广告，宣传软件产品。

（3）在各种交易会、展览会、博览会上租用摊位，展示软件产品。

在大型IT企业，当产品快要发布的时候，与该产品有关的工程师、程序员和测试人员都要随时待命，打开手机，随叫随到，准备解决产品中的任何问题。

4. 三类软件产品发布策略与宣传方式的差异

第一类不需要客户化的软件产品，在软件产品发布时只需要一份广告，它为客户准备的文档资料只是一份用户指南，而且它不是随意赠送的，必须与产品一起打包销售。

第二类只需要少量客户化工作的软件产品，在发布时除了一份广告之外，还准备一份赠送给客户的文档资料，它是一份软件产品客户化的宣传方案。至于它的用户指南——《用户使用手册》、《用户安装手册》、《系统管理员手册》也不是随意赠送的，必须与产品一起打包销售。

第三类需要重新做业务流程规范和需求规格定义的软件产品，在发布时除了一份广告之外，还有一份准备赠送给客户的资料是行业应用软件框架，或是行业应用软件解决方案，该份资料不大详细，不会暴露软件企业的技术机密。

10.3 软件产品的实施

1. 销售技术人员的工作职责及素质要求

软件产品发布之后，销售中心就会获取各种客户信息，并准备用各种方式为客户服务。在服务中，需要各种销售技术人员的支持，这些技术人员分为售前、售中、售后三部分人员。售前技术人员称为售前工程师（或产品形象代表），售中技术人员称为实施工程师，售后技术人员称为维护工程师，对这三部分技术人员的工作职责及素质要求如表 10-3 所示。

表 10-3　销售技术人员的工作职责及素质要求

岗位名称	工作职责	素质要求
售前工程师（产品形象代表）	制订投标书，讲解投标书，主持技术谈判，参与合同签约，制订初步的实施计划	演讲能力强，气质风度好，业务素质优，能用 Office 工具制作漂亮的投标书，是该产品所属行业的行业领域专家
实施工程师	产品安装调试，产品的客户化，用户培训，产品验收交付	对该产品的功能、性能、接口很熟悉，初始化和客户化工作很清楚，动手能力强
维护工程师	产品日常维护，客户信息反馈	沟通能力强，对该产品的功能、性能、接口很熟悉，有工作经验，动手能力强

软件工程的覆盖范围包括了售前、售中、售后三个阶段的工作。售前的投标书要按照软件企业提供的统一模板去制订，合同附件要规定软件的功能、性能和接口内容，初步的实施计划应是后面的开发计划的基础。这里特别要指出的是，优秀的售前工程师应该是该产品所属行业的行业领域专家，能担当起产品经理和产品形象代表的重任。这样的售前工程师，在讲解投标书时，客户才会心服口服，赞叹不已。

投标是实施的前奏，中标并签订合同之后，实施工程师就要唱主角了。

2. 软件产品的实施

实施工程师是产品安装调试、产品客户化、用户培训教育、产品验收交付的主体。一般来说，为了完成此项工作，在产品发布前，软件企业要对他们进行专门培训，使他们掌握该产品的功能、性能、接口，熟悉产品运行的软硬件环境，熟练地安装调试系统。实施工程师不但要会“初始化”工作，而且要会“客户化”工作。

对于不需要客户化的软件产品，实施工程师将光盘上的软件产品，安装到用户系统上即可。若客户需要培训，可以定期组织培训班，培训教材就是产品的用户指南。

对于只需要少量客户化工作的产品，实施工程师首先要进行调查和需求分析，在与客户达成完全一致的书面需求修改意见且经过评审和批准之后，再对软件产品的文档和程序进行修改和测试，测试合格才能试运行，试运行成功才能正式运行，正式运行成功才能验收交付。同时，还要将修改后的相应文档与程序形成新的版本，代替原来的旧版本，永远保持文档与程序的一致性。

对于需要重新做业务流程再造（BPR）和需求规格定义的软件产品，实施工程师的职责相当于项目经理，或者实际上就需要成立软件项目组，任命项目经理，在项目经理的组织下，运用快速原型法的开发模型，重新做业务流程规范和需求规格定义，规范和定义一次，就产生一个新的原型，然后将新的原型演示给客户看，征求他们在产品的功能、性能、接口、流程、界面上的意见，直到客户满意、确认为止。在快速原型的迭代过程中，有两点必须注意：一是客户代表必须全程参加，二是文档与程序必须保持绝对一致。这样的实施过程，实际上相当于一次开发过程，人们有时将它称为“二次开发”。

3. 三分软件七分实施

在第三类产品 ERP 软件实施中，要想把客户需求和产品更好地结合，使实施工作取得最佳成效，则必须理解“三分靠软件，七分靠实施”的指导思想。

企业信息化建设是一个复杂的管理项目，不仅涉及软件产品，而且需要规范企业各部门的业务流程。信息化应用效果不仅取决于软件产品的质量，更重要的是对实施过程规范化的控制。由于整个实施过程都是甲乙双方“双打”的过程，因此，项目实施经理必须与用户搞好关系，相互之间紧密配合，共同实现预期的实施目标。

在这一点上，方正科技与 SAP（中国）针对中国企业信息化建设，共同制定了标准的实施方法，为 ERP 的系统实施提供了规范的实施方法指导。

方正科技与 SAP（中国）公司提倡建立 ERP 实施顾问制度，由顾问来充当用户与实施小组之间的桥梁。一名合格的实施顾问，需要具备优秀的沟通能力、组织协调能力、经营管理方面深厚的知识底蕴，以及对产品的深入了解。顾问要有团队精神，单一的顾问力量是薄弱的，正是因为讲究团队精神，顾问与实施小组才会形成雄厚的力量。

每一个想运用 ERP 软件的企业都有其个性化的需求。不论是底层架构、应用、逻辑处理关系，还是数据处理，都有企业的个性。在实施中，实施小组必须处理好 ERP 中共性与个性的关系。

企业运用 ERP 软件，自然希望物有所值，希望软件能够尽可能多地满足自己的要求。但是作为实施经理来说，则需要有一个有效的时间管理能力与全局意识。不能因为在细枝末端上追求完美，而因小失大，影响全局。不能因为满足一两个人的要求，而拖沓整个项目的实施计划。

10.4　软件维护的传统方法

软件实施完工以后，接下来的工作就是软件维护了。

1. 软件维护的定义

什么叫软件维护？软件维护分哪几类？维护过程有哪些？什么叫结构化维护？什么叫可维护性？维护有副作用吗？这些都是传统软件维护要讨论的问题。

软件维护，是指软件项目或产品在安装、运行并交付给用户使用后，在新版本升级之前这段时间里，软件厂商向客户提供的服务工作。

首先，软件维护是针对一种软件产品而言的，维护活动发生在该产品的生存周期之内。

其次，软件维护是一种面向客户提供的服务。为什么说维护就是一种服务呢？因为在激烈的软件市场竞争中，同类软件产品的价格、功能、性能、接口都不相上下，那么用户如何选择产品呢？软件厂商要推销自己的产品，推销的焦点就是服务。谁的售后服务及时、到位，谁的产品就可能占领市场。现在流行一句话：“卖软件就是卖服务。”

再次，这个定义指出了这种服务的开始时间和结束时间。对大多数的软件产品而言，厂商在售后都提供两年左右的免费服务。为什么是两年左右时间？因为一个商品软件版本的生命周期在两年左右。两年以后，厂商就要推出新的版本，或者叫升级版本。不升级厂商就不会有新的利润增长点，就不适应新的运行环境，就不能满足用户对功能、性能、接口上的新需求，从而丢失市场，失去客户，最后导致厂商经济效益下降，甚至破产倒闭。

那么人们会问：个别用户不买厂商推出的新版软件，仍然坚持使用旧版软件，厂商怎么办？有两个办法供厂商选择：要么延长免费服务时间，要么实行有偿服务，选择原则由市场决定。

还会有人问：如果用户使用的不是一种通用软件产品，而是由软件厂商专门定制的一个软件工程项目，如特殊行业的 MIS、针对性很强的自动控制系统等，怎么维护？对于软件厂商来说，他们的专业方向有两类：一类是只做软件产品，不做软件项目；另一类是只做软件项目，不做软件产品，或先做软件项目，后做软件产品。很少有既做项目又做产品的软件厂商。在国际上，一般是大厂商做产品，小厂商做项目。对于不是软件产品的软件工程项目，如何提供软件维护？通常的办法是：项目验收交付之后，厂商提供两年纠错性（缺陷性）的免费维护，两年以后，每年按项目合同总金额的 10%～15%收取维护费用，直到项目的生存周期终止。这笔维护费用，足够养活厂商的维护人员。

2. 软件维护的分类

软件维护的分类比较复杂，角度不同，分类的方法也不同，分类的结果也就不一样。传统软件维护一般分为 4 大类，如表 10-4 所示。

表 10-4 软件的 4 类维护

序 号	维护的种类	维护的内容
1	纠错性维护	产品或项目中存在缺陷或错误，在测试和验收时未发现，到了使用过程中逐渐暴露出来，需要改正
2	适应性维护	这类维护是为了产品或项目适应变化了的硬件、系统软件的运行环境，如系统升级
3	完善性维护	这类维护是为了给软件系统增加一些新的功能，使产品或项目的功能更加完善与合理，又不至于对系统进行伤筋动骨的改造，这类维护占维护活动的大部分
4	预防性维护	这类维护是为了提高产品或项目的可靠性和可维护性，有利于系统的进一步改造或升级换代

3. 软件维护的过程

软件维护的工作程序，与软件开发的工作程序相仿。这个工作程序是：维护的需求分析、维护的设计、修改程序代码、维护后的测试、维护后的试运行、维护后的正式运行、对维护过程的评审和审计。为此，必须建立维护机构，由用户或售后工程师提出维护申请报告，维护机构对申请报告进行评审和批准，组织技术人员实施“需求分析维护、设计维护、程序代码维护、测试或回归测试、维护后试运行、维护后正式运行、对维护过程的评审和审计”，并且建立详细的维护文档。

我们的结论是：软件维护过程是软件开发过程的缩影。

4. 结构化维护和非结构化维护

什么叫结构化维护？结构化维护的前提是：软件产品或软件项目必须有完善的文档，并且文档与程序代码互相匹配，两者完全一致。在这样的前提下，4 大类维护不但都会比较省力，而且维护后可以用原来的测试用例进行回归测试。维护文档只要在原来的文档上加上适当修改，形成修改后的新版本文档即可，该新版本只是一个很小的版本号，不构成大版本的升级。比如，维护前的版本号为 V1.00，维护后的版本号为 V1.01，所以维护文档也规范。

反之，若软件产品或软件项目只有程序而没有文档，或文档很不规范，很不齐全，对这样的软件进行维护，就不能叫结构化维护，只能叫非结构化维护。与结构化维护不同，非结构化维护很费力。人们常说：维护费用很高，甚至占软件总费用的 80%，这是因为非结构化维护的比重太大。

现在，正规的大中型软件企业都十分重视开发方法的研究、类库和构件库的建设、配置管理和文档评审与审计、软件过程改善，已经开始逐步实施 CMMI 框架体系。而 CMMI 的基本精神，就是软件质量存在于软件过程之中，文档的评审在软件过程中起关键作用。有理由相信，结构化维护将会占绝对统治地位，非结构化维护将会成为一种历史现象。随着时间的推移，高额的软件维护费用将会逐渐降下来，那种认为维护费用占整个软件费用的 65%～80%的观点，将会逐渐改变。

5. 软件的可维护性

所谓软件的可维护性，就是维护人员理解、掌握和修改被维护软件的难易程度。可维护性软件，应具备下列 4 条性质，如表 10-5 所示。

表 10-5　软件的可维护性

序号	可维护性名称	可维护性内容
1	可理解性	软件模块化、结构化，代码风格化，文档清晰化
2	可测试性	文档规范化，代码注释化，测试回归化
3	可修改性	模块间低耦合、高内聚，程序块的单入口和单出口，数据局部化，公用模块组件化
4	可移植性	例如，用 ODBC、ADO 来屏蔽对数据库管理系统的依赖，用三层结构来简化对客户浏览层的维护

符合上述 4 个性质的软件的可维护性很好。反之，可维护性就差。由此可知，可维护性与开发人员的素质关系极大。低素质的开发人员，开发出低质量的软件，其可维护性差，维护难度系数大，市场潜力就会十分渺茫。

6. 维护的副作用

维护有副作用吗？肯定会有，因为改正旧的错误可能会导致新的错误。这与吃药治病一样，人们常说“是药三分毒”。软件维护的副作用与维护的方式有关，具体表现在 4 个方面，如表 10-6 所示。

表 10-6　软件维护 4 个方面的副作用

序　号	维护的方式	副作用的表现
1	修改编码	使编码更加混乱，程序结构更不清晰，可读性更差，而且会有连锁反应
2	修改数据结构	数据结构是系统的骨架，修改数据结构是对系统伤筋动骨的大手术，在数据冗余与数据不一致方面，可能顾此失彼
3	修改用户数据	需要与用户协商，一旦有疏忽，可使系统发生意外
4	修改文档	对非结构化维护不适应，对结构化维护要严防程序与文档的不匹配

总之，维护的副作用可能表现在：

（1）4 个副作用加在一起，很容易出现打补丁现象，造成维护一次，就追加一个补丁，最后补丁越打越多，隐含的问题也会越来越多。

（2）由于考虑不周，或对系统消化不透，可能在维护中出现连锁反应现象：此处的错误改了，彼处的错误又冒出来了。

为了减少维护的工作量，防止维护的副作用，人们在长期的实践中积累了如下的经验：

（1）用 CMMI 框架体系的思想来改善软件企业的软件过程管理。

（2）在开发和维护中，尽量使用 CASE 工具。

（3）维护完成后，一定要进行回归测试。

（4）自始至终保持文档、数据、程序三者的一致性。

10.5　软件维护的最新方法

10.4 节讲述了软件维护的传统方法，本节介绍软件维护的最新方法。

1．软件维护的最新分类方法

随着软件开发模型、软件开发方法、软件支持过程和软件管理过程 4 个方面技术的飞速发展，软件维护的方法也随之发展。这首先表现在软件维护的分类上。目前，软件企业将自己的软件产品维护活动，基本上分为两大类：

（1）面向缺陷维护——程序级维护。

（2）面向功能维护——设计级维护。

面向缺陷维护的条件是：该软件产品能够正常运转，可以满足用户的功能、性能、接口需求，只是维护前在个别地方存在缺陷，使用户感到不方便，但不影响大局，因此维护前可以降级使用，经过维护后仍然是合格产品。存在缺陷的原因是多种多样的，但是缺陷发生的部位都在程序实现的级别上，不在分析设计的级别上。克服缺陷的方法是修改程序，而不是修改分析与设计，也就是通常说的只修改编码，不修改数据结构。

面向功能维护的条件是：该软件产品在功能、性能、接口上存在某些不足，不能满足用户的某些需求，因此需要增加某些功能、性能、接口。这样的软件产品若不加以维护，就不能正常运转，也不能降级使用。存在不足的原因是多种多样的，但是不足发生的部位都在分析设计的级别上，自然也表现在程序实现的级别上。克服不足的方法是：不但要修改分析与设计，而且也要修改程序实现，也就是通常说的既修改数据结构，又修改编码。

由此可见，面向缺陷维护是较小的维护，面向功能维护是较大的维护。

2．软件维护的最新方法

可以从不同角度来划分软件维护的方法。

第 1 种方法　基于两层结构划分软件维护的方法。客户机/服务器的两层结构，目前和今后仍然是一种应用软件结构。对这种结构的应用软件，维护的方法是，将客户机和服务器上的两部分软件分开维护。客户机上的软件修改后，制作成自动安装的光盘，传递给用户自己安装，以替换原来的旧软件。服务器上的软件由维护人员直接在服务器上修改、测试、安装、运行。常见的 ERP 软件维护，就是这种维护。

第 2 种方法　基于三层结构划分软件维护的方法。客户机/应用服务器/数据库服务器三层结构，是一种最有发展潜力的应用软件结构。客户机上的软件维护，不需到用户现场去，只需在系统后台服务器上借助网络的运行，使软件的维护、安装与升级，变成一个完全透明的过程，再不用担心光盘的安装或损伤。这就是三层结构的优点之一，也是网络革命带来的软件维护革命，使用户能享受简单、方便、全面、及时的维护与升级服务。常见的杀病毒工具升级办法，就是这种维护。

第 3 种方法　基于“三种开发方法”，即“面向过程开发、面向元数据开发、面向对象开发”来划分软件维护的方法。面向过程开发方法对应面向过程维护方法，就是前面介绍的结构化维护方法。面向元数据开发方法对应面向元数据维护方法，就是从数据库表的结构入手，运用视图技术、事务处理技术、分布式数据库技术、数据复制技术、数据发布和订阅技术，来维护数据库服务器上数据的完整性和一致性。面向对象开发方法对应面向对象维护方法，就是利用对象“继承”的特性，从维护公司的类库、构件库、组件库、中间件库入手，来达到维护应用软件的目的。在三层结构中，大部分对象分布在应用服务器上。在数据库服务器上，只有数据对象。在客户浏览器上，只有网页对象。

3．软件维护与软件产品版本升级

软件维护与软件产品版本升级有一定关系，这种关系在前面已经讲到一点：若小型维护前的版本号为 V1.0.0，则小型维护后的版本号为 V1.0.1。若大型维护前的版本号为 V1.0.1，则大型维护后的版本号为 V1.1.1。一般而言，版本号中第一个小圆点的左一位，表示该软件产品的第几个版本。版本号中第一个小圆点的右一位，表示该版本的大修改次数。版本号中第二个小圆点的右一位，表示该版本的小修改次数。也就是说，在这种表示中，一个版本的大修改最多是 9 次，小修改最多是 81 次。只有当该软件产品的运行环境发生大改变时，或者该软件产品的功能变化超过 30%时，其版本才能升级，此时，版本号中第一个小圆点的左一位才能加 1，由 V1.1.1 变为 V2.0.0。

版本升级换代既是厂商软件产品功能增强、性能提高的手段，又是商业运作、开拓市场的重大举措。一个新版软件产品的推出，意味着新一轮软件维护周期的开始。

4．软件维护工作流程

软件维护活动的一般工作流程如表 10-7 所示。

表 10-7　软件维护活动的一般工作流程

流 程 步 骤	流 程 内 容
1	分类整理用户意见
2	提出维护申请
3	评审、审计、批准维护申请
4	修改需求文档
5	维护需求文档评审
6	修改设计文档
7	维护设计文档评审
8	修改源程序
9	回归测试
10	修改软件产品版本号
11	交付用户运行
12	收集用户反馈意见，准备进行新一轮维护活动，转向流程第 1 个步骤

5. 迭代模型 RUP 对软件维护的影响

迭代模型 RUP 覆盖整个软件的开发周期，从需求分析开始，直到软件的发布、实施和维护为止，因而它将对传统意义下的维护工作产生重大影响。RUP 把软件生存周期定义为 4 个主要阶段：初始、细化、构造、移交。经过这 4 个阶段的历程被称为一个开发周期，自动产生一个周期内的所有文档，从而生成一个软件产品。首次经历这 4 个阶段称为该产品的初始开发周期，除非该产品的生命终止，否则它将重复初始、细化、构造、移交这 4 个阶段，从而演化为下一代产品，这就是旧产品的维护，也是新产品的升级换代，这就是开发周期的演化，表明了 RUP 对软件维护工作的影响。由此可见，在软件开发中，若采用迭代模型 RUP 和相应的 CASE 工具 Rose，高额的软件维护费用将会较快地降下来。与此同时，开发工作和维护工作的差异也会逐渐缩小，因为维护工作也要经历初始、细化、构造、移交这 4 个阶段，它是一次开发的迭代过程。

由此可见，迭代模型 RUP 确实会对软件开发模型与软件生命周期、软件建模方法、软件文档规范和软件人员分工产生重大影响，这种影响将使分析、设计、实现、维护人员的岗位界线逐渐趋向模糊，因为软件维护实质上是一次更高层次上的开发，它不但可以发现和解决前人的错误，而且可以总结和继承前人的经验与技术，使自己站得比前人更高，看得比前人更远，“青出于蓝而胜于蓝”。

6. CMMI 对软件维护的影响

软件为什么需要维护？因为程序上存在缺陷，所以有面向程序的缺陷维护；因为设计上存在功能不齐全，所以有面向设计的功能维护。当软件组织达到 CMMI3 以上时，由于软件过程的持续改善，对软件质量的评审和审计活动的加强，软件过程数据库作用的发挥，关于“程序上有缺陷”和“设计上功能不齐全”的情况，将会逐渐减少，所以软件的维护工作量也会逐渐减小。真正维护工作量大的单位，就是 CMMI1 的软件组织，因为他们管理无序，文档不全，工作不规范，表现形式就是：人治加个人英雄主义。

从这里可以看出，CMMI 对软件组织的重要性，对开发工作和维护工作的重要性，以及为什么它是 IT 企业进入国际软件市场的通行证。

10.6　软件维护文档

1. 维护文档

对于结构化维护来说，软件维护文档，就是对原来已有的分析文档、设计文档、实现文档、测试文档、用户指南进行修改，形成新的开发文档。新的开发文档的组织方式有两种格式：

（1）格式 1　在先保存好原有的开发文档之后，直接在原来已有的文档上面修改，修改后形成新的小版本号文档，即在原来版本号中小圆点的右一位或右二位上加 1。

（2）格式 2　不直接在原来已有的文档上面修改，而是将修改的内容单独作为一个附录，放在被修改文档的后面，形成一份新的小版本号文档，即在原来版本号中小圆点的右一位或右二位上加 1。

上述两种格式完成后，都要在文档“版本更新记录（Version Updated Record）”上做维护记录，并将修改后的版本号填入“版本更新记录”中的有关栏目中，如表 10-8 所示。

表 10-8　版本更新记录（Version Updated Record）

版本号	创建者	创建日期	维护者	维护日期	维护纪要

2．维护管理文档

软件维护管理文档有：

（1）用户意见反馈表。

（2）用户意见分类整理表。

（3）维护申请单。

（4）维护文档评审报告。

（5）产品缺陷统计表。

（6）功能扩充统计表。

（7）未答复问题汇总表。

（8）未验证问题汇总表。

（9）已修改问题汇总表。

（10）已验证问题汇总表。

（11）维护费用统计表。

以上这些文档的具体格式及数据项栏目，由各软件企业根据需要自行确定。实际上，每个文档的内容都很简单（“用户意见分类整理表”除外），而且不少都是电子文档。设想一下，一家大型软件企业对大量用户的大量维护活动，如果没有这些管理文档，客户服务中心经理怎么管理如此复杂而烦琐的维护工作呢？

10.7　本 章 小 结

在 IT 企业，软件发布是高层经理的大事，软件实施是中层经理的大事，软件维护是基层经理的大事。为此，我们首先要从“客户化”的角度出发，了解三类不同性质的软件产品，然后根据这三类产品的不同特点，采取三类不同的发布、实施和维护方法。

大型软件产品的实施，实际上是一次软件开发的缩影，为此，必须用“三分靠软件，七分靠实施”的思想，来进行软件实施工作。

大型软件产品的维护，历来是软件组织和软件人员头痛的“老大难”问题。头痛的原因主要有三个：

（1）非结构化的维护太多、太难。

（2）维护费用开销太大。

（3）维护工作是费力不讨好的事，没有创新，学不到新知识。

通过本章的学习，上述三个问题应该基本上得到了解决。这就是说，要想将软件维护这项“擦屁股”的臭工作，变为一种美差事，就必须做到：

（1）开发文档、管理文档、维护文档必须齐全，使所有的维护工作都变为结构化维护工作，这可以提高系统的可维护性。

（2）在签订合同时，必须将软件维护工作的范围、内容、期限和费用增加进去，并明确甲乙双方在维护工作中的责任。

（3）维护人员在缺陷维护（即“程序级维护”）和功能维护（即“设计级维护”）上虽然不能随意地创新，但是可以分析维护前系统的缺陷或毛病，收集并整理用户的意见与建议，从而去策划新版本的蓝图，在新版本的升级上做到有所创新。

本章从软件产品的分类、发布、实施开始，讲到了软件维护的定义、维护的分类方法、结构化维护和非结构化维护、软件维护工作流程、维护的副作用，又讲到了迭代模型 RUP 和 CMMI 对维护工作的影响，以及维护文档和维护管理文档。成熟的 IT 企业有专门的维护部门，维护工作井然有序，随着软件过程的不断改善，维护工作量占软件总工作量的比例应当逐渐下降。

习　题　10

10.1　请读者谈谈对“软件产品分类”的看法。

10.2　怎样解释“客户化”和“初始化”两个名词的含义及关系？

10.3　软件项目与软件产品有什么不同？

10.4　软件产品发布的方式有哪几种？

10.5　三类软件产品的发布策略有何差异？

10.6　售前工程师为什么应该是该产品所属行业的行业领域专家？

10.7　怎样理解“软件工程的覆盖范围包括了售前、售中、售后三个阶段的工作”？

10.8　怎样理解实施工程师的职责与素质？

10.9　请编写一份“图书管理系统”的实施计划。

10.10　怎样理解“软件维护是一种面向用户提供的服务”？

10.11　传统软件维护要讨论的问题有哪些？

10.12　怎样理解“在国际上，一般是大厂商做产品，小厂商做项目”？

10.13　怎样理解“任何厂商做项目的目的，都是为了做产品”？

10.14　怎样理解“软件产品客户化”和“软件项目产品化”？

10.15　传统软件维护分哪几大类？

10.16　简述软件维护的工作程序。

10.17　什么叫结构化维护和非结构化维护？

10.18　可维护性的软件应具备什么性质？

10.19　软件维护的副作用表现在哪 4 个方面？

10.20　面向缺陷维护的内容是什么？

10.21　面向功能维护的内容是什么？

10.22　两层结构和三层结构的软件维护方法有什么不同？

10.23　软件维护与软件产品版本升级有什么关系？

10.24　怎样理解软件产品的版本号？

10.25　怎样理解迭代模型 RUP 对软件维护的影响？

10.26　请设计“软件维护管理文档”的格式。

第 11 章

软件管理

本章导读

软件管理是软件企业成败的关键。软件管理是面向过程的，其主要模型是 CMMI。软件配置管理是软件管理的基础，IT 企业内部设置专职的配置管理员，引进配置管理工具，进行配置管理的日常工作；软件质量保证也是一个过程，它以提前预防和实时跟踪为主，以事后测试和纠错为辅；软件项目管理是软件管理的主体，它起始于项目立项，终止于项目结项。表 11-1 列出了读者在本章学习中要了解、理解和关注的主要内容。

表 11-1　本章对读者的要求

要　求	具体内容
了　解	（1）CMMI 的基本概念 （2）配置管理的基本概念和配置管理工具 VSS 的工作原理 （3）软件质量和质量管理的基本概念 （4）项目和项目管理的定义
理　解	（1）CMMI 阶段模型的 5 个等级和体系结构 （2）敏捷文化管理模式 （3）配置管理中三个库的名称与作用 （4）从 5 个方面来改进软件质量 （5）如何从大学生成长为项目经理
关　注	（1）CMMI 的实施思路与文档体系 （2）配置管理员的职责和“Check out－Edit－Check in”的配置管理工作方式 （3）软件质量保证的方法 （4）项目经理的职责和工作程序 （5）软件企业的工作流

11.1　软件过程改进模型 CMMI

软件组织的产品质量和服务质量，来自组织内部的过程改进状态。而过程改进是要有模型的，模型是实践、理论、方法、经验和技术的结晶，是软件组织的一种企业文化、工作环境和管理理念；模型能够引导企业从杂乱无章的管理状态进入到有条不紊的管理状态。到目前为止，IT 企业界的过程管理和过程改进模型共有三大类型：ISO 9001 模型、CMMI（Capability Maturity Model Integration）模型、软件企业文化模型（如微软企业文化和敏捷文化现象）。软件企业的三种管理模型可以用一棵树来表示，如图 11-1 所示。

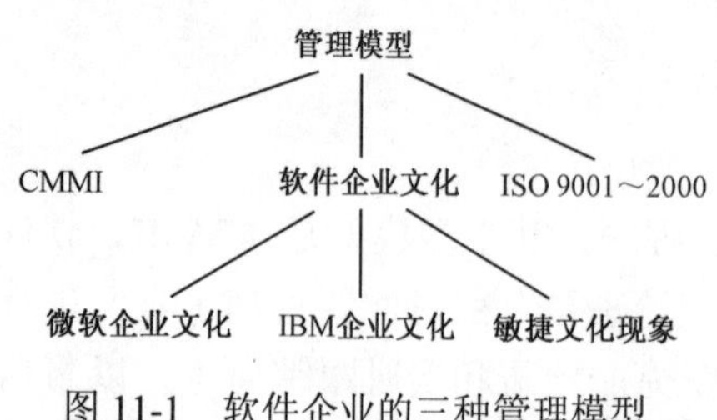

图 11-1　软件企业的三种管理模型

在我国，软件企业的过程改进都使用 CMMI 模型，国内大部分软件企业仍处在 CMMI2 级状态，少数处在 CMMI3 级～CMMI4 级之间，个别软件企业达到了 CMMI5 级。

2005 年以前，软件企业的过程能力改进模型一般是 CMM，2005 年以后，过程能力成熟度模型集成 CMMI 取代了 CMM。本节的重点是研究 CMMI 的特点、内容与实施方法。

11.1.1　CMMI 内容简介

1．从 CMM 发展到 CMMI

软件能力成熟度模型 CMMI，是由美国卡内基-梅隆大学软件工程研究所 CMU/SEI（Software Engineering Institute）推出的评估软件能力与成熟度等级的一套标准。该标准基于众多软件专家的实践经验，侧重于软件开发过程管理能力的提高，是软件生产过程改进的标准和软件企业成熟度等级评估的标准。由于该标准不涉及具体的软件开发方法和技术，所以它具有广泛性、通用性和持久性。

在 20 世纪 60 年代中期，人们就发现软件生产出现了“问题”或“危机”。到了 20 世纪 90 年代，CMM 出现之后，软件危机才从根本上得到解决。1993 年，CMU/SEI 发布了 CMM 1.1，该版本在全世界应用最为广泛。在 2002 年正式发布了 CMMI 1.1，宣称它是 CMM 2.0 的新版本。此后，CMU/SEI 还宣布：到 2005 年之后，CMMI 完全代替 CMM，成为 IT 企业集成化过程改进的新模型，而且将终止对原模型 CMM 的支持。2006 年 8 月，CMU/SEI 发布了面向开发的 CMMI-DEV 1.2 版本。可见，CMMI 是 CMM 的继承与发展。

2．CMMI 的作用

概括地讲，过程能力成熟度模型集成 CMMI 的作用，主要是软件组织的能力评估和过程改进，它的应用领域具体表现在三个方面：

（1）软件组织，用它来不断改进自身的软件过程管理能力。

（2）评估机构，用它来评估某软件组织当前软件能力成熟度级别。

（3）客户，用它来评价某承包商（软件外包商）的软件能力。

3．CMMI 的实质

为了真正达到持续改进软件过程能力的目的，并以尽量低的成本获得高的效益，首先要弄清楚“过程”、“活动”、“项目”、“组织”、“度量”5 个基本概念。因为 CMMI 的实质是：

① 以“过程”为核心，抓软件组织的管理，即软件“组织”的过程改进。

② 以“项目”为手段，抓团队开发过程的“活动”，即落实过程改进的措施。

③ 以“活动”记录为基础，抓软件过程的“度量”，即“度量”软件组织改进的情况。

这里的“过程”，既包括开发部门的软件开发过程，又包括管理部门的软件管理过程。

这里的“组织”，是指软件企业内部的一个软件研发中心，该中心必须有一个软件质量管理部门和多个软件研发项目。

这里的“项目”，是指软件企业的项目开发团队。

这里的“活动”，包括项目的开发活动和项目的管理活动两个方面。

这里的“度量”，是指对软件测量数据库中的项目管理记录数据进行统计和分析。

软件“度量”就是对软件开发文档和软件管理文档中的有关数据进行统计。度量的内容包括软件工作产品的“工作量、缺陷数量、变更次数、问题个数、建议个数”等。简言之，软件度量就是一种统计，一种大量实践数据的经验总结。为了实现并达到软件度量的效果，软件组织应建立自己的软件测量数据库，这个数据库不但为日后的软件度量提供充分的基础数据，而且为软件组织由 CMMI 2 级逐步过渡到 3 级、4 级、5 级打下坚实的度量信息基础。

4．CMMI 的内容

CMMI-DEV 1.2 的内容精华就是 22 个过程域 PA（Process Area），只要学会抓主要矛盾和解决关键问题的方法，入门并不难，深造也办得到。因为 CMMI 将软件组织的过程改进工作，概括为 22 个过程域 PA 的实施，如表 11-2 所示。

表 11-2　CMMI-DEV 1.2 阶段模型过程域的分布情况

阶段模型等级	过程域名称
成熟度等级 1	0 个过程域
成熟度等级 2	1．需求管理 REQM（REQuirements Management）
	2．项目计划 PP（Project Planning）
	3．项目监控 PMC（Project Monitoring and Control）
	4．供应商合同管理 SAM（Supplier Agreement Management）
	5．度量分析 MA（Measurement and Analysis）
	6．过程和产品质量管理 PPQA（Process and Product QuAlity）
	7．配置管理 CM（Configuration Management）
成熟度等级 3	8．需求开发 RD（Requirements Development）
	9．技术解决方案 TS（Technical Solution）
	10．产品集成 PI（Product Integration）
	11．验证 VER（VERification）
	12．确认 VAL（VALidation）
	13．组织过程定义 OPD（Organizational Process Definition）
	14．组织过程焦点 OPF（Organizational Process Focus）
	15．组织培训 OT（Organizational Training）
	16．集成化项目管理 IPM（Integrated Project Management）
	17．风险管理 RSKM（RiSK Management）
	18．决策分析和解决方案 DAR（Decision Analysis and Resolution）
成熟度等级 4	19．组织过程绩效 OPP（Organizational Process Performance）
	20．项目定量管理 QPM（Quantitative Project Management）
成熟度等级 5	21．组织革新与部署 OID（Organizational Innovation and Deployment）
	22．原因分析和解决方案 CAR（Causal Analysis and Resolution）

CMMI 有阶段模型和连续模型两种表示形式。阶段模型分为 5 个等级，连续模型分为 6 个等级。表 11-2 只列出了 22 个过程域在 CMMI 阶段模型 5 个等级中的分布。对于 CMMI 的连续模型与 22 个过程域的关系，因为比较复杂，所以在此不做介绍。

5．CMMI 的内部结构

CMMI 是以过程域 PA 为纲，以特定目标 SG（Specific Goals）、特定实践 SP（Specific Practices）、共性目标 GG（Generic Goals）、共性实践 GP（Generic Practices）为目，分阶段模型和连续模型两种方式来定义的。特定实践 SP 是为了实现特定目标 SG，共性实践 GP 是为了实现共性目标 GG。CMMI 阶段模型的内部结构如图 11-2 所示。

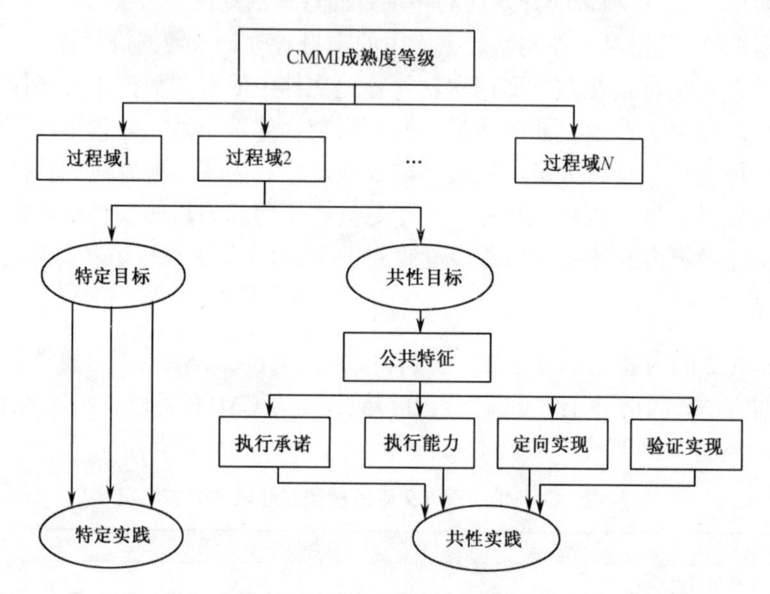

图 11-2　CMMI 阶段模型的内部结构示意图

所谓过程域，就是 CMMI 各成熟度等级中互相关联的若干软件实践活动和有关基础设施的集合。在 CMMI 的阶段模型中，每个成熟度等级包含若干个对该成熟度等级至关重要的过程域，它们的实施对达到该成熟度等级的目标起到保证作用，这些过程域就称为该成熟度等级的过程域。

CMMI 的主要作用是软件组织的过程改进。为此，它将软件组织的软件开发和软件管理的整个过程划分为若干区域，这些区域称为过程域。任何软件组织，只要执行了这 22 个过程域，并且实现了这 22 个过程域中所有的特定目标和共性目标，那么该软件组织就达到了 CMMI 5 级，即 CMMI5。

CMMI 有阶段和连续两种表示方式，它们的成熟度等级分别称为“成熟度维”和“能力维”。为了叙述方便，习惯上我们将 CMMI 阶段表示称为 CMMI 阶段模型，将“成熟度维”称为成熟度等级；将 CMMI 连续表示称为 CMMI 连续模型，将“能力维”称为能力等级。由于在国内很少有软件组织使用 CMMI 连续模型，所以本节只介绍 CMMI 阶段模型。

阶段模型的 5 个等级，称为成熟度等级 ML（Maturity Level），从 ML 1 级到 ML 5 级，如表 11-3 所示。

表11-3 CMMI 阶段模型的成熟度等级

CMMI 的等级	PA 数目	管理特点
ML 1：Initial（初始级）	0	过程不可预测且缺乏控制
ML 2：Managed（已管理级）	7	过程为项目服务，即项目级管理
ML 3：Defined（已定义级）	11	过程为组织服务，即组织级管理
ML 4：Quantitatively Managed（定量管理级）	2	过程已度量和控制，即定量级管理
ML 5：Optimizing（优化级）	2	集中于过程改进，即优化级管理

由此可知，在CMMI阶段模型ML1级时，由于软件组织没有纳入CMMI的管理轨道，所以软件组织的特点是人治；在CMMI阶段模型ML2级时，由于软件组织已纳入了CMMI的管理轨道，并且执行了针对项目管理的7个过程域，所以在项目管理级别上初步实现了法治；在CMMI阶段模型ML3级时，由于执行了针对软件组织的11个过程域，所以在整个软件组织级别上，基本上实现了法治；在CMMI阶段模型ML4级时，由于执行了针对软件组织量化管理的2个过程域，所以在这个级别上不但完全实现了法治，而且在法治中进行了量化管理与控制；在CMMI阶段模型ML5级时，由于执行了针对软件组织不断优化管理的2个过程域，所以在这个级别上，开发过程和管理过程都实现了与时俱进和不断优化，此时CMMI的22个过程域已经完全融入软件组织的过程改进之中，整个软件组织的过程改进进入了一种自适应的良性循环。

为了学好、用好CMMI，推荐"过程域是纲，纲举目张"的办法。对于CMMI 1.2版本，要以它的22个过程域为纲（主线），以特定目标、特定实践、共性目标、共性实践为目，去熟悉每个级别中的内容，从内容中去发现内涵。作为第一步，先熟悉CMMI阶段模型ML2中的7个PA，为了实现每个过程域的目标（包括特定目标和共性目标），要规划每个PA对应的关键实践（包括特定实践和共性实践）及工作产品，然后在组织内实施，以改善软件管理过程。

6．ISO 9001与CMMI的联系与区别

与ISO 9001标准系列相比，CMMI更为软件产业所看好。原因是CMMI专门针对软件工程控制而设置。它不仅进行软件企业工程能力的评估，更致力于软件开发过程的管理，强调对软件开发过程进行持续改进，引导软件开发过程走向成熟。

两者的相同点是：CMMI和ISO 9001标准都致力于质量和过程管理，都是为了解决同样的问题。两者的不同点是：CMMI是动态的、开放的和持续改进的，它强调"没有最好，只有更好"，强调不断改进，强调人在软件开发方面的主动性，非常适用于软件过程的改进；ISO 9001是静态的质量控制，只要达到20个关键指标或过程，就能完成质量控制，它更适用于硬件制造行业和第三产业（服务行业）的质量控制。CMMI与ISO 9001的设计思路有差异：CMMI是"专用"，ISO 9001是"通用"。ISO 9001不覆盖CMMI，CMMI也不完全覆盖ISO 9001。

11.1.2 CMMI实施思路

第1步，进行CMMI基本知识的培训

培训对象和培训内容是：第一，对所有员工进行最基本的软件工程和CMMI知识培训；第二，对CMMI的各个工作组的有关人员，提供专业领域知识等方面的培训；第三，在每次开发过程中，还要对项目组成员进行软件过程方面的培训。

培训方式有：第一，利用与 CMMI 有关的专业培训咨询机构；第二，利用互联网资源进行咨询和培训；第三，聘请有关 CMMI 专家到企业实地指导 CMMI 的实施。

第 2 步，成立工作小组

在 CMMI 的实施过程中，必须成立专业化的工作组。例如，软件工程过程组、软件工程组、系统测试组、软件质量保证组、软件配置管理组、评估领导组或评估成员团队。

（1）软件工程过程组（SEPG）。由软件工程专家组成，由他们制定软件工程规范或软件工程手册，完成软件过程的定义、维护和改进。软件工程过程组统一协调组织的软件过程管理和改进活动，制订、维护和跟踪与软件开发和过程改进有关的计划，定义用于过程的标准和模板，负责对全体人员培训有关软件过程及其相关的活动。软件工程过程组的成员，还应该维护软件测量数据库，定期统计各个过程中的产品和规模、开发周期、修改次数及评估周期。这些数据可用来分析项目的效率及存在的问题，以便今后进一步改进，同时还为项目开发过程提供咨询。

（2）软件工程组（SWEG）。是负责一个项目的软件开发和维护活动（即需求分析、设计、编码和测试）的团体。

（3）系统测试组（STG）。是一些负责完成独立的软件系统测试的团体，测试的目的是为了确定软件产品是否满足要求。

（4）软件质量保证组（SQAG）。是一些计划和实施项目的质量保证活动的团体（既有经理又有技术人员），其工作的目标是保证软件过程的步骤和标准得到遵守。根据文档化的规程制订软件项目的软件质量保证计划；参与项目软件开发计划、标准和规程的制定和审查；评审软件工程活动，检验一致性；定期向软件工作组报告其活动结果；根据文档化的规程对在软件活动和软件工作产品中所找出的偏差建立文档；与客户的软件质量保证人员一起对软件质量保证组的活动和调查结果进行定期审计。

（5）软件配置管理组（SCMG）。是一些负责策划、协调和实施软件项目配置管理活动的团体（既有经理又有技术人员）。维护配置管理库，控制变更；入库检查，出库登记；编写项目各个阶段的配置管理报告；制订项目阶段配置管理计划；管理项目中确认的主要配置项，尤其是基线管理和版本管理。

（6）评估过程的领导、组织、测量和管理的评审小组成员组，简称为 ATM（Assessment Team Member，ATM）。该组由主任评估师领导，参加的成员均是经过 CMMI 评估培训后合格的软件公司内部评估师。表 11-4 描述了 CMMI 的主要组织机构。

表 11-4　CMMI 的主要组织机构

机构性质	机构名称	机构功能
立法机构	软件工程过程组（SEPG）	制定政策、方针、标准、规范、指南、模板，培训员工，维护软件测量数据库
司法机构	软件质量保证组（SQAG）	跟踪、监督、确认软件质量，负责保证软件项目适用的规程、标准和约定得到遵守
行政机构	软件工程组（SWEG）	软件工程项目的分析、设计、编码、测试、用户培训、现场实施服务
行政机构	软件系统测试组（STG）	负责完成独立的软件系统测试
配置机构	软件配置管理组（SCMG）	负责对软件基线、配置项/单元的标识，软件基线更改和由软件基线库所构造的软件产品的评审和认定
评估机构	评审小组成员（ATM）	小组成员组成一个 ATM 小组，在主任评估师的领导下，负责评估过程的领导、组织、测量、评估和管理

第3步，建立文档体系

一套好的CMMI文档体系，既可以帮助软件组织实施CMMI过程，又可以帮助软件组织获得评估通过。尽管建立CMMI的文档体系很重要，但是CMMI本身并未规定统一的文档体系结构。下面列出一套由三部分组成的文档结构，仅供同行参考。

整个CMMI过程体系文件可分成三个层次：总体文件、过程文件和支撑文件。

（1）总体文件。它描述CMMI体系的总体实施方案，包括组织的策略方针、远景目标与阶段目标、流程概述、生命周期及裁减指南、度量系统、责任矩阵、体系文件清单等，如表11-5所示。总体文件相当于ISO 9001中的“质量手册”。

表11-5 CMMI的总体文件内容

文件名称	文件内容
实施方案	确定总体目标与阶段目标，明确实施范围、人员组织、实施方案与执行计划
组织方针	明确组织在项目管理和过程改进方面的整体策略与方针；各个过程域的方针政策也最好在此说明
生命周期	软件开发的流程设计
度量系统	度量需要达到的总体目标，源数据的获取、处理、报告、周期和角色
责任矩阵	体系的面向角色的职责分解；如果只在不同的过程定义文件中描述角色职责，难以获得具体角色在体系中究竟何时何地做何事的信息
体系文件清单	体系各层次文件的名录汇总

（2）过程文件。它以过程定义为中心，描述过程的具体活动：什么人、什么时候、做什么事，这是整个CMMI体系的主体部分。组织的标准过程中，每一个过程包含多个活动，每个活动对应的内容如表11-6所示。

表11-6 CMMI过程文件中每个活动对应的内容

活动名称	活动内容
目标	定义本过程的目标
角色职责	本过程中涉及的角色及其职责
入口准则	什么条件会触发本过程的启动
输入	文档、资源和数据
活动及其步骤	本过程有关活动的处理步骤
输出	文档、资源和数据
出口准则	什么条件会触发本过程的结束
软件度量	工作量、缺陷数量、变更次数、问题个数、建议个数等

（3）支撑文件。它提供具体的实施方法，包括各种各样的规程、规范、准则、指南、表格、模板、检查表和工具，如.NET编码规范、配置管理工具使用指南、项目开发计划模板等。支撑文件发挥了操作说明书的作用，其内容如表11-7所示。

表11-7 CMMI的支撑文件的内容

支撑名称	支撑内容
规程	针对过程文件中的某些重要活动，详细描述其实施步骤，规程的要素可以参考过程
指南	针对规程文件中的某些实施步骤，给出更具实际意义的指导
规范	对于某些重要活动或步骤的实现方法进行标准化推荐
模板	项目实施过程中，某些活动的执行需要生成文档；模板文件为这些文档的编写提供了参考和指导
检查表	项目实施过程中，需要建立一些检查点，检查点上需要产生一些检查表，检查表模板文件为这些检查点提供了参考和指导

软件组织内部的所有开发文档和管理文档，都必须根据这三部分文档规定的格式来编写。所有文档的封面和目录，都必须用中英文进行双语说明。因为 CMMI 主任评估师大部分来自英语国家，而且评估通过后，要报美国 SEI 组织批准备案。

应该指出，CMMI 的文档体系不能过于烦琐与复杂，而必须简单、明快、实用，因为任何烦琐的东西都是没有生命力的。印度既是软件出口（又称软件外包或软件来料加工）大国，又是 CMMI 强国，他们在长期实践中的经验与教训，总结为一句话："文档化的东西，千万不要太多太厚。" CMMI 对文档体系的要求是：要做的事必须写到，写到的事必须做到。

除了开发文档和管理文档之外，软件企业还应建立"软件测量数据库"，记录软件度量内容。数据库中的记录日积月累，将成为软件管理、度量和决策的重要依据。

第 4 步，进行内部模拟评审

首先要特别指出，ISO 9001 叫认证，而 CMMI 叫评估。认证是对标准而言的，评估是对过程而言的。这是两个基本概念。

对 CMMI 每一级别的评估，都由美国卡内基-梅隆大学的软件工程研究所（CMU/SEI）授权的一个主任评估师，领导一个评审小组进行。全世界大约有 400 个主任评估师，大部分在美国，而我国在 2002 年才出现首批主任评估师（北京航空航天大学周伯生、吴超英教授）。软件组织在进行正式评估之前，先进行内部评审或评估。这种内部评审包含两层含义：第一层含义就是软件组织内部成员，严格、认真地按照 CMMI 的规范评估过程，对自己的软件过程进行评审，找出其中的强项和弱项，并进行改进；第二层含义是在全国范围内，由软件工程和 CMMI 专家组成一个专门的"内部评审"机构，负责指导、协调、实施 CMMI 的活动，推进活动的深入开展，对国内软件组织 CMMI 评估进行"预先评估"。这种预先评估，可降低软件组织通过正式 CMMI 评估的风险，减少软件组织实施 CMMI 的成本，为组织最终获得国际 CMMI 评估认可打下基础。CMMI 文档体系书写与实施较好的软件组织，不进行内部评估也可以。

第 5 步，确定正式评估的工作步骤

软件组织若想通过 CMMI 某个等级的评估，一般要按照如下步骤进行：

（1）软件公司与主任评估师（或评估中介公司）签订评估合同。

（2）软件公司选定 3～4 个工作量大、工期 6 个月以上的大中型软件项目作为评估对象，并且准备好文档。

（3）软件公司选 4～10 人组成评估小组。

（4）由主任评估师组织评估培训。

（5）由 ATM 评估小组制订正式评估工作计划。

（6）正式评估，ATM 评估小组对每个 KP 打分（必须在 7 分以上，满分为 10 分）。

（7）ATM 评估小组指出被评估组织的强项和弱项，协商产生评估结果，若评估通过，则由主任评估师签字生效，报 CMU/SEI 组织备案。

第 6 步，进行正式评估

评估工作可以在软件企业的会议室进行，或在同一城市的某宾馆内进行。

CMMI 正式评估由 CMU/SEI 授权的一个主任评估师领导 ATM 评审小组进行。评估过程包括员工培训、问卷调查和统计、与选定的项目经理座谈、实地考察、文档审查、数据分析、与企业的高层领导讨论和撰写评估报告等。评估结果由主任评估师签字生效。

评估人员由几方共同组成：ATM 评估小组、公司的管理人员、具体项目的执行人员以及一个主任评估师。其中，ATM 是由经验丰富的软件专业人员组成的，他们在了解组织的同时，也懂得如何将 CMMI 模型及关键实践与组织的要求建立关联。

评估过程主要分成两个阶段：准备阶段和评估阶段。准备阶段包括小组人员培训、计划及其他必要的评估准备工作。在评估的最初几天，ATM 小组成员的主要任务是采集数据，回答 SEI 的 CMMI 提问单，文档审阅以及进行交谈，对整个组织应用有一个全面的了解，然后进行数据分析。ATM 评估员要对记录进行整理，并检验所观察到的一切信息，然后把这些数据与 CMMI 模型进行比较，最后给出一个评估报告。在每个评估报告中，必须针对 CMMI 的每个过程域，指出软件过程的强项和弱项。只有在 ATM 所有评估人员一致通过的情况下，这个评估报告才有效。

在评估报告的基础上，ATM 评估小组成员起草一个评估结果，指出软件组织的强项和弱项。评估和评级的结果，要与有关的过程域和目标相对应。在评估结果揭晓后，将送交 ATM 所有有关的人员，然后开始评级。

第 7 步，根据评估结果改进软件过程

应该在评估之后根据 ATM 小组所指出的强项和弱项，很快地做出软件过程改进计划，因为这时大家对评估结果和存在的问题仍有一个深刻的认识。计划在软件过程改进中是一个非常必要的阶段，只有有效的计划，才能确保软件过程得到有效的改进。

软件过程成熟度升级是一个过程，全面引进和应用 CMMI 所涉及的范围非常广，要求人力、财力与设备资源的投入相当大。在实施 CMMI 时，企业千万不要一开始就把目标定位过高（必须从 CMMI 2 级开始），不必一下子去满足某个能力成熟度等级的所有目标（对某一等级的个别目标和 PA 可以进行裁剪）。而要根据组织自身的情况，试行某些过程域的一部分关键实践活动，逐步完善软件过程并实现成熟度的升级。

软件企业在实施 CMMI 的过程中，应当处理好 CMMI 实施和评估的关系。实施是基础，评估是结果。只有认真扎实地实施，才会使评估通过。具有一定实力且又准备开展软件出口业务的软件企业，要认真对待 CMMI 的实施和评估。

即使达到了 CMMI5 级，它也不是无所不包的。例如，CMMI 从不包括软件产品的包装、储运、复制技术，也不包括对软件人才的选择、雇用、激励机制，更没有要求特定领域的知识和技术，尽管它们对项目的成功至关重要。由此可见，CMMI 并不是万能的，软件企业在实施 CMMI 的同时，还要在其他方面下功夫。

*11.1.3 成熟度等级 2 过程域的解释

CMMI 的成熟度等级 ML2 称为已管理级。那么，它到底已经管理什么？回答是：当组织的过程改进状态已处于 CMMI 的成熟度等级 ML2 时，它主要实现了对项目的有效管理和支持。此时，组织所有项目都得到了文档化和制度化的管理与控制：项目的产品和产品构件的需求得到了管理和控制，项目的执行过程和工作产品都是有计划的、可执行的、可计量的、可跟踪的、可控制的，项目的需求、过程、工作产品和服务，都是已管理的。何以见得呢？因为组织通过执行该等级上的特定实践和共性实践，完成了该等级上的特定目标和共性目标。而这些目标和实践，都反映在项目管理的 7 个过程域之中，它们是：

（1）需求管理过程域。实施“需求管理”过程域的方针是，识别项目计划和工作产品与需求之间的不一致之处，确保能把需求、需求的更改反映到项目计划、活动和工作产品中。要求做到：

① 理解需求提供者提出的需求的含义。

② 从各个项目参加者处求得对需求的承诺。

③ 对需求的变更进行管理。

④ 维护在需求与项目计划和工作产品之间的双向溯源性。

⑤ 识别项计划和工作产品与需求之间的不一致之处。

（2）项目计划过程域。目的是制订和维护项目活动计划。该计划的内容包括项目工作量估计、成本估量、建立预算、安排进度、标识风险、所需资源、知识技能培训、承诺与协调等。项目计划是项目管理活动的基础和主线，离开了它，项目管理就无从谈起。

（3）项目监控过程域。目的是提供对项目进展的可视性理解，当项目进展严重偏离计划时，采取纠正措施。项目监督和控制是执行和落实项目计划的手段与措施，只有通过它，才能保证项目计划的实施，检验项目计划的正确性。当发现计划与实际偏离时，不是去更改实际，而是去更改计划，这称为唯物论，即“实践是检验真理的唯一标准”。

（4）供应商合同管理过程域。目的是管理有合同的、来自项目外部的供应商提供的产品和服务，对获取的产品进行验收测试。该过程域对组织外部的承包商进行子项目管理或子合同管理，其管理方法同于项目管理。供应商合同管理过程域，并不具备普遍意义，当组织无外包业务时，它可以被裁剪掉。

（5）度量分析过程域。目的是开发和维持用于支持管理信息需要的度量能力。项目计划过程包括定义度量的目的，项目监督和控制过程也包含度量的内容。度量就是测量，分析就是统计与决策。

（6）过程和产品质量保证过程域。目的是对过程及相关工作产品进行客观评价，提供给项目成员和管理部门。为此，要建立独立的质量保证部门，强调同行评审与审计，交流和解决不一致问题。评审就是开会或汇签，目的就是挑毛病，指出强项和弱项，限期纠正不符合项。审计就是审查质量保证过程的程序是否违规与合法。

（7）配置管理过程域。目的是使用配置标识、配置控制、配置状态和配置审计，来建立和维护工作产品的完整性。为此，要建立配置基线、跟踪基线变更、保证基线的完整性。这些工作由配置控制委员会、配置管理工具、配置管理库、配置管理员来完成。对配置管理库的基本操作，就是“获取（Check out）—编辑修改（Edit）—提交（Check in）”三部曲。

当组织实现上述 7 个过程域之后，项目管理工作就基本到位了。项目团队建设与管理的议题，始终是组织的中心议题。CMMI 成熟度等级 ML2，就是为了解决这个中心议题。当然，这种解决只是基本的和主要的。由于组织的成熟度仍处在等级 ML2 中，还没有进化到等级 ML3 和等级 ML4，所以还不可能全面、彻底地解决项目管理中的所有问题。比如，集成化项目管理（ML3）和项目定量管理（ML4），它们也属于项目管理范畴的过程域，只是不属于等级 ML2 的管理范围而已。正因为如此，组织的过程改进还要与时俱进，不能长期停留在成熟度等级 ML2 上。“山外有山，天外有天”，就是这个道理。

*11.2　敏捷文化现象

1. 重载过程和轻载过程

以 XP 运动先驱者面貌出现的 Kent Beck 和 Ron Jeffries 等人，他们将 CMM/CMMI 为代表（还有 ISO 9001 等）的过程管理思想称为“重载软件过程”，而将他们自己提出的过程管理思想称为“轻载软件过程”，即敏捷过程。敏捷过程表明了完全不同的立场，宣称好的开发过程应该可以在保证质量的前提下，做到文档适度、度量适度和管理适度，并且根据变化能迅速做出自我调整。他们认为：

（1）个人和交互胜于过程和工具。

（2）可用的软件胜于详尽的文档。

（3）与客户协作胜于合同谈判。

（4）响应变化胜于遵循计划。

2．敏捷过程的开发原则（Agile 方法论）

敏捷开发的基本要点是采用递增式（或称为迭代式、螺旋式等）开发方式，概括为 12 条软件开发原则（Agile Alliance 2001a），它是敏捷方法或敏捷建模必须遵循的原则，现简述如下：

（1）将尽早地和不断地向客户提交有价值和满意的软件，作为最优先的目标。

（2）自始至终地欢迎客户提供需求和需求变化，利用这种变化为客户产生竞争优势。

（3）经常交付（从几个周到几个月）可用的软件，尽可能缩短时间间隔。

（4）在项目开发过程中，业务人员和开发人员必须每天一起工作。

（5）围绕优秀人员建立项目，给予所需的环境和支持，相信他们能完成任务。

（6）面对面地交流，是项目团队传递信息最好的方式。

（7）工作软件（软件工作产品）所处的状态，是首要的软件度量。

（8）鼓励并支持软件开发的持续性，这样可加快产品化进程，在业务领域处于领先地位。

（9）采用先进技术和优秀设计，以增强敏捷性。

（10）简单，少而精，只做必须做的，这是一门艺术。

（11）要相信：最好的架构、需求和设计，出自于自己的团队。

（12）每隔一段时间，团队要反思自己的过去，调整自己今后的行为。

3．极限编程

极限编程（即 XP）是一个周密而严谨的软件开发流程。XP 从 4 个基本方面对软件项目进行改善：交流、简单、反馈和进取。XP 程序员与客户交流，与同事交流；他们的设计简单而干净；他们通过测试来得到反馈；他们根据变化修改代码，并争取尽可能早地将软件交付给客户。在此基础上，XP 程序员能够勇于面对需求变化和技术变化。“船小好调头”，对需求变化和技术变化做出敏捷反应，并取得成功，是敏捷文化的特色和本质。XP 精心设计的 12 个实践，构成完整的开发模型。这 12 个实践的主要内容是：

（1）现场客户（On Site Customer）。面对面地交流，已成为大家接受的开发组织的最佳结构。其目的是实现思想上的统一，使团队拥有足够的敏捷信息，减少沟通的成本，提高开发的质量和效率。

（2）计划博弈（Planning Game）。结合业务和技术情况，快速确定下一次发布的范围。在项目计划的 4 要素（费用、时间、质量和范围）中，由客户选择 3 个，而开发队伍只能选择剩下的 1 个。这是“用户第一、客户是上帝”思想的真正体现。

（3）系统隐喻（System Metaphor）。通过一个简单的关于整个系统如何运作的隐喻性描述（Story），指导全部开发。隐喻可以看成一种高层次的系统视图，通常包含一些可以参照和比较的类和模式，它还给出了后续开发所使用的命名规则。

（4）简化设计（Simple Design）。由于采用面向对象实现，所以设计可以简单。

（5）集体拥有代码（Collective Code Ownership）。即实现无私程序设计。

（6）结对编程（Pair Programming）。由两名程序员在同一台计算机上组成工作小组，共同编写解决同一问题的代码。通常一个人写代码，另一个人负责保证代码的正确性和可读性，比如编写单元测试程序、进行代码走查。

（7）测试驱动（Test-driven）。XP 认为，不能测试的代码就是不存在的代码。XP 强调先编写测试代码，再编写被测试的代码。与传统软件工程中要求先做测试用例，后编码相似，但要求更为严格。

（8）小型发布（Small Releases）。与增量式软件开发生命周期相似。

（9）重构（Re-factoring）。指在不改变系统行为的前提下，重新调整、优化系统的内部结构，以减少复杂性、消除冗余，增加灵活性和提高性能。重构可以说是 XP 中最难掌握的实践。

（10）持续集成（Continuous Integration）。在微软有类似的冒烟测试方法和一天一个版本的集成习惯，以便尽早发现问题，提高软件开发过程的透明度，增强开发人员和用户的信心。

（11）代码规范（Coding Standards）。遵守共同的编程规范。

（12）XP 开发人员典型的一天。上午 9 点站着开会；结对设计；结队测试与问答；结队编码与重构；集成；下午 5 点回家。保证精力充沛地实干 6 小时，实行“早九晚五”的作息制度。

4．敏捷过程属于一种软件企业文化

敏捷过程既是一件软件开发方式，又是一种软件管理过程。那么，作为一种软件管理过程，它属于什么性质的软件过程管理？就目前的形势来看，它与微软企业文化一样，只是一种特殊的软件企业文化现象。事实已经证明，敏捷文化现象特别适合于中小型软件企业，以及大型企业的中小型软件项目。它与 CMMI 可以平等互利、取长补短、和平共处。敏捷文化对个人的素质要求很高，CMMI（重载过程）对整体的素质要求很高。它们是两个不同的管理模式，但为了实现同一个目的。

11.3 软件配置管理

软件配置管理 SCM（Software Configuration Management），是对软件开发过程中配置项的一组追踪和控制活动，它开始于软件开发之初，结束于软件淘汰之时。软件配置管理在软件过程管理中，占有特殊的地位，也是项目管理的重要内容。无论是 ISO 9001、CMMI，还是软件企业文化，都非常强调配置管理。在大中型软件企业内部设置专职的配置管理员，在各项目组内部设置兼职的配置管理员，引进配置管理电子工具，开展配置管理的日常工作。

11.3.1 配置管理的基本概念

1．配置管理活动的目标

配置管理活动的目标是，标识变更，控制变更，确保变更，并向其他有关人员报告变更。从某种角度讲，软件配置管理是一种标识、组织和控制变更的技术，目的是使由变更而引起的错误降为最小，有效地保证软件产品的完整性和生产过程的可视性。

有些开发者将软件维护和软件配置管理混为一谈。实际上，两者有着明显的区别：维护是一组软件工程活动，它们发生在软件已交付给用户并已投入运行之后；配置管理是配置项的一组追踪和控制活动，它开始于软件项目开发之初，结束于软件被淘汰之时。

2．配置项

软件配置中的基本单元，称为软件配置项。配置项可大可小，大到一个软件版本产品，小到一个构件（组件或部件）。大小尺度的不同，与不同的配置管理库有关。

例如,《分拣子系统 V1.1 》是电信移动计费系统产品 V1.1 的一个配置项。IBM 公司的传输中间件 MQ,是电信移动计费系统产品 V1.1 的一个配置项。Word 2003 是 Microsoft Office 2003 的一个配置项。

3．标识配置项

标识软件工作产品就是标识配置项，它是配置管理的基础。对外交付的软件版本产品，指定的内部软件工作产品，以及指定的内部使用的支持工具，都要进行配置项标识。每个配置项要使用唯一的标识符，用以实现相应产品的基本配置管理。软件配置管理库是配置项和配置管理信息的存储环境。

标识配置项就是给配置项取一个名字，该名字要符合如下规定：

（1）名字要有唯一性，即不能重名。

（2）名字要便于管理和追踪，名字要遵循版本管理规律。例如，VX .X .X，第 1 个 X 表示大版本号，第 2 个 X 表示中版本号，第 3 个 X 表示小版本号，每个 X 的取值范围为 0～9。在团队开发进程中，内部实行一天一个新版本，此时也可以用日期作为版本号，如 V2009.11.16。

（3）名字的具体形式为英文（或中文）名加上该配置项所在的版本号。例如，《详细设计说明书》是一个配置项，它的标识为《详细设计说明书 V1.0.1》。

4．签入/签出操作（获取—编辑修改—提交）

“Check out—Edit—Check in”，这是配置管理工具的基本操作，这种操作是对三个库而言的，对每一个库中的内容进行操作（如增加、删除、修改），要先将操作内容从库中取出，放入内存缓冲区中，这一动作称为 Check out。当操作（Edit）完成后，又要将本次操作的内容存入相应的库中，这一动作称为 Check in。值得注意的是，每次 Check out 后，相应库中原来的内容仍然保留着。每次 Check in 后，也不会覆盖原来的内容。这就自动地保存了可供追踪的轨迹。同时，当配置管理员 Check out 后，若不 Check in，就不能从配置管理工具中退出来。这就强迫配置管理员养成配置管理的工作习惯。检出是为了修改，得到新版本，同时保留旧版本。签入是为了保存并确认新版本，同时不破坏旧版本。

5．配置管理工具

以“Check out—Edit—Check in”操作为基础、以版本控制为中心，进行软件配置项的标识、跟踪与管理的电子工具，称为配置管理工具。

6．配置管理方法

面向配置项管理的方法是配置管理方法。配置管理的输入是配置项，输出是配置管理的工作产品，即

$$\sum_i \text{配置项}_i = \text{工作产品}$$

其中，所有的配置管理项的版本标识号，与工作产品的版本标识号，必须完全匹配，绝对不允许乱点鸳鸯谱。

7．评审和审计

评审是对软件工作产品而言的，它是针对软件工作产品开会（评审）或汇签（评审）的

活动，是一次集体行为。审计是复查软件活动的程序是否遵守规程，是否合法，它本身是审计员的一次个人行为。

8. 存取控制

配置管理中的存取控制，通过配置管理服务器中的三个库来实现，这三个库都属于配置管理库，它们分别是：

（1）软件开发库 DL（Development Library）。它是项目组开发人员的“个人配置库”，专门记录每个人每次上机的工作状态，存放个人工作产品，动态跟踪个人工作轨迹。软件开发库又称软件备份库，在软件生产每个阶段，项目组成员上机的有关步骤及全部软件信息，均存放于软件开发库。因此，它是软件生产每个阶段中，软件文档或程序的流水、动态、备份跟踪库。建立软件开发库的目的是在开发过程中，防止软件人员丢失、覆盖、遗忘自己的工作成果。例如，程序员每次上机后“Check out”，下机前“Check in”的那个库，就是软件开发库。

（2）软件基线库 BL（Baseline Library）。它是“项目组的团队配置库”，存放团队配置项，即存放项目组公用的软件工作产品。软件基线库又称软件配置库或软件控制库，当一个软件生产阶段结束后，所产生的阶段成果（工作产品）都存放于软件基线库中。因此，它是软件项目组的一个软件阶段成果（配置项）的动态管理跟踪库。例如，配置服务器上存放阶段产品的那个库，就是软件基线库。

（3）软件产品库 PL（Product Library）。它是“软件组织的配置库”，存放公司的最终软件产品版本。软件产品库又称软件版本库。当一个软件项目开发结束后，所产生的工作产品（文档、程序和数据）都存放于软件产品库中。因此，它是软件组织的软件版本产品管理库。例如，配置服务器上存放最终软件版本产品的那个库，就是软件产品库。

三个库有三级不同的操作权限，不同角色按授权范围在不同的库上操作。“三个库”的概念很重要，它是配置管理工具的核心，理解了它，才能很快掌握各种配置管理工具。表 11-8 是对三个库的总结。

表 11-8　软件配置管理的三个库

库的名称	库的数目	库的作用	库的操作权限
软件开发库	项目组中每人一个	存放个人的工作产品	项目组中的个人
软件基线库	每个项目组一个	存放项目组的配置项	项目组中的配置管理员
软件产品库	整个软件组织一个	存放软件组织的最终软件产品	软件组织的配置管理员

9. 版本控制

作为配置管理的基本要求，版本控制使软件组织在任何时刻都可获得配置项的任何一个版本。这里讲的“版本”，泛指配置项的版本，当然包括软件工作产品的版本和最终交付给顾客的软件产品版本，因为它们也是一个配置项。

10. 变更控制

变更控制，为软件产品变更提供了一个明确的流程，要求任何进行配置管理的软件产品变更，都要经过相应的授权与批准程序才能实施。这里的变更控制，主要是指对最终软件版本产品的变更控制。当然，对这种变更控制的思路和做法，也适用于软件工作产品。

11. 产品发布控制

产品发布控制，是面向客户的最终软件版本产品的，它保证了提交给客户的软件产品版本是完整的、正确的和一致的。

配置管理通过对配置状态的记录，来协调对软件产品的控制。及时记录并通知配置管理信息状态，可以保证软件开发人员了解配置项的历史与当前状态，避免由于沟通不当而造成软件开发版本的混乱。很多配置管理工具，都提供自动记录配置状态的功能。

12. 配置审计

配置审计，用来验证软件基线库中软件工作产品的一致性和完整性。功能审计和物理审计，作为配置审计的两个方面，分别检验软件基线库内容的一致性和完整性。一般情况下，产品发布之前，需要对软件基线库进行一次完全的配置审计过程，以保证最终软件版本产品发布的正确执行。

综上所述，软件配置管理活动贯穿于整个软件生命周期之中，与开发活动紧密联系，其最终目标是实现软件产品的完整性、一致性和可控性，使软件产品最大限度地满足客户需求。

11.3.2 配置管理员的职责

配置管理员是一个工作岗位，大型软件公司有一名专职的公司级配置管理员，每个项目组有一名兼职的配置管理员。对于不同的配置管理工具，配置管理员的具体操作内容可能有所不同，但是配置管理思路和职责是相同的。下面介绍他们的工作职责。

（1）配置管理工具的安装，包括服务器端的安装和客户端的安装，配置管理服务器的日常维护。

（2）定期或事件驱动方式，对软件开发人员进行配置管理知识培训。

（3）与项目经理一起，识别出项目的所有基线，并标识出这些基线及其所属的配置项，再根据有关规范和规程制订项目的配置管理计划。

（4）在配置管理服务器上建立配置管理库，作为配置管理的工作仓库，并对仓库进行管理和维护。该仓库由软件开发库、软件基线库和软件产品库组成。再根据项目经理确认的权限清单，进行授权分配，以实现项目组内的配置项归档、保密、传输或共享。

（5）配置项变更控制。它包括变更申请、评审和批准、实行变更、测试变更对其他配置项的影响、变更验证和入库。

（6）基线变更控制。工作程序与配置项变更控制相同。

（7）最终软件版本产品生成的控制。最终软件版本产品由软件基线库中的配置项组装而成，在配置组装之前，必须冻结该产品的所有配置项。生成之后，将此产品入库到软件产品库，并对其实行冻结。

（8）对配置项、基线、软件版本产品进行跟踪和审计，并编制配置管理活动报告，供高级经理、项目经理、相关的组和个人阅读。

（9）定期或事件驱动方式，对配置管理服务器中三个库的内容进行备份。

11.3.3 配置管理工具 VSS 的工作原理

软件配置管理工具 VSS（Visual Source Safe）是微软公司的产品，是一个初级的小型软件配置管理工具。但是，麻雀虽小，五脏俱全。为了用好这个工具，需要配置管理员和软件项目组成员共同努力，各负其责。专职的配置管理员与项目组中兼职配置管理员，他们既有分工，又有合作。

1．软件配置管理员的任务

（1）在VSS配置管理服务器上，安装软件配置管理工具VSS。

（2）在VSS配置管理服务器上，建立各项目组的软件基线库。

（3）在VSS配置管理服务器上，建立项目组成员的软件开发库。

（4）在VSS配置管理服务器上，建立公司的软件产品库。

（5）建立软件配置管理的工作账号。在软件基线库中，建立项目组的账号；在软件开发库中，建立项目组内各个成员的账号；在软件产品库中，建立公司的账号和项目组的账号。所谓建立账号，就是在服务器上给用户建立一个用户标识和用户密码。

（6）坚持软件配置管理的日常工作。每天及时备份配置库中的内容。每周向高级经理报告配置管理情况。

（7）授权。三个库有三级不同的操作权限，不同角色按授权范围在不同的库上操作：

① 软件开发库由项目组成员操作。

② 软件基线库由项目配置管理员操作。

③ 软件产品库由公司配置管理员操作。

2．软件开发库的管理

在项目研制工作开始时，就要建立系统的软件开发库。项目组的每个成员，在软件开发库中对应一个文件夹，该文件夹有三个子文件夹，组员有权读/写自己文件夹的内容。项目组长对组员的文件夹拥有读的权利，但没有写的权利。

（1）Document 子文件夹，存放文档。

（2）Program 子文件夹，存放程序和数据。

（3）Update 子文件夹，存放当日工作摘要。当日工作文件名为YYYY/MM/DD。

软件开发库由开发者使用，阶段性的工作产品在评审和审计后，由项目配置管理员将它从软件开发库送入软件基线库，公司配置管理员每天备份软件开发库一次。

3．软件基线库的管理

在项目研制工作开始时，配置管理员就建立起每个项目的软件基线库。软件基线库必须发挥阶段性成果（阶段性的工作产品配置项）的受控作用。每个项目组在软件基线库中对应一个文件夹，该文件夹中有三个子文件夹：

（1）Document 子文件夹，存放基线文档。

（2）Program 子文件夹，存放基线程序和数据。

（3）Update 子文件夹，存放基线更改记录。

软件基线库由项目配置管理员管理。项目组长对软件基线库拥有读的权利。软件版本产品经过系统测试与验收测试后（或评审和审计后），由公司配置管理员及时将它从软件基线库中送入软件产品库，同时删除软件基线库中的该软件产品。公司配置管理员定时或在事件驱动备份软件基线库。

4．软件产品库的管理

项目组的全体成员都无权读/写软件产品库。只有软件中心主任、项目组长和公司配置管理员共同录入各自的密码后，才有权读本项目的软件产品文件夹。每个项目组在软件产品库中对应一个文件夹，该文件夹有三个子文件夹：

（1）Document 子文件夹，存放软件产品文档。

（2）Program 子文件夹，存放软件产品程序和数据。

（3）Update 子文件夹，存放产品更改记录。

对于同一软件的不同版本软件产品，公司配置管理员应该及时送入软件产品库。

软件产品库由公司配置管理员管理。若要对产品进行改进，必须经公司分管领导同意并批准，软件中心主任、软件项目组长和公司配置管理员共同录入各自的密码后，才能将该软件产品复制到软件开发库，由项目组对产品进行改进。

公司配置管理员应及时备份软件版本产品两份，分别存放在两个物理上不同的地方。软件版本产品删除源程序中的注释后打包，形成面向市场的软件产品，经过特别的包装和复制后，以公司名义统一向客户发布。

5．项目组成员的任务

（1）坚持在软件开发库中进行软件开发工作。

（2）在软件开发库中修改文件后，必须做 Check in 处理。

（3）在 Update 子文件夹中，坚持做当日更改摘要，以反映项目进度。

6．项目组长的任务

项目组长除了项目组成员的任务之外，还要协助配置管理员，做好软件基线库和软件产品库的配置管理工作。

11.4 软件质量保证

软件质量保证 SQA（Software Quality Assurance）是一个过程，是 CMMI 和 ISO 9001 的重要议题，是微软公司和 IBM 公司的重点课题，同样也是项目管理的重要内容。通常，人们将“质量标准”、“配置管理”、“测试测量”作为质量管理的三大支柱，而将“SQA 计划”、“SQA 进度”、“SQA 评审和审计”作为质量管理三大要素。软件质量保证是一个质量管理过程，基本思想是“以事前预防为主，以事后纠偏为辅”，采取标本兼治的方法。

软件质量保证的基本目标是：

（1）软件质量保证工作是有计划进行的。

（2）客观地验证软件工作产品和软件产品是否遵循恰当的标准、步骤和需求。

（3）将软件质量保证工作及结果通知给相关的组别和个人。

（4）高级管理者解决在项目内部不能解决的不符合项问题。

11.4.1 软件质量保证基本概念

1．软件质量

为了保证软件的质量，首先要知道软件质量的确切含义。按照 ISO 9001 质量管理体系，对软件质量及其相关的概念进行如下定义。

软件质量，是供方提供的软件产品满足用户明确和隐含需求的能力特性的总和。

软件产品，是供方交付给用户使用的一套计算机程序、数据以及相关文档。

供方，是向用户提供产品的组织。供方有时又称承包方（甲方）。

在不知道软件质量概念之前，一般认为，好软件具有功能强、性能优、易使用、易维护、可移植、可重用等特点。事实上，不同的人对软件质量有不同的评价和看法：

（1）用户认为，功能、性能、接口满足了需求就是好软件。

（2）市场营销人员认为，客户群大且能卖个好价钱就是好软件。

（3）管理者认为，软件开发的进度、成本、质量（功能+性能+接口）在计划的控制范围内就是好软件。

（4）开发者认为，易维护、可移植、可重用就是好软件。

上述众多观点不无道理，但都是从各自的利益出发的。应当说上述评价和看法的汇总，才是货真价实的好软件。这样的好软件才是软件企业追求的最高理想。为了实现这个理想，软件企业不但要认识到质量保证是一个过程，而且要从“三个层次”上对软件质量进行控制。

2. 质量管理与控制的三个层次

（1）事先的预防措施。制定软件过程开发规范和软件产品质量标准，对软件生产和管理人员进行这方面知识和技能的定向培训，是软件质量保证过程的预防措施。

（2）事中的跟踪监控措施。对软件过程和软件产品的质量控制提供可视性管理，这是软件质量保证过程的跟踪监控措施。

（3）事后的纠错措施。对软件工作产品和软件产品加强评审和检测。评审是在宏观上把握方向，在微观上挑剔细节，找出不符合项。检测是为了发现 Bug，改正错误。这是软件质量保证过程的纠错措施。

软件质量保证措施，应以提前预防和实时跟踪为主，以事后测试和纠错为辅。

3. 传统软件工程中质量管理的弱点

在传统软件工程中，由于没有完全吸收 CMMI 和 ISO 9001 的质量管理思想，因而对软件质量的定义比较模糊，如表 11-9 所示。按照这些定义，对软件阶段产品和软件最终产品的测试、评审和评价，也比较模糊。因为它不是根据《用户需求报告》中对“功能、性能、接口”的具体要求，来记录并跟踪“不符合项”是否为零，而是考虑“正确性、健壮性、完整性、可用性、可理解性、可移植性、灵活性”等抽象的、不可度量的指标，这样往往使测试人员和评审人员感到无所适从。当然，对于软件系统的总体评价，上述软件质量因素的定义，还是具有很大的参考价值。因此，对于传统软件工程关于软件质量因素的定义，需要继承、发扬、改进和提高。

表 11-9　传统软件工程中对软件质量因素的定义

序　号	质 量 因 素	质量因素的定义
1	正确性	系统满足规格说明书和用户目标的程度
2	健壮性	在意外环境或错误操作下，系统做出适当响应的程度
3	完整性	对未经授权的人使用系统的企图，系统能够控制的程度
4	可用性	系统完成预定的功能时，令人满意的程度
5	可理解性	系统的理解和使用的容易程度
6	可维修性	诊断和改正运行中发现的错误，所需的工作量大小
7	灵活性	修改或改进正在运行的系统，需要的工作量多少
8	可测试性	系统容易测试的程度
9	可移植性	把系统移植到另一种平台环境中运行，所需资源的多少
10	可再用性	软件系统的可复用程度
11	互运行性	系统与其他系统集成在一起，所需的工作量多少

4. 从5个方面来改进软件质量

几十年来，人们为提高软件生产效率和软件产品质量，进行了长期探讨，取得了显著成绩。这些探讨和成绩表现在如下5个方面。

（1）力图从编程语言上实现突破。已经从机器语言、汇编语言、面向过程的语言、面向元数据的语言发展到面向对象、面向构架的语言。

（2）力图从 CASE 工具或软件开发环境上实现突破。这些工具或软件开发环境有 Oracle Designer、Power Designer、ERWin、Rose、San Francisco、业务基础平台等。

（3）力图从软件过程管理上实现突破。如 CMMI、ISO 9001、微软企业文化、IBM 企业文化等。规范软件开发标准，使软件开发过程变为可视、可控过程。

（4）力图加强对软件工作产品的评审、审计和跟踪监控，做到层层把关，尽早发现问题，将错误消灭在萌芽状态。

（5）力图从测试与纠错上实现突破。先后出现了各种测试方法、工具和纠错手段。

5. CMMI 的软件质量保证措施

在 CMMI 1.2 的 22 个过程域中，直接与质量管理有关的有 7 个过程域：需求管理 REQM、度量和分析 MA、过程和产品质量保证 PPQA、验证 VER、确认 VAL、定量项目管理 QPM、因果分析和解决方案 CAR。

（1）需求管理过程域。目的是管理项目的产品和产品构件的需求，标识需求与项目计划、工作产品之间的不一致性，并解决不一致性问题。需求获取及需求管理，是项目是否成功的关键所在。对于应用软件（如 ERP）来说，需求的清晰性、一致性、稳定性，功能、性能、接口、界面等方面获取的准确性和双方认可的程度，一直是开发和管理工作的难题。因此，CMMI 的成熟度等级 2，将“需求管理”过程域列为 7 个过程域之首，就是这个道理。

（2）度量和分析过程域。目的是开发和维持用于支持管理信息需要的度量能力。项目计划过程包括定义度量的目的，项目监督和控制过程也包含度量的内容。度量就是测量，分析就是统计与决策。

（3）过程和产品质量保证过程域。目的是对过程及相关工作产品进行客观评价，提供给项目成员和管理部门。为此，要建立独立的质量保证部门，强调同行评审与审计，交流和解决不一致问题。评审就是开会或汇签，目的就是挑毛病，指出强项和弱项，限期纠正不符合项。审计就是查看质量保证过程的程序是否违规与合法。

（4）验证过程域。目的是保证所选的工作产品符合特定的需求。验证是个增量过程，因为验证是在产品和工作产品的开发阶段进行，它从需求验证开始，经历工作产品的验证，直到最后完整产品的验证。

（5）确认过程域。目的是证明工作产品和产品构件，当它们处于其计划环境时，能完成其计划的用途。

（6）定量项目管理过程域。目的是定量地管理项目的已定义过程，实现项目已建立的质量和过程性能目标。

（7）因果分析和解决方案过程域。目的是识别发生缺陷和其他问题的原因，采取行动来预防其将来再次发生。

CMMI 的其他 15 个过程域，也都与质量管理有关。

CMMI 关于软件质量管理的基本精神是：不管是软件组织，还是 IT 企业组织，其产品质量和服务质量，都来自组织内部的过程管理和过程改进状态。质量来源于过程，过程需要改进，改进需要模型，改进是无止境的，这就是 CMMI 精神！

6．软件质量保证的其他措施

为了抓好软件质量管理，软件组织的高层经理和项目经理还应该大力提倡并严格执行“七化原则”，即在软件质量管理中，管理人员要做到：行为规范化、报告制度化、报表统一化、数据标准化、信息网络化、管理可视化、措施及时化。

为了执行好上述“七化原则”，在软件组织内部的各个项目中，还要建立“五报一例会制度”，即日报表、周报表、月报表、里程碑报表、重大事件报表和例会制度。实行“高层经理抓月报，部门经理抓周报，项目经理抓日报”的上、中、下三层管理措施。

11.4.2　软件质量保证文档

1．质量保证文档

质量保证活动的组织关系图，如图 11-3 所示，它给出了软件组织内部与软件质量保证活动有关的各个小组及个人之间的关系。

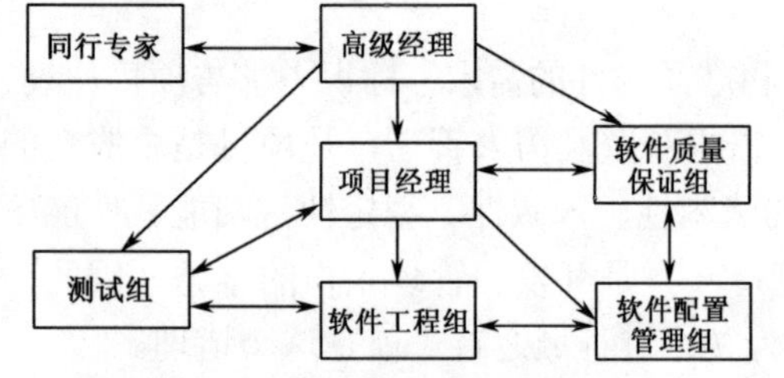

图 11-3　质量保证活动的组织关系图

软件质量保证文档，包括《软件质量保证计划》、《软件质量保证活动记录表》、《软件质量保证活动度量表》和《不符合项跟踪表》，又称为《SQA 计划》、《SQA 活动记录表》、《SQA 活动度量表》和《SQA不符合项跟踪表》。建议将四者结合起来书写。

2．质量保证管理文档

《不符合项跟踪表》是由 SQA 成员根据评审记录编制的管理文档，用它验证被评审的工作产品的符合性（正确性），以达到跟踪其偏差率的目的：

（1）当偏差率超过 30%时，工作产品要重做。

（2）当偏差率超过 20%时，工作产品要大改。

（3）当偏差率超过 10%时，工作产品要小改。

（4）当偏差率超过 1%时，工作产品要修正。

（5）只有当偏差率为零时，工作产品评审才通过。

《软件质量保证活动度量表》，是由 SQA 成员记录并对 SQA 活动进行测量的管理文档，用它确定 SQA 活动的成本和进度状态，以达到与计划做比较的目的。通常进行以下三项比较：

（1）SQA 活动的里程碑完成情况与计划做比较。

（2）SQA 活动所完成的工作、工作量、消耗的资金与计划做比较。

（3）产品审计和活动评审的次数与计划做比较。

11.5　软件项目管理

软件工程是研究软件开发和软件管理的工程科学，CMMI 阶段模型成熟度等级 ML2 级实质上是项目管理级，是专门解决软件企业的项目管理问题的。对 IT 企业来说，项目管理太重要了！项目管理起始于项目立项，终止于项目结项。从宏观上看，本书的整个内容，实际上都在论述项目管理，或者说都与项目管理有关。不同的是，本节是对项目管理的专述，是在微观上论述项目管理。它将论述项目的定义、项目管理的重要性，项目经理的七项职责和十项工作程序、项目经理对程序员的八条要求，大学生如何转变为项目经理，以及软件企业人才管理策略，最后归纳出软件企业的五大工作流。

11.5.1　项目与项目管理的定义

项目管理 PM（Project Manage）是一种广泛应用于各种工程中的技术管理过程。在 IT 行业，项目管理常常是决定产品或企业能否成功的最重要指标之一。现在，项目管理的价值已被企业界充分认识。对于 IT 企业来说，项目管理显得更加重要，项目管理的能力已成为 IT 企业的关键能力。为此，必须弄清楚下列问题：

（1）“项目”是什么？

（2）“项目管理”是什么？

（3）项目管理的重要性表现在什么地方？

（4）谁去管理项目？

（5）怎么管理项目？

（6）人们在管理项目的过程中有什么经验与教训？

项目，是一次性的多任务工作，它具有确定的开始日期、结束日期、工作范围、经费预算、质量标准，以及特定的功能、性能和接口要求。

例如，长江三峡工程是一个项目，世界杯足球赛是一个项目，举办一届奥运会是一个项目，因为它们符合项目的定义。

然而，不是任何工程或工作都是一个项目。例如，关于艾滋病的治疗攻关，就不是一个项目，因为它很难确定结束日期、经费预算以及质量标准，也不是一次性的工作。人类完全征服艾滋病可能是一个漫长的过程。

项目管理，是为了实现项目目标，运用相关的知识、技能、方法与工具，对项目的计划、进度、质量、成本、资源进行管理和控制的活动。

关于项目管理的目的，国际项目管理大师詹姆斯·刘易斯（Dr. James P. Lewis）说得好：“项目管理不仅是为了节约金钱，而且是为了节省时间，缩短产品的开发周期。”也就是说，项目管理的最终目的，是在市场竞争中解决“快鱼吃慢鱼”的问题。

11.5.2　项目经理的七项职责及十项工作程序

微软公司于 1975 年创立，经过近 10 年的摸索，到 1984 年比尔·盖茨才正式设置项目经理这个职位。目前，微软公司共有各种项目经理 4000 多人，依靠这些人的组织与带领，微软在全球的技术与产品运作才得以有条不紊地运行。微软的项目经理每天有三多：主持或参加的会议多，收到或处理的E-mail多，审阅或跟踪的Bug多。

项目经理是软件项目管理的实施人和带头人，在软件工程管理中，项目经理的职责是“七抓”：一抓需求获取与确认；二抓计划制订与执行；三抓团队分工与协作；四抓后勤供应与保障；五抓产品测试与交付；六抓开发标准与规范；七抓员工考核与奖励。

“员工考核与奖励”包括对员工各个方面的绩效考核与技术教育，尤其是要识别并区分相同岗位上不同员工的不同贡献。

一般来说，项目经理的工作要遵守如下十项程序。

（1）软件项目要先立项，后开发。立项工作原则上由销售部门负责，立项书的形式有：经公司评审并批准的《立项建议书》、下达指令的《任务书》、签订的《合同书》或《委托书》（订单）。立项后由软件研发部门组建项目组，任命项目经理（必要时增加技术经理及产品经理），项目经理要认真看懂与仔细分析《立项书》的内容。

（2）项目经理根据《立项书》，制订初步的软件开发计划，等需求分析完成后，再修改并细化软件开发计划。软件开发计划的内容主要包括项目描述、功能和性能特点、资源需求计划、人员计划、进度计划、配置计划、质量保证计划、测试计划、评审计划、风险分析等。软件管理部门对软件开发计划进行评审。评审通过后，项目经理根据人员计划，进行项目组成员具体分工。

（3）以系统分析师为主对软件项目进行需求调研、获取用户需求，形成用户需求报告。用户需求报告的内容主要包括系统的业务流、资金流、人流、物流，这4个流程集中表现在网络系统的数据流上。要用数据流来集中反映这4个流程，归纳整理出系统的功能点列表、性能点列表、外部接口列表。要请用户确认并签字，以此作为用户验收测试的依据。软件研发管理部门对《用户需求报告》进行评审，直到“不符合项”为零，才通过评审与审计，产生该项目的第1条基线。项目经理根据《用户需求报告》，可以再次修改项目开发计划，并要求对修改后的开发计划进行评审与冻结。

（4）系统分析师将用户看不懂的、设计师又必须知道的内容，加到《用户需求报告》中，形成完整的目标系统业务模型和功能模型，并形成初步的数据模型，从而产生《软件需求规格说明书》。要求对此规格说明书进行内部评审，通过后作为软件设计的第2条基线。

（5）以系统设计师为主进行系统设计。系统设计分为概要设计和详细设计。概要设计的主要内容包括：体系结构设计、命名规则设计、功能模块设计（内含构件的提取）、数据库设计、接口设计等内容。详细设计属于软件实现的范畴，可以以高级程序员为主进行设计，它主要是实现设计，其内容包括：类库和构件库的设计、存储过程实现设计、触发器实现设计、数据处理算法实现设计、菜单界面实现设计、查询统计实现设计、报表实现设计、通信传输实现设计等，列出功能点列表、性能点列表、外部接口列表在设计实现中的对应关系，便于进行测试。软件管理部门对概要设计和详细设计文档进行评审，直到“不符合项”为零，才能通过评审与审计，成为该项目的编程基线，也是项目的第3条基线。

（6）按照《详细设计说明书》，以高级程序员为主，组织程序人员进行编程、单元测试和集成测试。源程序文档应该结构清晰、层次分明、注解行充分，便于阅读和维护，测试后的源程序成为该项目的第4条基线。

（7）按照功能点列表、性能点列表、外部接口列表的内容，软件测试人员对系统进行功能测试、性能测试、接口测试和验收测试（Alpha 测试），形成测试报告文档。测试组向项目组提交发现的问题单，直至改正为止。最后，提交一份经评审后通过的《测试报告》，成为该项目的第5条基线。

（8）项目经理组织项目组成员书写《用户指南》（使用手册、安装手册）。根据需要，还可能书写《系统管理员手册》和其他有关培训手册，并对维护人员和销售人员进行培训。同时对软件项目或产品进行包装，制作母盘，形成公司对外发布和保存管理的 Beta 版本，作为该项目的最后一条基线。

（9）在上述工作程序中，项目经理每周还要对项目开发计划和员工个人计划进行跟踪、监督、考核和调整。员工在每个周末以电子文档的形式，总结本周个人计划的执行情况，制订下周进度计划，并报告给项目经理。员工周而复始地总结本周的计划执行情况，制订下周的进度计划，接受项目经理的考核，直至项目组工作结束为止。项目组在对开发计划做大的调整（基线计划变更）前，都要事先提出申请，经过软件管理部门评审，并报高层经理批准后才能执行变更。

（10）软件项目内部验收或用户验收完毕后，项目经理应召开项目工程总结会，书写《项目总结报告》。从企业文化、经验积累、技术长进等方面进行全面总结，向软件管理部门提供详细资料，由管理部门将此资料追加到软件过程数据库中。

以上的十项工作程序是相对的，不是绝对的。项目经理在实际操作中，对工作程序要活学活用，实事求是，与时俱进，灵活掌握。

11.5.3 项目经理对程序员的八项要求

大项目经理领导若干名（最多不超过 8 名）小项目经理，小项目经理分管若干名（最多不超过10名）程序员（或软件蓝领）。项目经理不但要给程序员分配工作和检查质量与进度，而且要培养和提高他们的水平和素质。为此，项目经理要对程序员充满爱心，不但要认识到一个优秀程序员的生产效率可能是一个普通程序员的数10倍，而且要树立“人无全才，人人有才，才能发挥了，就算成功了”的观念，不要对普通程序员要求太苛刻。为了全面提高程序员的素质，项目经理要从以下几个方面对程序员进行严格训练和要求。

（1）团队协作精神的训练和要求。

任何个人的力量都是有限的，20世纪60年代的程序设计天才 E. W. Dijkstra、70年代完成 BASIC 语言解释系统的比尔·盖茨和保罗·阿伦、90年代的 Linux，以及 WPS 的发明人裘伯君，这些伟大而天才的程序员，现在也需要通过组成强大的团队来创造奇迹；那些遍布全球的编写 Linux 核心软件的专家，没有协作精神也不能实现其目标。一旦进入一些大型 IT 企业的研发团队，担负商业化和产品化的软件开发任务，缺乏团队协作精神就是不合格的员工。现在的软件开发不再是个人英雄主义打天下的时代，尤其是像微软这样的大软件公司，一个软件都是由几百人甚至几千人共同合作完成的，没有团队精神是无法想象的。

（2）数据库和数据结构分析与设计能力的训练和要求。

程序员不但要看懂数据库和数据结构，而且要逐渐学会分析与设计数据库和数据结构。只有这样，初级程序员才能逐渐成长为高级程序员，高级程序员才能逐渐成长为系统分析员。否则，在 IT 企业，蓝领阶层很难进入白领阶层。要知道，程序员这个职业是青年人的职业，尽管超过40岁的软件人员还要继续写代码，但是再当程序员就不太合适了。

（3）书写文档习惯的训练和要求。

良好的文档是正规研发流程中非常重要的环节，作为程序员，30%的工作时间写技术文档（如源程序文档和用户指南）是很正常的，而作为高级程序员和系统分析员，这个比例在70%以上。正规 IT 企业，对文档有严格要求，这些要求体现在书写文档的参考模板或指南之中。

（4）规范化代码编写能力的训练和要求。

作为正规 IT 企业的规矩，要求程序员进行“无私程序设计”，即程序代码的风格与程序员个人的性格无关。程序代码的变量命名、程序代码内注释格式、甚至嵌套中行缩进的长度和函数间的空行数字都有明确规定。良好的编写习惯，不但有助于代码的移植和纠错，也有助于不同技术人员之间的协作。代码具有良好的可读性，是程序员的基本工作需求。从整个 Linux 的搭建实践中证明：没有规范化和标准化的代码习惯，全球的研发协作是绝对不可想象的。

（5）复用性能力和构件技术的训练和要求。

经常可以听到一些程序员有这样的抱怨：写了几年程序，变成了熟练的软件蓝领，每天都是重复写一些没有任何新意的程序代码。这其实是中国软件人才最大的浪费，一些重复性工作变成了熟练程序员的主要工作，而这些其实是完全可以避免的。复用性设计、模块化思维，就是要程序员在完成任何一个功能模块或函数时多想一些，不要局限在完成当前任务的简单思路上，想想该模块是否可以脱离这个系统存在，是否可以通过简单的参数修改方式，在其他系统和应用环境下直接引用，这样就能避免重复性开发工作。如果一个软件组织或项目组能够在每一次研发过程中都考虑到这些问题，那么程序员就不会在重复性的工作中耽误太多时间，就会有更多时间和精力投入到创新的代码工作中。这就是软件复用思想能力的训练。

复用思想是构件思想的源头。具有一定规模的软件企业，都有自己的类库、构件库、中间件库。程序员不但要学会使用这些库，而且要学会生产这些库中的元素，使这些库的内容不断得到充实加强。

（6）测试习惯的训练和要求。

对一些商业化、正规化的软件企业而言，专职的测试部门是不可少的，这并不是说有了专职的测试部门，程序员就可以不进行自测。事实上，白盒子测试主要是指程序员对自己的代码进行执行路径测试，静态测试也是程序员自己或程序员之间互相进行测试的方法。软件研发作为一项工程而言，一条很重要的规律就是，Bug 问题发现得越早，解决 Bug 问题的代价就越低。程序员在每段程序代码、每个构件或每个子模块完成后进行认真的测试，就可以尽量将一些潜在的 Bug 问题尽早地发现和解决，这样对整个开发进程会有很大的促进。测试工作需要考虑两个方面：一方面是正常调用的测试；另一方面是异常调用的测试。

（7）学习和总结能力的训练和要求。

程序员是很容易被淘汰、很容易落伍的职业，因为一种技术可能仅仅在二三年内具有领先性，程序员如果想安身立命，就必须不断跟进新技术，学习新技能。善于学习，对于程序员来说太重要了。善于总结，也是善于学习的一种体现，每次完成一个研发任务，完成一段程序代码，都应当有目的地跟踪该程序的应用状况和用户反馈，随时总结，找到自己的不足，逐步提高自己。

（8）引导程序员由“丑小鸭”变成“白天鹅”。

科学技术上的发明、创造和成功，一半来自童心童趣，一半来自奋发图强。好奇、喜欢、兴趣，是一个人前进的最大动力，因为喜欢才有激情，兴趣就是动力。项目经理要引导程序员对编程工作的爱好，将程序设计作为一门艺术、一种生命活动、一项永无止境的追求。要鼓励程序员将编程的实践经验上升到软件的抽象理论，又将软件的抽象理论返回到编程实践。这样日积月累，逐步由量变发展到质变。于是，一位优秀的程序员可能就这样成长起来了，一位著名的软件大师可能就这样诞生了。这不是天方夜谭，而是有可能发生的奇迹。试想：从面向过程的结构化程序设计技术中，人们发明了结构化的分析、设计、实现方法；从面向关系数据库的程序设计技术中，人们不但发明了面向元数据的分析、设计、实现方法，而且发明了关系数据库设计的 4 个原子化理论和 7 个设计模式方法论；从面向对象的程序设计技术中，人们不但发明了面向对象的分析、设计、实现方法，而且发明了面向对象的程序设计的 23 个模式。这不是公认的事实吗？

例如，20 世纪末，中国齐鲁大地上的通用软件公司曾经聚集过一批中专生、大专生、本科生、研究生，几年奋斗下来，在这些软件开发人才中，有两名中专生脱颖而出，由初级程序员一直做到公司级的高层领导。

这个例子可以回答：什么是人才？从前，学历高低是度量人才的尺子；一段时间里，经验是度量人才的尺子；现在，能力成了度量人才的尺子。所以有人说：“能力、经验、学历是度量人才的三把尺子。能力第一，经验第二，学历第三。因为学历只代表过去，经验只代表现在，能力才代表未来。”真才实学主要是在实践中不断学习积累出来的，任何学校教育都只能给予学生必要的基础知识和技能。在微软公司，一个优秀的程序员，只要能力强、贡献大，其岗位级别及工资福利待遇可以与总经理甚至副总裁齐平。

11.5.4 从大学生到项目经理

如何将高等学校的学士、硕士和博士培养成软件项目经理呢？这是所有在校大学生所面临的重大社会实践问题。按照作者的体会，要完成这个从“书生”到项目经理的转变，就要从以下方面思考与实践。

（1）要晓得，一份好的简历就是一份动人的广告。招聘方浏览简历的时间非常短暂，一般在 30 秒左右，所以写好一份好简历十分重要。好简历不在于长短，而在于恰当的说明自己的“功能、性能和接口”。功能就是我能干什么或会干什么，性能就是我的工作效率与创新精神，接口就是我的人品与团队精神。因为企业招聘人才是看准员工的知识与特长，而不是弱项与个性。人力资源管理的核心是一种资源搭配，或称资源配置。即便应聘失败，也不能证明应聘者有问题，也许是应聘者太强大的缘故，因为企业刚刚聘请了一位同样强大的新员工。

（2）要知道，人生一辈子都在拼搏。拼搏中的成功与失败往往只相差一步。一个人，从上小学开始，到安度晚年为止，都是在社会洪流中拼搏。拼搏分为两个方面：一方面是吸取社会的知识与财富，即积累经验与金钱；另一方面是为社会做贡献或提供帮助，要知道人生真正的快乐来自于帮助别人，因为帮人就是帮自己，害人也会害自己。项目经理没有真正本事和高尚品德，项目组成员是不会服气的。

（3）要明确，情商决定人脉，要成就事业就需要人脉的支持。在学校要交朋友，走向社会更要交朋友，工作过程也是交友的过程。交朋友的唯一技巧就是忠诚、正直、积极。因为

“忠诚、正直、积极”是人类最美丽的一张面孔。项目经理只有会交朋友，会与同事合作共事，才有凝聚力，才会成为项目组的核心。

（4）要明白，性格决定命运，智商决定财富。每一种性格都包含成功与失败的因素，企业用人是用员工的特长，而不是员工的个性。人的一生什么都可以改变，唯独性格难以改变。人生的自我修养，就是不断地克服自身性格中的弱点，同时又不断地包容别人性格中的缺点。职业人生的成功，一半来自性格，另一半来自做人。

（5）要记住，软件奇才要么从程序员做起，要么从销售员做起。写程序就是写人生、写人品。无私程序设计，是程序员人生与人品的集中体现，是团队精神的基本要求。一个好的产品的背后，总是凝聚了一个好的团队（好的项目组）的人品，实际上也是好的项目经理的人品。

（6）要懂得，学历不等于能力。企业是招聘有能力的人，而不是招聘有学历的人。企业是注重于人的本身，而不是注重于大学的品牌。项目团队从理论上讲，应该是精英团队，但实践证明：项目组中没有必要都是同一数量级的精英与高手，就像五个手指头个个都不一样才好。

（7）要深知，人一辈子的机遇只有二三次，而成功的关键在于抓住机遇后的头三年。即使你想独立创业，最好也先到大企业去拼搏二三年，开始少讲话，尤其是少谈薪水，多动手实践。等到积累了经验，认清了行情，看准了方向，然后以项目为中心，再去独立创业。

（8）要清楚，项目中的自主创新在于人。合适的人，生活在合适的“气候”和“水土”之中，再加上灵感和好奇心，就会产生创新的思想，干出创新的事情。

（9）要学会识别并及时捅破那层窗户纸。任何学科、技术、专业、课题、项目都存在一层窗户纸，只要善于识别并及时捅破那层窗户纸，你就能看清其中的关键问题与根本规律，就会比别人领先一步攻克难关。所谓聪明或天才，就在于他具有某种灵感或悟性，使他比一般人能更快地识别并捅破那层窗户纸。再加上持之以恒的顽强奋斗精神，就能到达成功的彼岸。

（10）要知道，优秀的项目经理主要是干出来的，不是学出来的；是带出来的，不是教出来的。当然，学与教也很重要，学与教主要是解决基本概念、基本知识、基本技能问题，有了这些之后，剩下的功夫就靠干了。软件工程中的新知识、新技术、新方法、新理论，都是在实干中发现、发明、总结、创造出来的，不是凭空想象出来的。因为软件工程是一门工程技术科学，不是一门玄学，它来自于 IT 企业，又服务于 IT 企业。在校学习期间，一旦有机会参加项目组，就要用“心”去干活，而不仅仅是用“手”去干活，而且要全力以赴，践行项目开发与项目管理，从中吸取经验与教训。

只要读者记住并灵活运用上述 10 条建议，就能顺利地从大学生成长为项目经理。

11.5.5 软件企业人才管理策略

软件企业的成败，关键在于管理。而管理的核心是人才的管理，是“以人为本”的管理。那么，在人才管理上，到底有哪些良策和建议呢？

（1）提拔现有员工胜过去外面招聘新人。

在软件企业，不是外来的和尚好念经。外来的“空降兵”主要有以下问题：一是不熟悉企业内部情况，二是在企业内没有人际关系，三是在企业内没有威信，四是不一定是该行业领域的专家。要知道，请神容易，送神难。

（2）鼓励员工在职深造。

对员工进行培训，甚至在职深造，既是技术投资，更是感情投资。学成后，员工一般会回来报效企业。软件设计思想、开发工具与实现技术一年一个样，三年大变样，七年、八年完全不一样。所有员工都需要学习、培训、深造。同时，还要为每一个员工进行职业路线规划，使员工感到在本企业工作有奔头。

（3）招聘有项目经验的员工。

招聘人才是必要的，但必须招聘对项目开发或项目管理有经验的人。在软件界，学历不等于能力，职称不等于水平。软件是人类智慧与艺术的结晶，因此经验特别重要。在业界，经验是能力与水平的综合体现，一位有丰富经验的软件人才，胜过三位无经验的软件员工。

（4）要有稳定的高于本地区同行业的平均收入水平。

钱不是万能的，没钱是万万不行的。脑力劳动有轻重之分，软件开发工作是重脑力劳动，开发人员必须完全进入角色，全身心地投入工作，有后顾之忧的人是不适宜长时间做软件开发的。稳定的高于本地区同行业平均水平的收入，是稳定优秀员工队伍的必要手段。另外，还可以通过股权激励措施，来鼓励员工长期在企业工作。

（5）为员工的成就喝彩。

大型软件项目或产品的开发周期可能是漫长的，此时要运用CMMI的思想，通过明确定义其软件工作产品来反映他们的阶段业绩，使员工不断产生成就感。每当一个阶段的软件工作产品评审通过后，要主动为其喝彩。

（6）使员工都能心情舒畅地工作。

领导在分配员工工作之前，要知人所长、用人所长，使员工心情舒畅地工作。员工接受分配的工作之后，要尽量喜欢这份工作，因为喜欢就有动力，动力是完成工作的发动机。这样，在企业内部就会出现心情舒畅工作的局面，这就是和谐企业文化。

（7）对软件研发人员实行弹性工作制。

不限定明确的上下班时间，只要保证每天 8 小时工作即可。提供宽松舒适的工作环境，如中间的休息、茶歇、工作餐等。要有专职的后勤人员负责处理各种杂事，减少对研发人员的干扰。管理部门实际是服务部门，要明确服务意识，切忌官僚作风。

（8）要关心员工技术职称的晋升。

要给每位员工留出足够的空间，让他们参评相应的技术职称，逐步获得晋升。要知道，在行政级别上获得提升只是少部分员工，大多数员工只能走技术职称晋升的道路。

11.5.6 软件企业架构及工作流

办好软件企业的 4 个要素是：市场、资金、技术和管理。软件公司是一个企业单位，不是事业单位。所谓企业，就是具有独立法人地位、面向社会提供产品与服务、自负盈亏的单位。因此，软件公司是通过向社会提供优质产品与服务，来达到经济上盈利的目的，从而实现公司的正常运转。随着市场竞争的加剧，软件公司的组织结构与运作机制也在不断发展。目前，一般软件公司的内部组织机构，如图 11-4 所示。

为了管理好软件公司，一是要制定各项标准规范，二是要制定执行这些标准规范的工作流程（即工作流规范）。标准规范与工作流程，是一个问题的两个方面，只有它们互相配合，才能促进各项标准规范的执行，保障公司日常工作的正常运转，逐步引导公司的内部管理从杂乱无章的人治走向规范化和法治化的道路。

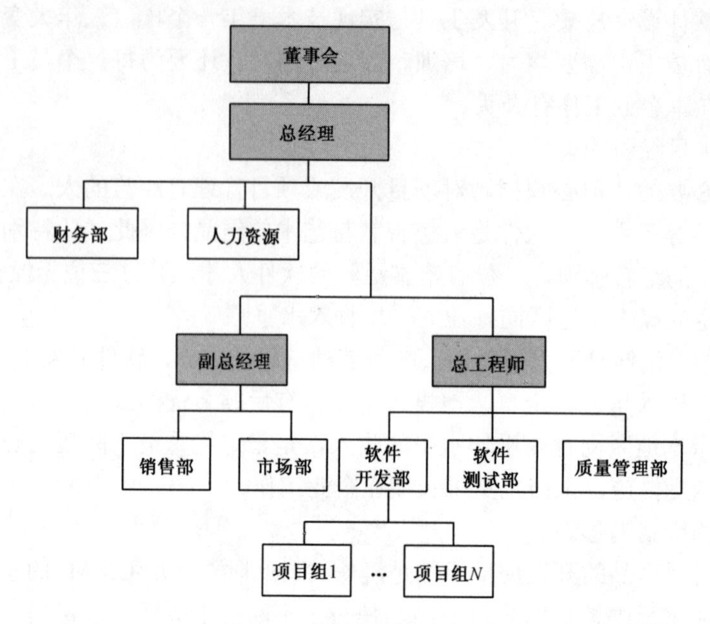

图 11-4　软件企业的组织架构

归纳起来，公司内部存在以下 5 个工作流：

- 立项工作流。
- 下达任务工作流。
- 汇报工作流。
- 开发工作流。
- 结项工作流。

因为工作流是公司内部各个角色之间，互相监督、控制、帮助、协作的关系流，所以首先要明确公司内部的各种不同角色。

1. 立项工作流

第一步，市场调研，由市场人员书写调研报告，市场部经理签字确认。

第二步，根据市场利润和开发成本，由副总经理/总工程师组织市场和开发人员，评审调研报告。市场调研报告要经过评审，只有评审通过后才能立项。评审一般由总经理主持，评审表如表 11-10 所示。

表 11-10　市场调研报告评审表

项目名称		市场调研人员	
评审人员		评审日期	
评审意见			
评审结论			
备注			

评审组长签字盖章：

第三步，评审通过后，报总经理/副总经理/总工程师签字立项。

第四步，将立项报告通知软件开发部经理，由软件开发部经理组建项目组。

2．下达任务工作流

第一步，公司级指令性任务或部门间协作任务，由总工程师将任务下达给部门经理。

第二步，部门经理将任务下达给项目经理。

第三步，项目经理将任务下达给所属员工。

3．汇报工作流

第一步，员工每日向项目经理汇报工作进度。

第二步，项目经理每日向部门经理汇报项目进度。

第三步，部门经理每周向总经理/副总经理/总工程师汇报项目进度。

4．开发工作流

第一步，项目立项后，项目组进行需求调研，按需求功能模块向市场部报价。功能模块报价单如表11-11所示。

表11-11　XXXX项目功能模块报价单

模块名称	模块功能	用户数目（点数）	单价（元）	金额（单价×数目）（元）
……	……	……	……	……
……	……	……	……	……
……	……	……	……	……

第二步，市场部按功能模块报价单与客户谈判并签订合同。

第三步，合同生效后，项目组到客户方进行详细需求分析，书写《用户需求报告》。

第四步，有合同的《用户需求报告》必须获得用户签字确认，无合同的《项目需求报告》由部门经理主持评审会，评审通过后签字确认。用户签字确认单如表11-12所示。

表11-12　用户签字确认单

项目名称		项目编号	
用户单位		用户电话	
签订合同日期		签字确认日期	
确认意见			
确认结论	合格：	不合格：	
备注			

用户签字盖章：

第五步，项目经理根据需求报告，制订详细开发计划，由部门经理签字确认。开发计划包括进度计划、配置计划、质量保证计划、设备工具计划、培训计划、评审计划。

第六步，项目组进行数据库设计和模块实现设计，按规范或模板书写《设计说明书》，并提交给部门经理。

第七步，部门经理主持设计评审会，《设计说明书》评审通过后签字确认。

第八步，项目经理组织员工编程实现。员工自己对程序模块进行自测，自测通过后提交给项目经理，由项目经理自己或组织他人进行集成测试。每次集成测试通过后，项目经理均要签字确认。

第九步，项目完成编程和集成测试后，测试部门进行 Alpha 测试，由测试员书写并提交产生 Alpha 测试报告。

第十步，项目经理向部门经理提交下列文档：用户需求报告、设计说明书、用户指南（包括安装手册、使用手册和维护手册）、Alpha 测试报告和程序，申请项目验收。

第十一步，部门经理审核上述文档和程序，合格后向总工程师报告，请求项目验收。

第十二步，总经理/副总经理/总工程师主持项目验收，各有关部门经理参加，现场演示系统，并在验收单上签字确认。项目验收单如表 11-13 所示。

表 11-13　项目验收单

项目名称		项目编号	
用户单位		用户电话	
立项日期		验收日期	
项目经理		验收组长	
开发人员			
验收人员			
验收意见			
验收结论	合格：	不合格：	
备注			

验收组长签字盖章：

5. 结项工作流

第一步，项目组制作下列三种光盘：文档加源程序光盘、可执行程序光盘、演示光盘。总经理验收三种光盘。

第二步，项目经理写出《项目总结报告》交给总经理/副总经理/总工程师，并在服务器上清除该项目所有文档和程序。

第三步，所有母盘一式两份，分别保存到两个不同的物理空间中，注册入库。

第四步，由总经理/副总经理/总工程师批准结项。并根据情况，对项目组进行物质奖励或精神奖励。

11.6　本 章 小 结

本章专讲软件管理。

一方面，我们不但要知道软件管理的重要性，而且还要懂得：软件企业的规模越大，软件管理的重要性也就越大。

另一方面，我们要知道软件管理是面向过程的，既面向软件开发过程，又面向软件管理过程。过程管理是需要模型的，当前的主要模型是 CMMI。

软件管理的主要内容，是软件配置管理、软件质量保证和软件项目管理。软件配置管理是软件管理的基础，软件质量保证是软件管理的核心，软件项目管理是软件管理的主体。因为绝大部分的软件管理工作都是针对软件项目与软件项目组的，都要落实到软件项目与软件项目组中。

软件管理的主要目的，就是为了做好软件项目与软件产品，以及为用户提供优良服务。反过来说，软件项目与软件产品质量的优劣程度，为用户提供服务的优劣程度，则是检验软件管理好坏的试金石。

习 题 11

11.1 CMMI本身内容丰富，是一所软件管理大学校，你同意这个观点吗？为什么？

11.2 CMMI的5个级别各有哪些特征？

11.3 CMMI的文档体系由哪三部分组成？CMMI的实施步骤是什么？

11.4 怎样理解“如果你对过程域吃透了，用好了，你就成为CMMI的内行了”？

11.5 软件配置管理的目的是什么？

11.6 配置项标识是配置管理的基础。请读者设计一套配置项的标识方案。

11.7 什么是配置项？什么是配置管理？

11.8 这里讲的“版本”，泛指配置项的版本，当然包括软件工作产品的版本和最终交付给顾客的软件产品版本。怎样理解这句话？

11.9 在VSS中，怎样理解“存取控制通过配置管理中的三个库加以实现”？

11.10 “Check out—Edit—Check in”操作是什么意思？它与配置管理工具有什么关系？

11.11 软件配置管理员的职责有哪些？

11.12 简述软件质量的定义。

11.13 针对软件质量保证问题，最有效的办法是什么？

11.14 怎样理解“软件质量保证措施应以提前预防和实时跟踪为主，以事后测试和纠错为辅”？

11.15 怎样理解“项目”和“项目管理”？

11.16 请将“软件项目经理的十项工作程序”用流程图画出来。

11.17 如何理解和实践项目经理对程序员的八项要求？

11.18 “科学技术上的发明、创造和成功，一半来自童心童趣，一半来自奋发图强”，读者有这方面的追求、知识、经历和体会吗？

11.19 请说明软件企业的工作流。

参 考 文 献

[1] Zhao Chi-long,Tu Hong-lei,Sun Wei. Integrated Software Engineering Methodology. 2009 International Forum on Information Technology and Applications,15-117 May2009 Chengdu,China,Volume-3, P694-698.

[2] 赵池龙等. 实用软件工程（第 3 版）. 北京：电子工业出版社，2011.

[3] 赵池龙. 实用数据库教程（第 2 版）. 北京：清华大学出版社，2012.

[4] 杨林，赵池龙. 软件工程实践教程（第 2 版）. 北京：电子工业出版社，2011.

[5] 朱三元等. 软件工程技术概论. 北京：科学出版社，2002.

[6] 陈宏刚等. 软件开发的科学与艺术. 北京：电子工业出版社，2002.

[7] Dennis M.Ahern. CMMI 精粹——集成化过程改进实用导论. 北京：机械工业出版社，2002.

[8] [美] W Boggs 等. 邱仲潘 等译. UML 与 Rational Rose 2002 从入门到精通. 北京：电子工业出版社，2002.

[9] [美] David M Kroenke. 施伯乐 等译. 数据库处理——基础、设计与实现（第七版）. 北京：机械工业出版社，2001.

[10] [美] James Rumbaugh. 姚淑珍，唐发根译. UML 参考手册. 北京：机械工业出版社，2001.

[11] [美] G Booch，J Rumbaugh，I Jacobson. 邵维忠等译. UML 用户指南. 北京：机械工业出版社，2001.

反侵权盗版声明

反侵权盗版声明